王志军◎著

吕不韦传奇

浩明

湖南人民出版社

图书在版编目（CIP）数据

吕不韦传奇 / 王志军著. —长沙：湖南人民出版社，2014.4（2025.4重印）
ISBN 978-7-5438-8275-1

I. ①吕… II. ①王… III. ①吕不韦（？～前235）—生平事迹 IV. ①B229.25

中国版本图书馆CIP数据核字（2014）第075301号

吕不韦传奇

编 著 者　王志军
责任编辑　洪江水
装帧设计　天闻尚视

出版发行　湖南人民出版社［http://www.hnppp.com］
地　　址　长沙市营盘东路3号
邮　　编　410005

印　　刷　永清县晔盛亚胶印有限公司
版　　次　2014年5月第1版
　　　　　2025年4月第4次印刷
开　　本　710×1000　1/16
印　　张　17.5
字　　数　350千字
书　　号　ISBN 978-7-5438-8275-1
定　　价　45.00元

营销电话：0731-82683348　（如发现印装质量问题请与出版社调换）

目录

第一章 生逢乱世

Biography
About Lü Buwei

周赧王二十三年，也就是公元前292年，诸侯各国没有发生过一场战争，竟然出现了太平景象。

已是入夏时分，天气仍有几分寒意。

阳翟城里中心豪华区有一处大院，十分雄伟。院内的西厢房里，躺着一个年轻的妇人，俊俏的脸上已是蜡黄，没有一点血色，如同死人似的。几个稳婆围在产妇身边束手无策。尽管巫婆在院子里念念有词地跳着大神，似乎也于事无补。

厅堂上正面墙上设有吕氏祖先灵位。留着花白长须的吕熙大老爷站在祖先的灵位前默神祈祷。

吕熙早年在卫平侯宫中为官，官至上大夫。卫平侯全不思振兴之道，整日里沉溺于郑卫之音，苟且偷安，国势日衰。吕熙几次进谏，卫平侯虽然敬重，却做出一副无可奈何之状，依然故我。吕熙于是弃官从商。经历几十年的官场、商场风风雨雨，吕熙已练就了气定神闲处变不惊的气度。饶是如此，儿媳难产，却使得他十分担心，在心里拜请祖宗之灵庇佑。

四十开外的吕鑫则焦急地在院里来回踱步，家人和几个下人都低着头候着，不敢吱声。

吕鑫长年经商，举手投足之间透着儒雅之风。他娶了三房妻妾，生了一群女儿。已是三代单传，却没能生个带把的。去年从邯郸娶了一个赵媚娘，几番恩爱，倒是一下子怀上了。请了有名气的郎中把脉，都道是弄璋公子。谁知临产却出了意外。

“老、老爷，秦、秦大夫请到了。”一名下人气喘吁吁跑了进来，在门边就软倒地上了。

“快，快去接秦大夫。”吕老爷抬腿往外走。

一顶四人抬的轿子如飞而至。

从轿子上下来一位老者，六十开外，也不客套，提着一个药箱，步履矫健地走进了西厢房。

吕鑫不便进房去，只好站在门外等候，见几个巫婆还在跳着舞着，把她们全赶走了。

秦大夫伸出手指，探赵媚娘的鼻息，已没了呼吸。拿脉，却还摸到微微的跳动。于是，打开药箱，取出银针，在赵媚娘几处穴位扎了下去。

过了一会儿，赵媚娘竟然苏醒过来。门外焦急万分的吕鑫闻讯大喜。

“喂点糖水。”秦大夫吩咐。

下人赶紧给产妇喂糖水。

“不要紧张，不要着急，一阵一阵地用力。一定没事的。”秦大夫笑着安慰道。

赵媚娘听了，苍白的脸上露出微微的笑容，点了点头。

一个胖乎乎的婴儿终于顺利地产下。

“恭喜夫人，是个公子。”稳婆喜洋洋地说。

一个女佣欢天喜地向门外报喜：“老爷，生了个公子！生了个公子！”

吕鑫快步跑到堂屋神龛前，敬上一炷香，跪拜在地。吕熙大老爷则激动得口中不停地念叨“祖宗积福，祖宗积福！”

吕家大院洋溢着前所未有的喜庆气息。

吕家赵媚娘生产时死而复生，母子平安，一时成为阳翟城的美谈。

“听说那个媚娘流了许多血，已经断了气，都救活了，真是神仙！”

“哎，我们那里女子生孩子时，经常死人，去年还死了几个。要是秦神医当时在就好了。”

人们对秦大夫的崇敬之情溢于言表。

阳翟城东郭有一座仁心药膳坊，四合院式。临街是两层楼，一楼门面是药店，二楼是客房和住房。后面四合院，做加工作坊用。

仁心药膳坊位置虽偏，生意却异常好。不单阳翟城的居民纷纷前来看病抓药，而且方圆几十里、上百里的人有疑难杂症都闻名而来。人们舍近求远，不辞辛苦，到这里来就诊，都是冲着这里有个神医秦大夫。

没有人知道秦大夫的来历，秦大夫也一心看病，不与一般人谈及自己的事情。人们也不需要太多去关心秦大夫背后的故事，而是津津乐道他的种种神奇医技。

吕鑫走在街上，不时听到人们的议论，掩饰不住兴奋，露出满面春风。身后两个佣人挑着担子，也显得十分轻快。

已是傍晚时分，夕阳照着街面，红色基调下的光影显得错落有致，分外迷人。

吕老爷健步踏进仁心药膳坊，看到两个伙计在给客人抓药，秦大夫则耐心地给一个已经抓了药的客人详细地解说注意事项。

"秦大夫，大恩人，忙了一天，也该歇工了。我今天特来拜访，想向大夫讨杯茶喝。"

"救死扶伤，医者本分。吕先生大驾光临，想必有所教益，楼上有请。"

楼上的会客厅布置十分素雅，一个茶几，一架筝，几卷竹简，一缕清香，别无他物。

吕鑫长年经商，行迹遍天下，交游甚广。然而，步入秦大夫的客房，心里却有为之一净的感觉。

两人席地而坐，佣人斟上茶。这茶是新出来的雨前茶，不用看，闭目一吸，就会令人心醉神迷。

"我对大夫神往已久，只是囿于蝇头小利，忙碌奔波。大夫来阳翟一年多了，我却因大夫救了贱内和犬子才来拜会，惭愧惭愧。"吕鑫起身对着秦大夫深深地作揖。

秦大夫起身还礼。"吕先生出身名门贵胄，不屑官场，以仁心治商，虽富甲一方，不招妒，不招恨，必然福泽后世，难得难得。"

吕鑫家族在阳翟是名门望族。吕姓祖先是大岳。大岳为夏禹心腹之臣，被封为吕侯，其后人以吕为姓。随着时代的变迁，吕姓后裔开枝散叶，流转各地，其支脉以吕尚封齐建国为盛。吕侯正传的吕国南迁后被楚国所灭。吕鑫这一脉则守住中原之地，家族也颇兴隆。其族叔公吕仓在东周为相，族叔吕礼在秦国为客卿。吕鑫的祖父也做过小官，后与陶朱公的后裔结识为友，又与白圭相识，对他们的经商之道心向神往。吕鑫的父亲吕熙则辞官经商，斩获颇丰。传到吕鑫这一代，规模越做越大了。

"家父对大夫非常钦佩，特叫我转达他的心意。上次救了贱内和犬子后，大夫又被别人请走了，家父非常遗憾未能与大夫煮酒畅饮。家父想请大夫抽空到府里一叙，略表敬意，不知大夫能否移驾？"吕鑫诚心诚意邀请道。

"救死扶伤为医者本分，令尊心意老夫心领了。"秦大夫道："令尊德高望重，能与他相交也是人生乐事。只是你看老夫这里每天患者不断，不易脱身呀。"

"秦大夫宅心仁厚，医术高超，远近求医者甚众。如是，则难得有闲。"吕鑫想了想，谦恭地问道："恕吕鑫眼拙，我还不知道大夫祖籍在哪里？大夫大名？"

"真人面前不说假话，老夫乃渤海郡郑人。"秦大夫眼神有些暗淡。

"渤海郡郑人？"吕鑫心里想起一个人来。"我曾在赵国时与扁鹊有一面之交，相谈甚欢，十分投缘。记得扁鹊也是渤海郡郑人。不知大夫与扁鹊是否熟悉？"

秦大夫迟疑片刻，目光转向窗外辽阔的天空，眼神深邃、迷离、凄凉、犹豫。过了一会儿，秦大夫收回目光，叹息道："吕先生既然与扁鹊投缘，老夫也就实话实说，扁鹊正是老夫的三弟。""救人不能救己，去年在秦国被奸人所害。"

"您老是扁鹊的大哥?!"吕鑫肃然起敬，"难怪有如此回天之术。"

"老夫兄弟三人，老夫为孟，名常人，老二为仲，名异人，扁鹊为季，名越人。老夫世代医家，祖训是：不为良相，宁为良医。所以，老夫兄弟三人从小就勤学医术，勤修医德，立志做一个良医。虽逢乱世，有薄技在身，至少可以衣食无忧。"

秦大夫缓缓地端起茶杯，轻轻地啜了一口，神情显得有些迷茫。"老夫兄弟三人医术各有各的志趣和特长：老夫认为百病皆有因，如果事先预知病由，加以防范，则可以在病情发作之前花小钱费小劲就能铲除疾病；老二则认为人身浸百毒，必然要发泄出来，但是要在发病之初加以治疗，就不会小病发展成大病；老三则认为人之于病，各不相同，有很多突发性和不可预知性，不可能都能做到预防或在生病之初就治好，所以他专攻疑难杂症。我三兄弟从小相互切磋，互相促进，医术在当地小有名气。由于各有偏重，所以，我的名气不如老二，老二的名气不如老三。"

说到这里，秦大夫闭目默然，"三十年前，燕、赵、齐相互征伐，为避战乱，我们兄弟三人都离开家乡出外游历。我和老二都忌讳出名，低调做人，每到一个地方绝不超过五年就要离开，而且远离官场。老三则出入诸侯宫中府中，与达官贵人交往密切。治愈几起疑难杂症后，声名鹊起，人们将他与轩辕时期的扁鹊相类比，称之为扁鹊，许多人都不知道他的本名了。"

秦大夫睁开眼睛，注视着吕鑫，"凡世间事，功高、权重、财多、名满、技艺高超者，必遭人忌恨，若不能对此有清醒认识，必然有性命之虞。三弟越人不知趋避，竟然到秦国去为武王治病。秦武王与力士孟说比举鼎，伤了筋脉。越人以针药疗之，必然可治。然而，秦太医令李醯医术低，心眼小，担心自己的地位受到影响，竟然派人将越人刺死。秦武王也不治身亡。"

"天妒英才。"吕鑫叹息道，沉默了一会儿，又道："越人之死，倒让世人有所醒悟：锋芒毕露者难得善终。然而，处当今乱世如何自保，还请先生教我。"

"老夫已是风烛残年，行将就木，自顾不及，何以教你。况且先生受累世荫庇，立身处世与我等不同。只是老夫积人生阅历，可以给你一些忠告，四句话，十六个字：'低处做人，轻财好义，佐力护身，规避战乱。'"

吕鑫起身，对着秦大夫一拜："吕鑫有幸遇到先生，一定谨记先生教诲！"

秦大夫微微颔额："先生言重了。"

"吕鑫还有一个不情之请，"吕鑫道，"犬子乃先生所救，还烦先生赐名。"

秦大夫思索片刻，说："世人最讳疾忌医，自欺，自负，最终害了自己。只有不讳疾者才可救。医道通于商道、政道。然而，商道、政道却崇尚权谋，直言易失分寸。就取名叫'不韦'吧。今后无论从商从政，无论才能多强，本领多高，都一定不要自负，不要多言。”

吕鑫起身又是一拜。

整个阳翟城似乎都在期待着吕家公子满月。

阳翟城曾是夏、商两朝都城之一，西周时为晋国之地。公元前433年，晋国的三位大夫赵襄子、魏献子、韩宣子联合攻灭智伯后，三分晋国，建立了赵、魏、韩三个诸侯国，其中韩国最初建都于阳翟，消灭郑国后迁都新郑。

阳翟城虽然不是都城了，但却有古都遗风，到处有高车大马出入，商业十分昌盛。

吕家在阳翟城开了十多家店铺，有三家粮店、四家布艺店、三家铁艺店、二家皮具店、两家杂货店。这些店铺提前几天就挂起了红灯笼。店里的商货都打出了优惠的折扣。店里伙计喜气洋洋，手脚麻利。来购物的客人们人数虽多，却显得从容，用大把的时间来谈论吕家的喜事。

族叔吕礼因公务繁忙，从咸阳托人带来了贺礼。族叔公吕仓则从王都洛邑托人带话，他将亲自回来祝贺。

韩釐王闻讯派人送来了贺礼。

邻邦卫国国都濮阳城里，吕家在那里开了八家店铺，这些店铺也挂出了红灯笼。

卫平侯早在周显王四十四年(公元前325年)就死了，现在是卫嗣君。卫嗣君在位三十多年了，治政能力并不比其父卫平侯强，反倒使卫国从侯降到君。但卫嗣君人情味倒很足，还记得阳翟吕家，派使者送来了贺礼。

韩、卫两国君侯带了头，文武百官，与吕家相识和不相识的都来了份子。

阳翟城的官员们、商家们也不甘落后，贺礼也早早送来了。

韩、卫君臣如此礼遇吕家，这在诸侯之间也是难得一见的。这不仅仅是因为吕家财势正旺，还在于吕家一向与韩、卫君臣交谊深厚，平日里吕家没有少孝敬过他们。

仲夏之望日，阳翟城气氛异常的热闹。

周相吕仓排着仪仗，率领十乘高车，几百号从人，浩浩荡荡从王都洛邑回到故乡。

阳翟太守吴立闻吕仓荣归故里，不敢怠慢，立即领着兵卒洒扫郊外的道路，以“贵宾”之礼迎接。

东周虽然日趋没落，但毕竟为天下共主，从地位上还是高诸侯一等。东周之相自然也当享受相应的荣耀。

吕仓受了礼，与吴立乘坐高大的轩车同行，吕熙父子骑马在前面引路。一路上万人空巷，争睹周相风范。

“二十年仿佛一瞬间。”到了吕家大院落座后，吕仓有些伤感地说，“二十年前回来时，阳翟城似乎还繁华些。刚才数了一下，同辈之人，许多已经不在了，年轻的却认不得了。白云苍狗，物换星移，世事难料。”

“世间之事，如日月之行，如春夏秋冬，如白昼黑夜，都有其定势，非你我所能改变。”吴太守喜读老聃之书，主张无为而治，相信宿命。“如今天下分崩离析，纵吕相有经天纬地之才，也回天无力。不如珍惜当下，借吕熙先生添孙之酒席，且饮且乐。”

吕仓笑道：“富贵不还乡，如锦衣夜行。也罢，我当初入仕，就是想为我吕家争一口气。如今当上了周相，算是对祖宗有了交代。我吕家乃积福积德之家，应当代有人才出。将我曾孙抱来，让我瞧瞧。”

吕鑫立即要女佣将婴儿抱了出来。只见这婴儿长得白白胖胖，见了众人，并不怯生，睁大眼睛，四处观望。吕仓将他接过来。婴儿摇晃小手，要摸吕仓的脸。

“这小子眼神清明，有灵气，当治大事。给这小子取名字了么？”吕仓问。

“这小子的救命恩人给取的名，叫‘不韦’。”吕鑫回话，并将秦大夫救治经过和命名之意说了出来。

“秦大夫人呢？他是我吕家的大恩人，我当好好拜谢。”

“回叔祖公，侄孙早些天亲自送请柬时秦大夫还在，今天去请，已不知去向了。听房东说，昨天夜里就搬走了。”吕鑫心里十分惆怅。

“施恩不图报，隐身红尘中，真世间高人。我吕家要为秦大夫立个牌位，永远记得他的恩德。”吕仓吩咐道，神情有些怅然若失，心中默念：“‘不韦’，难道这小子今后敢冒天下之大不韪么?!”

此后，吕家一直给秦大夫立了牌位，当神一样供着。吕不韦一生对医者都非常尊敬。

正说话间，酒宴已摆好，司仪来请吕仓等人入席。

午宴场面十分壮观，摆了一百多张桌子，吃流水席，翻了两次台。吕家也不辞客，街坊行人愿意来吃的，都安排。就是一律不收礼，而且每人还发了小礼品。这在阳翟城还是第一次，也充分展示了吕家的实力。

众人就餐，管家安排得有条不紊。身强力壮的家丁四处巡视引导，阳翟城兵丁轮流值勤，倒也显得秩序井然。

宴席后，便是点剧唱戏。

吕仓点了一首《韩奕》。《韩奕》歌颂的韩侯，指的是周初宣王时的武穆之韩，与晋、应等国并立。韩立国之君韩宣子亦为武穆之后。吕仓之意，是借彼韩寓此韩，既歌颂韩鳌侯，激励世人建功立业，又显示出周王的威德。

吴太守点了一首《采葛》。《采葛》本意是指情人之间别离相思之苦，吴太守之意既是表达对吕仓的友善与敬意，又表达了对武穆时代的向往。

歌者一咏三叹，情意绵绵，心摇神动，令人荡气回肠，难以自抑。

吕熙则点了一首《木瓜》作报答。《木瓜》说的是男女之间互赠信物，以示亲爱。吕熙借以表达对贵宾的敬重和自己的感恩之心。

歌者唱得庄重而肃穆，显得十分诚挚，让人感觉到友情、亲情的弥足珍贵。

听完三首曲子，见天色已沉，吴太守告辞离去，吕熙陪同吕仓到后院里歇息。

佣人早已备上瓜果和茶水。

吕仓与吕熙父子聊了许多，直到深夜才睡。

北风劲吹，秋收后的中原大地显得荒凉落寞。

自去年大败之后，韩釐王羞愧难当，缩在宫里轻易不肯出来。暗探打听秦国又起兵马，韩釐王不甘束手就擒，只得下令征兵征粮，准备与秦一拼。

阳翟城里笼罩着战争的气氛。官营铁艺坊最为繁忙，工匠们日夜赶工，制作兵器。韩国的箭弩为天下之最，不仅种类多、射程远、穿透力强，而且可以连发，韩兵引以为傲。只是工艺复杂，不能大规模生产。铁剑、铁椎、铁甲等铁兵器生产地主要在宛(今河南南阳)，阳翟也是重要的供应地。

商人对于战争各有不同的处世方式。有的则在抛售货物，将各种货币变现为黄金。有的收缩生意，准备转移到太平的地方去。有的则加紧收购粮食、盐等物品，囤积居奇，准备大发国难财。

只有那卖唱卖笑的，依然从容从业。那歌声听起来更为凄婉、迷茫，那笑声显得几分生硬。来寻欢作乐的人少了，生意比以往萧条了许多。

吕家比以往更加忙碌。吕熙将家业全交给吕鑫打理，自己则含饴弄孙，一天要看好几回孙子。吕鑫则忙里忙外，难得与儿子亲热。祖孙隔代亲，大概是世人天性。

“最近诸侯各国有什么动静?”吕鑫风尘仆仆从濮阳回来，料理一些事情后，回到家里，吕熙父子围着火炉说起夜话。

“商旅之言，说法很多。对于天下大势，言评不一。依儿子的判断，数百年来的诸侯争雄局面已经发生了大的变化。过去是群雄并起，各领风骚。现在周已远不如诸侯，十多个诸侯国，强者只有齐、楚、燕、韩、赵、魏、秦。诸侯各国的兴衰，全在于君侯贤愚强弱。而遍观七国君主，有雄才伟略者唯有秦昭王。如果秦不内乱，看来天下一统的重任必然为秦所任。”

以目前的形势看来似有这种倾向，然而世事却有许多难料之处。吕熙更想知道秦国内部的情况。“听说秦相换了，魏冉以病免职，由客卿烛寿为相。烛寿可为太平之相，恐难为乱世之相。秦国对烛寿为相有什么议论?”

“烛寿为人低调，四平八稳，没有独到之处，上下倒相安无事。只是那些有军功的武将并不将他放在眼里。特别是大将白起，此人最善用兵，非常自负，杀伐心重，欲立绝世之功，累累与烛寿冲撞。秦国将相之中，白起独服魏冉一人，一来魏冉对他有识拔之恩，二来魏冉与他的战略思路最为契合，充分地信任和支持他。秦昭襄王虽与魏冉在政见上有分歧，但是欲与诸侯争战，必用白起，而能驾驭白起之人，唯有魏冉。魏冉只是小病，复出为相只怕指日可待。”

以这种情形分析，吕熙认为秦王与魏冉、白起都是强势之人，迟早有一天会互相争斗出个你死我活的。目前他们共同的目标是开疆拓土、建功立业，相互都需要。如果秦王放手启用魏冉、白起，必将是诸侯的灾难。然而，为商者更关注的是商机。

“当今天下，能与白起并论者，实在是屈指可数。诸侯各国不乏白起之才者，然而却无秦昭襄王这样的雄君，天下难觅能与秦抗衡者！秦韩开战，白屠夫为将，韩国黎民又要遭殃了。乱世之中商机无限，然而风险也太大。我们要尽可能将风险降到最低。最近商贾之事，你处理得怎样?”

“根据父亲的谋略，儿子最近对阳翟的经营做了大的调整，还算比较顺利。大幅压缩了经营品种，只经营粮食、布匹、食盐三样。经营方式以囤积为主，减少店面。三家粮店、四家布艺店、两家杂货店各保留一家，共计三家店面。其他的店铺全部处理了。在处理铁艺店时，动作较晚了些，有一家铁艺店被官府征用了，好在损失不大。扩展了西城仓库，另在东城处购置了一处院落，面积很大，废弃了很久，很隐蔽，大部分货物都转过去了。”

战乱频繁，盗匪横行，官府索要，生意做得越大，就越容易出事。吕熙这次改变经商策略，就是更好地适应战乱，以图自保。

“商场如战场，要讲究战略战术，虚虚实实，变幻莫测。仓储之地一定要隐蔽，并且在防卫上要外虚内实，看门的用一些老弱之人，示人以弱以虚，内里要多设机关，安排精干武士护卫，随时消灭来犯之人。店铺里货物要控制数量，装出缺货之象。从仓储里运货要用小车，一次不要太多太露。示人以虚以弱，内守其实，才能自保，才能长久谋利。”

“儿子在这方面还要多用心领会。卫都濮阳的商铺是不是也按这种方式处理?”

“总的思路还是要外虚内实。但濮阳与阳翟要有些区别。商铺不求太多，但要有一两家铺面装修豪华大气些。”

“儿子知道怎么做了。”吕鑫道，“濮阳的住宅也新修葺了，是不是尽早搬过去?”

“我吕家在阳翟也生活了几十代了，故土难离呀！韩国有上党、新中等地与秦接壤，估计这几年战争还打不到阳翟来，我们就在这里好好过年吧。”

“时候不早了，父亲早点歇息吧。”吕鑫见父亲神色黯然，不好多说，于是起身回房。

走到院子里，见一轮明月从凄冷的天空中洒下一片银辉，显得斑驳陆离。吕鑫叹了口气，心里道，只有这轮明月，不知人间喜怒哀乐疾苦兴衰，年复一年地照射大地。

卫国国都濮阳城坐落在黄河的弯曲处。两岸的庄稼、村庄以至老百姓，经常被汹涌澎湃的洪水冲得一干二净，厚厚的黄沙一遍又一遍地掩盖大水后的中原大地。

然而，这里较阳翟城繁华许多。在平和的日子里，舟楫在河面上穿梭。街面店铺林立，货物齐全。游侠之风盛行，游手好闲、博弈斗狠之徒充斥，笑贫不笑娼成为风尚，男优女娼四处游荡。

都市的繁华常常体现出国力的强盛。如齐之临淄、秦之咸阳、赵之邯郸。一代纵横家苏秦在二十年前说齐宣王时，描绘齐都临淄情景：

> 临淄之中七万户，臣窃度之，不下户三男子，三七二十一万，不待发于远县，而临淄之卒固已二十一万矣。临淄甚富而实，其民无不吹竽鼓瑟，弹琴击筑，斗鸡走狗，六博蹋鞠者。临淄之涂，车毂击，人肩摩，连衽成帷，举袂成幕，挥汗成雨，家殷人足，趾高气扬。

从苏秦的言语中，可以想象临淄是何等的繁荣，齐国是何等的强大。

然而，世事之中常有例外。濮阳的繁华并不表示卫国的强盛，而是恰恰相反。

在卫国四百多年的历史中，国君绝大多数都是昏庸无能之辈。到卫成侯十六年，即公元前356年，国君地位已由“公”降为“侯”。卫嗣君五年，即公元前335年，卫侯又降为卫君。国土日益狭小，国势一落千丈，沦为任人摆布的小国。

濮阳的繁华全都是因为其交通的便利。从这里溯河而上，很快可达周都洛邑。虽然周已衰落，但洛邑仍是旧贵云集之地。顺河而下，可达齐鲁大地，这里盛产鱼、盐、粟、豆、麦等。向南，黄河水系又与淮河平原水道和鸿沟水系形成交通网络。向北，则可抵达赵国大都会邯郸。

四通八达的优越地势，给濮阳人经商致富提供了天然条件，出现了一大批商人。由于商业发达，濮阳也就成为当时中国境内的一个商业都会。濮阳与陶邑相齐相近，常被人称之谓“陶卫”。

吕熙早年离开卫国回到阳翟，并不是厌恶濮阳，而是想远离政治。三十年后，周赧王二十四年，即公元前291年春，吕熙权衡利弊得失，举家迁徙到濮阳。

吕家迁到濮阳不到一个月，秦昭王罢免了烛寿的相，再起魏冉为相，拜白起为大将，大举攻韩，大有灭韩之志。

韩釐王不甘当亡国之君，征集十二万大军应战。魏国如临大敌，征集大军响应。白起见魏军势强，有拼死一战之心，于是虚张声势攻韩西北，而大军暗中攻韩南部。未待魏、韩反应过来，秦军已攻破韩国南部重镇宛、邓、陶。秦昭王封魏冉为穰侯，食陶，封公子市于宛，公子悝于邓。

次年，白起再率秦军大破魏、韩军。魏昭王与韩釐王惊恐万分，无心再战，急派使者议和。秦昭王避而不见，全权委托给穰侯。穰侯狮子大开口，魏昭王与韩釐王欲苟且偷安，竟然一口承应。于是，韩被迫割让武遂（今山西垣曲东南黄河以北地区）之地二百里；魏国独木难支，无奈之下，也被迫割让河东地四百里。

割让土地所获得的暂时安宁很快又被打破。于明年，大良造白起与客卿错再起大军伐魏，取大小六十一城。魏国土地越来越少，国势日削。魏昭王觉得愧对祖宗，日夜焦心，竟大病了一场。

秦军东进，得到魏、韩大片土地后，与赵国接壤之地更多。魏、韩臣服后，三晋中赵国成了秦军东进最大的障碍。

周赧王二十七年，即公元前288年，秦昭王志得意满，撕毁与赵国的盟约，派大军进攻赵国，拔杜阳。但赵国承受着武灵王“胡服骑射”改革带来的好处，骑兵强大，整体战斗力非常强，使秦军每进一步都十分艰难。

如何对付赵国，秦昭襄王日夜苦思，却没有想出好办法来。

在秦宗室贵戚之中，相国魏冉以多智谋著称，最受昭襄王信任。凡军国大事，昭襄王常与魏冉倾心交谈。果然，魏冉胸藏万机，不负所望，给昭襄王献上一条奇计。

“大王欲攻赵，必使其四面受敌，特别是要齐国从东面攻赵，则赵易破。齐君志大才疏。如果大王与齐王相约称帝，齐君必喜。齐国称帝，必然以平天下为己任，从而挑起战争，征伐四邻。大王约其攻赵，则大功必成。”

“相约称帝?”昭襄王大吃一惊，虽然心中曾有过许多梦想，但以现有国力贸然称帝却从未想过。“当今周室虽衰，却还是天下共主。天下大势，寡人尚未能主之，何以称帝?”

“大王明察。大王称帝为权宜之计，旨在激发齐王称帝之心，从而搅乱天下人心。天下大乱，诸侯争战，才有我大秦取利之机。”

“此计甚好。”昭襄王大喜道：“相国即派能言之士赴齐劝进。”

魏冉沉吟片刻，拱手道：“臣不敢居功，此计为亚卿吕礼所献。然人微言轻，虽能言之士，未必能使齐王动心。臣不敢托大，但天下人皆以臣为大王之腹心。臣借大王之威名，赴齐说项，必能坚齐王称帝之心。齐国可左右燕国，而韩、魏必唯大王之命是从。以连横之计，对赵形成秦、魏、韩、齐、燕五国合围之势，许以瓜分赵地，则邯郸旦夕可下。”

“三晋多能士，如果识破此计，恐怕还要多费些周折。”昭襄王内心很激越，但王者风范在于在巨大利益的诱惑下仍能抑制冲动，保持清醒。“相国为大秦江山不辞艰辛，实为大秦之福。那就有劳相国了。”

是年十月，秦相魏冉与亚卿吕礼，带着重礼赴齐，随行马车有一百多乘。昭襄王率文武大臣，亲自到郊外送行。

近些年来的诸侯争战，并未给卫国以冲击。濮阳城外的河面上，除了偶尔有尸首漂过，依然是商船穿梭。

吕熙已将商贾之事全都交给了儿子吕鑫打理，自己一心一意培养独孙吕不韦。从吕不韦两岁开始就给他讲故事，三岁背诵《诗经》，四岁学写字、练武、练琴。

“不韦，给祖父背《关雎》。”吕熙将孙子抱在膝上，慈祥地抚摸着不韦的头。

“我要祖父给我讲故事。”不韦稚嫩的小手捋弄着祖父的胡须。

“韦儿乖，听祖父话。先背《关雎》。等下，祖父讲好多故事给韦儿听。”

“我背完了，祖父要说好多故事给韦儿听。”不韦晃着头，有滋有味地背诵：“关关雎鸠，在河之洲。窈窕淑女，君子好逑……参差荇菜，左右芼之。窈窕淑女，钟鼓乐之。”

“嗯，韦儿真乖。祖父讲一个小故事。这故事说的是一个漂亮的小姑娘，长得像仙女一样。可她是一个洗衣女，整天得在水边洗衣服。当她洗完衣服后，抬头看到水边的葛儿长得绿油油的，枝叶到处蔓延，黄鸟在丛生的小树上自由自在地跳来跳去，无忧无虑地欢快地叫着，她心里忧伤极了。她对鸟儿说，你快去告诉我的阿娘，告诉她我要回家，叫她清理好我的衣裳，我要回家看爹娘。”

“祖父，她要洗很多衣服么？她为什么不能回家看父母？”

“因为她家里穷，不帮别人洗衣服就没饭吃。有一个诗人对这个姑娘说：‘我给你写了一首诗，叫《葛覃》，如果你背出来了，就有饭吃了。’可是，这个姑娘有点笨，背了好几遍，才背出来。”

“祖父，你叫我背，我帮她背出来，是不是可以给她很多好吃的？”

“好呀。只要你背出来，祖父马上叫人给她送好吃的。你跟着我念：‘葛之覃兮’”

“葛之覃兮”

“施于中谷”

“施于中谷”

……

这个小家伙也特聪明，记忆力很强，吕熙将《葛覃》教了两遍，他就能背了。吕熙心里很是高兴，说道："韦儿真乖，祖父今天讲一个非常好听的故事给韦儿听，好不好？"

"好。"韦儿拍着小手开心地笑了。

远古时候，在北方荒野中，有座巍峨雄伟、高耸入云的大山。在山林深处，生活着一群力大无穷的巨人。

他们的首领，是幽冥之神"后土"的孙子，"信"的儿子，名字叫做夸父。因此这群人就叫夸父族。他们身强力壮，高大魁梧，意志力坚强，气概非凡，过着与世无争、逍遥自在的日子。

那时候，大地荒凉，毒物猛兽横行，人们生活凄苦。夸父为让部落的人们能够活下去，每天都率领众人跟洪水猛兽搏斗。

夸父常常将捉到的凶恶黄蛇挂在自己的两只耳朵上作为装饰，抓在手上挥舞，引以为荣。

有一年的天气非常热，火辣辣的太阳直射在大地上，烤死庄稼，晒焦树木，河流干枯。人们热得难以忍受，夸父族的人纷纷死去。

夸父看到这种情景很难过，他仰头望着太阳，告诉族人："太阳实在是可恶，我要追上太阳，捉住它，让它听人的指挥。"族人听后纷纷劝阻。

有的人说："你千万别去呀，太阳离我们那么远，你会累死的。"

有的人说："太阳那么热，你会被烤死的。"

夸父心意已决。他看着愁苦不堪的族人，说："为大家的幸福生活，我一定要去，一定要捉住太阳！"

太阳刚刚从海上升起，夸父告别族人，怀着雄心壮志，从东海边上向着太阳升起的方向，迈开大步追去，开始他逐日的征程。

太阳在空中飞快地移动，夸父在地上如疾风似的，拼命地追呀追。他穿过一座座大山，跨过一条条河流，大地被他的脚步震得"轰轰"作响，来回摇摆。

夸父跑累的时候，就微微打个盹，将鞋里的土抖落在地上，于是形成大山。饿的时候，他就摘野果充饥。有时候夸父也煮饭，用三块石头架锅，这三块石头就成了三座鼎足而立的高山，有几千米高。

夸父追着太阳跑，眼看离太阳越来越近，他的信心越来越强。越接近太阳，就渴得越厉害，已经不是捧河水就可以止渴了。

但是，他没有害怕，并且一直鼓励着自己，"快了，就要追上太阳了，人们的生活就会幸福了。"

经过九天九夜，在太阳落山的地方——禺谷，夸父终于追上了它。

红彤彤、热辣辣的火球，就在夸父眼前。万道金光沐浴在他身上。

夸父无比欢欣地张开双臂，想把太阳抱住。可是太阳炽热异常，夸父感到又渴又累。他就跑到黄河边，一口气把黄河之水喝干，可还是不解渴。他又跑到渭河边，把渭河水也喝光，仍不解渴。夸父又向北跑去，那里有纵横千里的大泽，大泽里的水足够夸父解渴。

但是，夸父还没有跑到大泽，就在半路上渴死了。

夸父临死的时候，心里充满遗憾。他牵挂自己的族人，于是，将自己手中的木杖扔出去。木杖落地的地方，顿时生出大片郁郁葱葱的桃林。

这片桃林终年茂盛，为往来的过客遮阴，结出的鲜桃，为勤劳的人们解渴，让人们能够消除疲劳，精力充沛地踏上旅程。

故事讲完了，韦儿听得入神，眼睛扑棱扑棱的。

这时，佣人拿着帖子过来禀报："吕礼老爷刚着下人送来的，说吕礼老爷已随秦相到了濮阳，明日会来府上拜访。"

听说吕礼要来，吕熙心潮涌动，感慨万千。

吕熙与吕礼是未出五服的堂兄弟，吕熙比吕礼年长一岁。俩人从小一块玩耍，一块读书，一块练武，一块长大。后来吕熙到卫国出仕，吕礼游历各诸侯后在秦国成家立业。吕礼凭着军功和多谋善断，积功成为秦国亚卿，这一别就是二十多年，虽然常通音讯，却未见过面，也不知相貌体格变成什么样了。

吕熙虽然闲居在家，但对政治风云仍然很敏感。吕礼随魏冉入齐，带有什么目的和使命？齐国会与秦国达成什么样的契约？会对哪些国家不利？诸侯各国对秦、齐联盟会采取哪些应对措施？……

正当吕熙大脑高速运转时，忽然，院墙外车马喧嚣。

"吕爷回来啦！"门童在外欢欣高呼。

"阿父回来啦！"不韦从祖父的膝上下来，舞动着一双小手，蹦蹦跳跳向院子里跑去。

媚娘也从卧房里出来，红润的脸上洋溢娇羞的笑容。少年恩爱夫妻，分别两个多月，想念之情尽在眼中。

院外，吕鑫吩咐车夫和伙计将十多辆车的盐运到仓库去，带着十个护卫一同进入院里。有两个护卫手臂扎着布条，明显受了伤。走在前面还有一个八九岁的男孩子。

"父亲，我们回来了。"吕鑫一身风尘仆仆，十分精神。经过几年历练，吕鑫显得更加干练、沉稳、活力。他快步抱起走在前面的小不韦，拉着身边一位壮士和小男孩对吕熙说："这次多亏了这位司空措大侠，这是他的儿子司空马。"

司空措的身板非常结实，两眼炯炯有神。小男孩司空马也是一副行武打扮。

看得吕熙一心欢喜，道：“大家一路辛苦，先去洗把脸，吃了饭再叙。”

小不韦却从吕鑫怀里下来，拉着司空马的手，说：“我要哥哥陪我玩。”

“先让哥哥吃饱了，再陪你玩，好不？”吕鑫牵着小不韦，与众人向大厅走去。

饭后，吕鑫讲述了这次路上的惊险历程。

两个月前，吕鑫率人从邯郸贩运一批皮货和铁器到临淄，一路顺畅。正好遇到齐湣王雄心勃勃，大举征集兵马、武器、粮草，准备与邻国开战。吕鑫的货物到临淄很快销售一空，除了官府征税外，赢利颇多。

余暇之时，吕鑫与仆人在临淄市面闲逛，见一群人围观，热闹得很，于是挤到前面，看到一对父子在表演武术，身手敏捷，动作娴熟，引得看客一片叫好声。特别是那中年男子，不似寻常艺人，气定神闲，眉宇之间，透着威武之气，颇有大将之风。吕鑫看着满心欢喜，顿生仰慕之心。

待表演结束，众人散后，吕鑫上前与这男子结识，方知此人名司空措，曾为赵武灵王的护卫将官。沙丘宫事变后，流落到此地。

吕鑫与司空措相谈甚欢，甚为投缘。吕鑫当即聘请司空措为吕家护卫长。

次日，吕鑫一行起程去海边，从盐区收购了一批海盐，贩运回濮阳。

走了许多时日，不想在齐卫边境阿邑却遇到一伙强盗打劫，双方互有损伤。幸得司空措全力护卫方才脱险。

此后，在回濮阳途中，除了过关卡时被官兵勒索了五金，倒也平安无事。

吕鑫不紧不慢地说完一路经历，听得一家人心惊肉跳，那赵媚娘眼睛红红的，暗自流泪。只有小不韦拉着父亲的手，嚷道：“打仗好玩，下次阿父要带韦儿去。”媚娘赶紧将小不韦搂到怀里，好怕他会离开似的。

吕熙倒是饱经风霜之人，对司空措拱手道：“司空将军真乃我吕家贵人。”

“吕老爷积福积德，必受上天庇佑。”司空措回礼道，“在下落魄之人，得吕公子抬爱，虽赴汤蹈火，亦是分内之事，吕老爷不必客气，更不可以将军相称。”

吕熙道：“好，好。以义相聚，不论贵贱，不避生死，鑫儿当以兄视之。”

吕鑫拉过司空马道：“这次我得一兄长，韦儿也得一兄长，今后可是世交了。”

这一夜，吕熙一家可谓是其乐融融。

次日上午，卫嗣君隆礼接待了秦相魏冉一行，吕家则为迎接吕礼而忙碌着。

下午，吕礼乘着高车华盖，在街坊的围观羡慕中，前呼后拥来到了吕家大院。

吕熙一家早在大门口迎接。下得车来，吕礼大步走向吕熙，紧握吕熙双手道：“一别二十三年，如今可慰长想。”

“曾忆少年骑竹马，转眼便成白头翁。”吕熙盯着吕礼看。显然，吕礼身在官场，操心事便多，而吕熙早已看淡世事，颐养天年。从外貌上看，吕礼竟比吕熙要老些。

吕熙握了一会儿手，松手道："你我兄弟相聚，竟忘了其他人。"于是将家人和闻讯而来的亲友一一作了介绍，然后与吕礼一道进入大厅。

吕礼边走边与吕熙说道："为弟不才，但凭三寸舌和一把剑混迹官场。兄长能官能商，高宅大院，黄金满仓，上交王侯将相，下交三教九流，令为弟的羡煞了。"

"天降其才，必有可用之处。"吕熙道，"为兄曾经入仕，原想有所作为。可性格刚直，每见不平之事，憋着难受，总是直抒心意，这在官场如何混下去？所以，我有自知之明，及早抽身，谋些蝇头小利。你自小就比我圆滑灵活，智力超群，志存高远，不为大国之将相，不立万世之功名，都是屈才了。"

"哈哈。从小到大，兄长都没有夸过我。"吕礼大笑道，"岁月也改变人呀，兄长可不是当年直性子人了。"

"哈哈。"吕礼与众亲友都开心笑了。

大厅里早摆好宴席。吕熙、吕礼与亲友们把酒推盏，叙亲情，道家常，谈笑风生。吕家自不韦出生后的这几年都没有这般盛事了。

宴会后，天色已暗。时节是阴历十月，天空中飘着雪花，路上行人全身都裹得严严实实。

亲朋好友散去后，吕礼与吕熙祖孙坐在内室小客厅里，围着一盆炭火叙话。吕鑫本意要小不韦跟他母亲去歇息，可小不韦就是腻着祖父，不肯走，只好由他。

"贤弟眷属可好？"吕熙道。

"愚弟媳倒还贤惠，生有三子二女。二女均已出嫁。大儿子在征蜀地时右胳膊被砍断了，现在已娶妻生子，仅能糊口。二儿子和三儿子均在军中，颇积了些军功，二儿子为五级大夫，三儿子升得比哥哥快些，已是六级官大夫了。"

"贤弟教子有方，两位贤侄必将成为栋梁之材，可喜可贺。将来秦国一统天下，两位贤侄便是开国元勋了。"

"兄弟二人倒有雄心壮志，想在战场上博取功名。只是秦国要统一天下也不是一天两天的事。况且战场上刀剑无眼，要看他们二人的造化了。"

"贤弟论武功、论计谋，都是出类拔萃，父子四人均拼杀沙场，难怪秦王要倚你为长城。"

"秦王雄心万丈，非天下王侯能比。秦王即位十九年，招贤纳才，富国强兵，攻城略地，天下已有其半。秦王对愚弟有知遇之恩，愚弟自当倾心图报。"吕礼神色庄穆道："然而，诸侯实力仍然还很强大，尤以赵、齐、楚实力最强。况且英雄辈出，谋士如云，凭愚弟之才智，实难收万世之功业。"

吕熙拢了拢被子，被子里的小不韦已在祖父的怀抱里睡着了。吕熙心想，这秦王果然非同寻常，能让吕礼一家忠心耿耿为其卖命。

“秦王使穰侯和贤弟一同出使齐国，看来又有重大行动。当下凭秦国之力，诸侯无一能与之抗衡。然而，诸侯联手，恐怕秦国难有作为。贤弟此次赴齐，是为联齐么？”

“夸父后羿！”小不韦呢喃着，似在梦中。

众人看着小不韦闭着眼，噘着嘴，憨态可掬的样子，都笑了。

“兄长识见高明。秦王非一味恃力之人，也善于谋断。”吕礼道，“诸侯齐心，秦王不敢东望。诸侯各怀私心，秦国才有可乘之机。”

“想来贤弟此次赴齐，必然有一番作为。”吕熙顿了顿，道：“然而，拙兄都能看出贤弟之行的目的，难道贤弟不担心破坏你的计谋？”

“这正是愚弟所虑，亦为秦王所忧。”吕礼道，“前有魏人公孙衍首倡‘合纵’之策，佩魏、韩、赵、燕、中山五国相印，推楚怀王为合纵长，联合攻秦。要不是楚怀王志大才疏，秦惠王英武果决，秦国可有苦吃。如今又冒出个苏秦，已拜为燕相，又积极游走于赵、魏、韩、楚、齐等国。如苏秦得逞所愿，则愚弟必为所累。”

“想昔日公孙衍佩五国相印，一怒而天下惧，安居而天下息，可谓无冕之王。听说这苏秦立志要超越公孙衍，其才具智谋恐非常人所思所想。”

“我也要当无冕王！”小不韦倏忽坐起来，目光直直，似梦似醒的。

大家先一愣，继而相顾而笑。

吕礼抚摸着小不韦道：“此子日后必成大器。”

“叔公见笑了。”吕鑫道：“童言无忌，不可当真。”

“好好，韦儿就是无冕王。”吕熙将被子包着小不韦的身子，慈祥地安抚道。

小不韦在祖父的安抚声中，安然入睡。

第二天，魏冉、吕礼一行离开濮阳，赴齐策动齐湣王称帝。苏秦闻讯从燕国赶赴临淄。齐湣王听苏秦之议，要秦昭襄王先称帝，他必紧随其后。

魏冉见齐湣王如此，只好与齐湣王约定，归秦而去，去时按秦王之意将吕礼荐于齐湣王。

齐湣王对吕礼甚为器重，相谈甚欢。

踌躇满志的吕礼，欲在齐国大展身手，干出一番事业来。

第二章 少年才俊

Biography
About Lü Buwei

魏冉归秦后，秦昭襄王率先称帝，称之为西帝。

齐湣王闻知秦王称帝，亦称帝，称之为东帝。

齐湣王拜吕礼为相。不想称帝两天后，听从苏秦之议，突然改变主意，去帝号，复为王。吕礼还没反应过来，就被免了相位。他弄不清个中缘由，只有抱恨灰溜溜地打道回秦。那满腹韬略的强齐梦想，转瞬之间烟消云散。

齐湣王拜苏秦为相。在苏秦的劝说下，湣王与孟尝君重新和好。周赧王二十七年（公元前287年）十二月，苏秦策动齐、燕、赵、魏、韩五国联合攻秦。推赵奉阳君李兑为合纵长，对秦国发动猛烈进攻。秦军节节败退，秦昭王不得不废帝请服，并把以前所占魏国的温、轵、高平等地归还魏国，把所占赵地王公、符逾还给赵国。

称帝不到两个月，损兵折将，失去了大片土地，这是秦昭襄王继位以来最惨重的失败。秦昭襄王对曾经屈服的魏、韩、赵三国再度反击，自在意料之中，但是，秦、齐一向交好，齐国竟然与秦为敌，这是昭王想不到的。昭王对齐湣王和苏秦恨得牙痒痒，可齐国风头正旺，秦王只有慢慢等待时机，再图报复。

正在齐湣王春风得意之时，卧榻之旁宋康王开始发威，先是伐薛，东败齐，取五城；又南败楚，取地三百里，继而西败魏，使众人呼万岁，骄横异常，谓之桀宋。齐湣王恰有灭宋之意，于是联合楚、魏，一举攻破宋国。宋康王奔魏，死于温。

齐湣王此时便得意忘形，竟与楚、魏、韩、赵争战，觊觎周鼎。秦王逮住了机会，于周赧王二十九年联合燕、楚、魏、赵共同伐齐。次年，下齐七十余城，齐湣王落荒而逃，走卫，卫人不堪其骄而侵之；奔邹、鲁，不纳；走莒，楚使淖齿杀之。秦王终于解了一口恶气。

周赧王四十年，即公元前275年，夏，秦相穰侯魏冉伐魏，唇亡齿寒，韩国不敢作壁上观，只得派兵前去救援。谁知魏、韩军无力阻挡秦军，竟大败，被秦军斩首四万。秦军兵临大梁城下，将大梁团团围住。魏安釐王继位不到两年，血气方刚，欲凭借坚固的大梁城与秦军血战到底。

楚国累遭秦军攻击，郢都都被占领了。楚顷襄王无力西顾，只有建都于陈，趁秦与韩魏大战之机，不断地向东扩展。

历史的车轮就像是万花筒一样，不断地变幻着：秦国不断地伐赵、伐魏、伐楚，而齐、燕、赵、韩、魏、楚相互间尔虞我诈，相互争战，此消彼长，动荡不安。

只有夹缝中的卫国安然处之：如中立之国，不参与任何一方争战；又如老鸨似的，时刻为他国争战提供战场。

战争归战争，生意归生意。连年的战争之中，吕家生意却做得越来越红火，在邯郸、临淄、陶邑、洛阳、郢都有商铺，积累了大量的财富。人脉关系也是如蜘蛛织网一般扩张着，吕家与各国达官贵人、剑客侠盗、平民百姓均有交情。

吕鑫风尘仆仆从楚地归来。吕家难得一起团聚。

吕不韦已长成一个十六岁的英俊少年，又恰值吕熙七十寿辰，双喜临门，吕家举办了盛大的宴会。

在王公贵族中，男儿以二十岁加冠为成人。大族人家以“八纲”重，“八纲”即为冠、婚、丧、祭、射、乡、朝、聘，均为大事，其中冠为其首。而寻常人家则以十六岁的生日为成人。

宴会后，一家人坐在一起，须发苍苍的吕熙慈祥地环顾着家人，脸色凝重地说道：“从今日起，韦儿就是一个成年人了，该担负起成家立业的重任了。”

这十六年来，吕熙对孙儿可谓是倾尽心血，精心哺育。不韦聪明伶俐，天资甚高，经、史、御、射，无所不通，在濮阳城颇有令名。吕熙看着孙儿茁壮成长，满心欢喜。

“我吕家经几代人苦心经营，已薄有积蓄。老夫已届古稀之年，近来身体明显感到越来越衰弱。我与鑫儿商量，韦儿也该学习商贾之事了。以韦儿之才，入仕亦不难。然仕途坎坷，每日立于朝中，战战栗栗，卑躬屈膝，虽得富贵，我不为之。商贾之事，虽为末业，然无商不活，世道之需。‘家累千金，不输王公。’千金之家比一都之君，巨万者乃与王者同乐。这就是所谓‘素封’者。这句话是有道理的。陶朱、白圭即为商贾之典范。所以，祖父积一生之经验，期望韦儿好好从商，做一个不输王公的素封者。

然商之为商，千变万化，学问很深。天下为商者众，能出人头地做出卓越成绩者稀。从即日起，韦儿需开始学习经营之道，熟悉每一个环节。只要用心，以韦儿的聪明才智，一定可以远胜前人。”

吕不韦离席纳头一拜，道：“韦儿一定谨记。只是韦儿不明白的是，祖父以前教韦儿《诗经》、《尚书》、《春秋》、《六韬》等书，均是治国安民之道，这与商道有何关联？

商贾虽累巨富，然终究是富而不贵，不能治国平天下，不能万世留名，韦儿如有机会，是否还可入仕？韦儿一向敬羡伊尹、吕望太公之事，也想做一番轰轰烈烈的大事。更何况叔太公、叔祖父都是我吕家成功的典范。”

在吕不韦成长历程中，印象最深的是母亲赵媚娘讲起他出生后做满月酒时的盛况。赵媚娘讲起那时的吕家何等风光，脸上便洋溢着幸福笑容。吕不韦从小就听说了许多关于叔太公、叔祖父的故事，非常憧憬和羡慕他们。

“韦儿所思所想，祖父不是没有替你想过。”吕熙捋着白须，脸色凝重，缓缓地道：“祖父也曾在仕途上挣扎过几年，有切身感受。我吕家有你叔太公吕仓曾为周相，你叔祖父吕礼曾为齐相。入仕而位至相位能有几人？他们确实给我们吕家带来了无上的荣耀。然而，你叔太公、叔祖父即使有经天纬地之才，能够力挽狂澜么？你那些叔伯兄弟也为博取功名浴血疆场，又得到了什么？他们现在的境况还不如我们。俗语说，男怕入错行，女怕嫁错郎。祖父就是担心你求功名心切而误入仕途。”

“商贾之事，绝不是为商而商，为利而不顾一切。为商之道，首先要认知好各地的物产和风土人情，取之所余，补之所需；其次要把握好各国的税制和治政情况，当趋利避害，平安是福；最后要以义求财，诚信为本，散财求富，积善积德，见贫乏困苦受难之人当济救之，遇亲朋好友及好学上进之人当力助之。财多易遭人妒忌，须有防人之心，自强根基，广结人缘，遇强不畏，遇弱不欺，结交满天下，则如蛟龙入海，猛虎入林，自在为王也。”

“自在王？”不韦心里一震，道，“韦儿当用心体会祖父的教诲。”

吕鑫道：“韦儿天资聪明，日后成就当远胜于父辈。为父近日搜集了陶朱公的《范子计然》一书，你可好好琢磨。以后有不懂之处，随时向祖父和伙计们学习。”

吕鑫顿了一会儿，道：“如今战乱，天下几乎没有一块净土。古人云：‘狡兔三窟。’我们也要预作准备。最近我去齐国单父，那里的山水宜人，倒是宜居之地。”

吕熙思索片刻，形色有些暗淡，道：“我为垂暮之人，故土难离，只能守在这里了。我吕家已是三代单传，鑫儿可收一房安于齐国单父，也好开枝发笋，香火绵绵。”

吕鑫以眼睛看着赵媚娘。赵媚娘听了，有些伤感。但她知道，但凡富贵人家，妻妾成群亦是常事。况且吕家家大业大，人丁单薄也是老爷子的一大遗憾，道：“儿媳在吕家早晚也是为祖为太，当为吕家基业着想，韦儿他爹可再收一房二房，安家单父，我陪韦儿暂时居在这里。如今战乱，濮阳不知什么时候就成他乡，我们也好有个投奔处。”

“话虽如此，可媚娘不必着急。”吕鑫自然知道媚娘的想法，笑道：“我吕鑫已有四房妻妾，当知足了。尤其是媚娘知书达理，聪慧贤淑，这是我吕鑫之福。况且你我现在还都是中年，说不定还可生他几个儿子，让你辛苦一辈子哟。”

媚娘听了，羞红了脸，感动得有些无语。

次日清晨，吕鑫趁早就去了商铺。

吕不韦也习惯性早起，与司空马一道练剑术。吕不韦的剑术攻势凌厉，司空马的剑术则攻防兼备，十分老到。俩人英姿飒爽，配合默契。练了一阵子，出了一身汗。

用过早膳，吕熙开始给吕不韦讲范蠡与他所著的《范子计然》。

正当吕不韦听得入神之时，门卫来报，说是卫怀君派使者来了。

吕熙便起身去迎。以往总是吕熙逢年过节去拜见卫怀君，卫怀君极难得派使者到吕府来。卫怀君派使者来，倒令吕熙满心狐疑。

“寺人桂拜见吕大人。”

“贵使前来，寒室生辉。招待不周，还请海涵。”

“太后近日见秋高气爽，园圃秋菊盛开，猎苑麋鹿成群，心情特别好。于是与卫君商量，欲邀请几位元老和少年公子前去赏菊游猎。吕老德高望重，卫君与太后一直非常想念。太后闻知吕老孙子不韦少年才俊，特别想见见。故差寺人桂前来，请吕老祖孙二人于明日赴会。”

怀君派使者来，只是为了邀老夫祖孙去赏菊游猎，这倒难得，其中必有玄机。

“承蒙卫君和太后眷顾，吕熙明日一定偕孙儿前往。”吕熙吩咐下人拿赏钱给寺人桂，寺人桂满是高兴。送到院门时，吕熙道：“吕熙有个不情之请，不知明日有哪些贵人参加，卫君和太后是否另有心意，还烦寺人透露一二，好让我等有所准备。”

寺人桂看看左右，近前附耳对吕熙道：“过一阵子就是梦萦公主十五岁生日，一些王侯贵戚闻知梦萦公主国色天香、才艺双绝，都准备前来下聘礼。梦萦公主不慕富贵，想觅一如意郎君过寻常安稳日子。太后也不想梦萦公主远嫁，同意了梦萦的想法，反复斟酌，请了五位少年才俊一较高下。寺人桂在这里预祝吕少爷蟾宫折桂。”

“到时一定不忘寺人提携之恩。”吕熙拱手送寺人桂到门外。寺人桂一脸喜气地离去。

次日清晨，吕熙与吕不韦祖孙二人乘车前往赴会。

这卫宫不是很雄伟，宫墙内房房屋倒不少。太后及家眷陪着卫怀君在偏殿接见赴会者。

赴会的除了朝中重臣、元老和贵宾外，最突出的是五位少年：吕不韦、东郭珠玉、南怀轸、戴子龙、匡济时。这五人在十六到十八岁左右，个个英气逼人，却又各具特色：吕不韦长得高大但稍黑黝；东郭珠玉眉清目秀，十分俊朗；南怀轸腰宽体胖，显得结实有力；戴子龙显得瘦削精干；匡济时脸团团的，很福态，让人感到亲切。

见大家坐定，卫怀君开始发话："各位爱卿，今日不谈政事，请各位耆宿前来赏菊游猎，特请来五位少年才俊助兴。天公作美，今日寡人准备了美酒佳肴。大家尽兴地吃喝，尽兴地游乐。朕宣布，宴会开始。行酒。"

大家心里明白，这游乐便不是简单的游乐，每一项都是考试。贵族公子从六七岁开始，就要学习礼、乐、射、御、书、数六艺。这行酒便是考礼了。

轮到五位少年敬酒，个个礼数周到，中规中矩，只是有的略显拘谨，有的豪迈些；有的声音洪亮，有的声音低嫩。吕不韦久慕梦萦美艳，心情有些激动，好在皮肤黑，看不出脸红，龙行虎步，声音沉稳。

敬酒毕，便是击乐吟唱。

这郑卫之音，又称桑间濮上，与商周传统音乐不一样，来自民间，欢快抒情写意，孔子曾批评郑卫之声淫，"恶郑声之乱雅乐也"，乐师师旷以为"濮上之音"为"亡国之音，不可遂也"。然而却受到贵族阶层的热捧。魏文侯曾感叹地说："吾端冕而听古乐，则唯恐卧；听郑卫之音，则不知倦。"

要说这郑卫之音推行，卫怀君功不可没。卫怀君继位八年来，政治上毫无作为，对音乐倒特别在行，日子过得逍遥。

五位少年中，东郭珠玉的歌声合节合拍，最为优美。

东郭珠玉唱的是《淇奥》。《淇奥》歌颂卫国第二代君主卫武公文彩品德。东郭珠玉演唱时，和琴瑟之声，婉转之中有恢弘之气，让人仿佛进入那遥远的时代，那卫国最辉煌、最令人神往的时代。卫怀君都为之击节叫好。

吕不韦则用独有雄浑的男中声演唱了一首《载驰》。《载驰》说的是许穆夫人救卫的一段故事。吕不韦歌声时低时亢，绵绵纯厚，众人多为之感慨，而吕熙看着卫怀君皱着眉头，心里有几分担心。卫国曾经也辉煌过，却因卫懿公养鹤误国，被狄人所败，后虽为齐国所救，如今却依附于魏国，安乐于现状，国人之耻，卫君能不知么。

好在卫怀君常耻不怒，心态平和，马上阴转晴，又快意于乐舞之中。

接着又是比骑射，戴子龙、吕不韦都表现出色，而南怀轸更胜一筹。

卫怀君始终兴致勃勃参与其中，迟直太阳下山，凉风习习，才散会。

从卫宫回来，吕家并没有抱太大希望。第二天清早，吕熙就安排吕不韦去店铺学习经商之术。吕熙一再叮嘱道："欲成大事者，必起于细微。一定不要怕吃苦，要从最小的事做起。"

店铺管事是一位年过半百的长者宁胥。宁胥跟随吕家已有三十多年了，十分忠诚勤勉，兼管着手下十多个人，做事有条不紊。宁胥做事要求很严格，跟他学徒的常常要哭几次鼻子，最长的三年都出不了师，都怕他。但是，经他调教出来的徒弟，都是独当一面的好手。

宁胥带着吕不韦参观了店铺和仓库。这是吕家开的杂货店，食盐、辣椒、酱油、镰刀等日用百货一应俱全。这么多的货物，看得吕不韦头有些大。

走到账房，宁胥拿出账册给吕不韦介绍。这账册都是竹子做的，一捆一捆的堆着。账册上写着的都是枯燥无味的数字。但这数字就是财富，进进出出，不能有丝毫差池。

“少爷天资聪明，学识渊博，但那些都是大道理。到这里来，你就不能把自己当少爷了。你必须熟悉每一种货物的品种、等级、收购价格、出售价格、产地、时季、出货、存量。这事急不得，须慢慢来。一般机灵的学徒也要两年。以少爷资质，我想至少要一年就可出师了。”

“少爷每天的安排是这样：每天上午练珠算，下午站柜台，跟师兄学售货。”

宁胥拿来算盘，开始教吕不韦珠算。

“这算盘和珠算据传是黄帝手下一名叫隶首的人发明创造的，它控带四时，经纬三才。刻板为三分。位各五珠，上一珠与下四珠色别，其上别色之珠当五，其下四珠各当一。加减乘除运算各有口诀，须熟记于心。正常人用右手拨珠，练到熟练时则可双手拨珠。拇指、食指、中指各有分工，不能混乱。”

宁胥手把手地教，吕不韦用心地学，司空马在一边陪着练。一个上午下来，吕不韦背熟了加法口诀，慢慢可以练加法，但手指总还有点乱用。

“少爷一个上午能做到这样，已经不错了。想必少爷平时弹琴，手指灵活。要是这里做事的小伙子，那手指要练好几天都像分不开似的。”

“谢谢师傅夸奖。不韦一定会用心练习。”

下午便在柜台前售货的朱师傅打下手，按照朱师傅的吩咐和指点，拿货、递货、讲价、算账、收钱。

一天下来，吕不韦累得骨都快散架了，真正体会到赚钱的不易。

第二天清晨，司空马在练剑，吕不韦想睡一会儿懒觉，又被祖父叫醒。

“业精于勤毁于随。勤奋敬业是我吕家的传家之宝。”祖父语重心长地叮嘱。

吕不韦只好与司空马早早地赶到店铺去。

过了年，秦相穰侯魏冉又再起兵马，向魏集结，大有灭魏之意。

魏安釐王召集兵马，准备与秦血战到底。同时，派使者向齐国求援。作为魏国的附庸，卫国只有出人出物进行支持。一时战争风云密布。

人们已习惯了战争，生活还是照旧。

吕不韦早晚都在店铺里，珠算已是非常熟练，账目也看得懂，各种货物品种也渐熟悉，接人待物渐渐摸出了门道，像是入了门的一个小店员。

一日，卫相公叔骞来到了吕府。吕熙与公叔骞相熟，一番寒暄落座后直奔主题。

“本相此番前来报喜。”公叔骞道：“吕老记得三个月前与令孙前往王宫游猎一事么?”

吕熙自然记得。但是，对于为孙子不韦迎娶卫室公主一事，吕熙却有许多顾忌。卫室历代都产美女，而且多远嫁齐、楚、宋、魏、韩、赵等诸侯，极少下嫁臣工。吕熙打听过梦萦公主，听说十分美貌，又知书达理，性情温顺，但毕竟从小娇生惯养，真正成为吕家孙媳，恐怕难以侍候。因此，吕熙倒并不热心此事。

“游猎而已。不知喜从何来?”吕熙淡然一笑。

“本相此次前来就是为此事。”公孙骞笑道：“上次游猎，非为游乐，实则是为梦萦公主择婿。卫主最看重的是东郭珠玉，一来东郭家族是望族，二是东郭珠玉才艺出众。太后与公主则是看重令孙，认为令孙少年老成，忠厚持重，心有大志，能成大事。卫主和太后商议了很久，都拿不定主意，最后召本相商议。本相以为卫国世代公主多嫁与列国王侯，而得善终者少。嫁与豪门望族的还稍好些，但是，当今乱世，国将不国，应嫁与多福人家才是存身之道。卫主最后才下定决心，将公主许与令孙。本相此次就是来保媒的。”

“孙儿不韦倒是对梦萦公主十分倾慕。”吕熙道：“多谢卫主、太后和公主抬爱，多谢相国成全。只是我吕家都是殷勤人家，老夫担心公主过不惯，会受委屈。”

“对吕老家风，卫主、太后一向敬重，绝不担心公主会受委屈。只是本相有不情之请，想请令孙出仕，或可力挽大厦之将倾。”

“这要让相国失望了。老夫当年辞官从商，就是不想为官所累。吕家这些年行商，稍有成就，也不想在孙儿辈中断。还望相国见谅。”

“人各有志，也不勉强。也罢，说不定他日我卫国宗庙还赖吕家保存。”公叔骞有些怅然若失，但对吕家依然寄予厚望。

秦与魏军在战场上杀得难分难解。秦国兵力占优势，然魏军将士用命，又得齐军助阵，战争一时陷入胶着状态。

秦将白起派使者送信与韩釐王，欲借道韩境，韩相国陈筮极力反对，无奈韩釐王畏秦，竟答应了。于是秦军竟越韩境攻魏，魏军大败。秦魏拔四城，斩首四万，得二县而归。

魏安釐王对韩釐王借道秦军极为愤恨，发誓要报此仇。于是魏、韩反目，剑拔弩张。战争的阴云笼罩三晋大地。

与累遭战火的魏境相比，濮阳除了增加了赋税，依然是歌舞升平。

卫国上下，谁也不知道这种太平日子能延续到什么时候。茶余饭后议议也罢，过后该干什么就干什么，日子悠着点过。

太平日子过久了，便没有多少新意。梦萦公主的出嫁，终于给濮阳带来了生气——满城人都在关注和热议这场婚礼的盛况。

择得吉日良辰，吕不韦着新郎服，戴着大红绸，骑着高头大马，率众人浩浩荡荡去迎娶梦萦公主。诸侯各国闻讯亦派使者来观礼贺喜，卫国满朝文武都参与其中，场面十分宏大。

吕不韦内心非常高兴。他喜欢这种万人瞩目的感觉，喜欢看到众人羡慕甚至嫉妒的眼神，喜欢宾客云集热闹非凡的气氛。

一切如仪。喜宴隆重，闹了很晚，宾客才散去。

吕不韦被司仪引入洞房，罗帐红被，红烛摇曳。

吕不韦一天被引导着行各式礼仪，此时才与梦萦公主正眼相看。只见公主头贴翠花钿，宫样眉儿新月偃，樱桃红破，玉粳白露，千般袅娜，万般旖旎，宜嗔宜喜春风面。那眼睛澄明，仿如蓝天，又如深渊。百媚体态蕴含富贵之气，娇艳流波闪烁智慧之光。不韦看了，心醉神迷，疑为天人，欲去牵手，公主却端着酒杯递了过来。

"今日你我结为百年之好，梦萦当敬夫君三杯。"公主声音如呖呖莺啭，款款地道："我等生逢乱世，群雄争战，生灵涂炭，虽在君王之家，亦常心怀忧戚。母后力主我嫁与你吕家，不只是看中你吕家曾是官宦之家，又经商聚富，更重要的是看重吕家处事有方，结交满天下，立于乱世之中，能进能退，游刃有余。这第一杯敬夫君：一辈子平平安安，健健康康，逢凶化吉，百福呈祥！"

"好。"吕不韦举杯与公主一饮而尽。

"如今世风日下，多有淫秽之事，富贵人家更是难免。男人娶个三妻四妾本也寻常，如经常留恋于歌台舞榭，寻欢作乐，淫逸则伤身惰志，毁灭家业。梦萦最看重的是吕家家风谨严，虽财力雄厚，世代单绝，却持家有方，口碑甚好。这第二杯敬夫君：一辈子以家为重，洁身自好，儿孙满堂，百年偕老。"

"不韦谨记。"吕不韦与公主饮了第二杯酒。

"吕家人才辈出，人中龙凤。夫君饱读诗书，剑术精湛，聪颖过人，虽寄身商贾之中，却常怀忧国忧民之心，不为小志所困，不为小利所惑，必有惊人之举。这第三杯敬夫君：不可轻易犯险，当择良机而动，见好就收，功成身退，可留万世英名，可保世代昌盛。"

"康叔之后，我卫国君侯家多阴兴阳衰。虽许穆夫人再世，亦不及公主聪慧。不韦得公主为贤助，真是上天垂怜。不韦若一生负公主，必遭天遣！"吕不韦举杯为誓，急得梦萦公主急忙用手来掩不韦之口，道："夫君不必发此毒誓！"

吕不韦握住梦萦公主之手，软玉温香袭满怀，对饮杯中酒，四目相对，心摇情迷。相牵入罗帐，兰麝散幽斋。轻将罗带解，刘阮到天台。夫君朝圣捧玉峰，新娘柳腰款款摆。擅口揾香腮，露滴嫩蕊开。驰骋三千里，共赴巫山云雨浓。犹疑在梦中，成就了今宵欢爱。

第二天清早，吕不韦抱着梦萦公主的酥胸，睡得正香。公主却将他推醒，轻语："好男儿志四方，温柔之乡不可久恋。况且你我夫妻，来日方长。该向长辈请安了。"

正在吕不韦与梦萦公主新婚燕尔如胶似漆之时，诸侯各国又起干戈。

周赧王四十二年（公元前273年），赵、魏联军伐韩华阳，韩釐王悔不当初，急得病了，朝政只好由相国打理。

韩相国陈筮召集群臣商议。

"如今赵、魏大军压境，请各位大臣共商退敌之计。"陈筮道。

"论军力、物力，我韩国断然难敌赵、魏。死守硬拼不是长久之计。"大将惠豹应声道。

"我三晋本为一体，然去年秦伐魏，我韩国借道于秦，理亏在先。"公子安忧心道，"如今最好的退敌之策在于致歉修好。只要我等诚心向魏国表示歉意，加以补偿，赵、魏国君当明大体，捐弃前嫌，化干戈为玉帛，和睦相处。"

群臣中或有赞成，或有反对的，没有奇策可议。

最后，陈筮用不容置疑的口气道："刚才从群臣相议中得出三个结论：第一，赵、魏欲报去年之仇，对我韩国志在报复，不是简单致歉就能和好的；第二，赵、魏大军远胜于我韩国之军，一旦开战，韩必败无疑；第三，列强之中，齐与魏和，楚国只图自保。救韩之计，唯有向秦求救。秦虽贪婪，然能使韩续存。饮鸩止渴，实为无奈之举。此事呈我王定夺。"

韩釐王已病得昏昏沉沉，含糊地答应了。

于是，陈筮亲赴秦国求救。秦昭襄王大喜，即派白起率大军攻赵、魏。秦军得韩军为引，大破魏军，俘虏了三员大将，斩首十三万。

魏安釐王完全没有脾气，一心只想求和。此时恰好苏代在魏，苏代向魏王进谏道："魏虽损兵折将，才得自保。若以地事秦，犹抱薪救火，薪不尽，火不灭。日削月割，何以图存。望大王三思。"

魏王不听，割南阳与秦而求和。

魏服，秦军又转而攻赵军于观津，赵军将士拼命抵抗，终因寡不敌众而落败。秦军虽胜，然死伤亦多，令白起十分恼火，他一气之下，将两万名赵军俘虏全沉到河里淹死了。

魏、韩服，秦昭王欲乘胜伐楚，楚派使者黄歇出使秦国。

"臣为大王计，伐楚不如伐韩。"黄歇对秦王道："楚地千里，非一日可攻灭。韩国为秦东进之阻，国力薄弱，秦可尽得其利。韩破，则三晋解体，魏、赵尽在大王掌握之中。”

秦昭襄王一听，言之有理，于是转攻韩。韩釐王（咎）病情刚好转，一听秦军来攻，一惊之下，竟一命呜呼。其子然继位，是为韩桓惠王。

韩桓惠王急与赵修好。此时正值隆冬，秦军中又起瘟疫，秦王只好下令撤军。

就在秦军撤军之时，吕不韦的女儿出生了。四代同堂，吕熙大喜，给她取名安平。

满月之后，卫怀君特意将梦萦公主母女接到宫里住了一阵子，尽享天伦之乐。

初为人父，吕不韦突然觉得自己已经是一个大人了，肩上的担子更重了。

卫国人乃至一些诸侯观礼者原以为卫怀君这位乘龙快婿会进入卫宫中任职，谁知他依然为布衣，为商贾之事奔忙。

吕不韦娶得梦萦公主，带来直接的影响，就是吕家商铺的生意更加红火了。每当吕不韦出现在店铺时候，总会有许多百姓前来目睹他的风采。看得许多少女心里更是情思绵绵。

吕不韦却全当没看见，谦和、热情、麻利地做着生意。经过两年多的磨炼，他已经完全能独当一面管理商铺的生意了。

第二章 邯郸听辩

Biography
About Lü Buwei

吕鑫做生意很杂，什么生意都想尝试。

濮阳、阳翟各店铺的生意都可以放心交给吕不韦打理，吕鑫则一心在外跑贩运。

周赧王四十三年（公元前272年）秋，吕鑫在邯郸闻知韩、魏、楚准备联合伐燕，秦国也在鼓劲，看来战争不可避免了。燕人多骑射，韩、魏、楚少马车，正在四处求购，邯郸马价日涨。吕鑫决定冒险去胡地贩马，想以此获大利。

司空措曾在北地生活过，知道贩马虽可获暴利，然而异常凶险，他力图劝阻吕鑫。但是，吕鑫却是一个不惧风险的人，坚持要去闯一闯。

吕鑫购置了一百丈绸缎，请了向导，带了十多个剽悍的随从，与司空措、钟雄一道押着货北行。他们走过一州又一州，终于来到一望无际的大草原。向导告诉吕鑫，已经到了匈奴地界。

据考证，匈奴的始祖是夏后氏的后代。在尧舜之前生活在北蛮之地，因为从事畜牧业而经常迁徙。他们的牲畜中最多的是马、牛、羊，还有骆驼和驴。匈奴人循着水草和季节不断地迁徙，没有文字。小孩从小骑羊，拉弓射箭。男人们披甲骑马。他们以放牧为生，过的是马背上的生活：没事就角力摔跤，跑马射箭，可谓是全民皆兵。

匈奴人的习俗与中原不一样：人人都吃肉，而且让年轻人吃好的，老弱病残吃剩下的。这是因为他们要保证身强力壮者能随时打仗。女人在这里没有地位，就像货物一样可以任意交换。父亲死了，儿子可以娶后母当妻子。兄弟死了，其他兄弟可以把死者的老婆娶过来做自己的老婆。

吕鑫在向导的带领下，来到了匈奴人聚居的草原附近，那里有一片白蒙蒙的帐篷。

吕鑫按照匈奴的规矩，把墨涂在脸上，然后引到中间那个大帐篷里，拜见了他们的头领。吕鑫听不懂他们说什么，好在有向导当翻译。他们达成了交易：一丈绸缎一匹马。

吕鑫吩咐随从将绸缎交给匈奴人，然后去马场挑马。马场各色马都有，不停地跳来跳去，看得人眼花缭乱。向导告诉吕鑫，不必去细点，大致估计差不多就行，因为匈奴人也不会在意多几匹马。

生意做成后，匈奴头领非常热情地邀请吕鑫一行人喝酒吃肉。吕鑫与司空措一向谨慎，自称滴酒不沾，只是叫一个能喝酒的随从陪头领喝。

喝了一会儿酒，司空措借口小便，走出了帐篷。随来的人都在火堆边高兴地喝酒猜拳。转过帐篷，司空措看到远处有些匈奴人在交头接耳，窃窃私语，神色有些异样。

晚餐后，吕鑫一行到马场边的帐篷里歇息，那里有床榻、食物和生火的设备。司空措将所见到的情景告诉了吕鑫，随来的人听说后惊得酒也醒了，大伙不敢解衣休息。

夜半时分，值夜的看到不远处有火把闪动。吕鑫召集大家赶紧行动起来。他们打开马栏，吹响口哨，将一百多匹马全都赶了出来，向邯郸方向狂奔。

那些匈奴人见势也呼啸着乘马狂追，还不断地放箭。

追到一个狭谷口，吕鑫不意从马背上摔了下来，摔断了腿。十多个护卫赶紧压住阵脚，守住谷口，不断地用箭射向匈奴人。那些匈奴人见占不了上风，只好呼啸着离去。

这一趟匈奴之行，是吕鑫商贾生涯中最危险的一次，虽然大赚了一笔，可摔断了腿，似乎有些不划算。

吕不韦经商之余，最大的乐趣是回到家里，与妻子梦萦和女儿在一起。可梦萦倒不希望吕不韦时时待在家里。梦萦在卫宫里做女子时，最爱读经读史，最看不得父亲和叔叔、兄弟们整天游乐，不思进取。她认为这样下去，卫国迟早会走向灭亡。她与母亲、祖母都劝过家族的男儿，可是，他们全听不进去，得过且过，熙熙而乐。当时求婚的有诸侯、豪族，梦萦毅然选择下嫁布衣吕不韦，就是看中他是一个有大志、勤奋之人。

“你们男人要做大事，就不能总是儿女情长。”梦萦经常对吕不韦这般说。

吕不韦对梦萦心怀感激，道：“此生有如此贤妻，何事不成！”每天都勤勉努力着，不敢有丝毫松懈。

三年商贾生涯，吕不韦对营商之事已十分娴熟。闲时便与各方客人聊侃天下大事。聊到兴起，常常扼腕长叹。

这天晚上，吕不韦正在与妻儿逗乐，护卫钟雄从邯郸回来报讯，说是吕鑫老爷去匈奴贩马摔断了腿，没有大碍，正在邯郸疗伤。

吕鑫长年在外奔波，家里人时时牵挂担心。以前也经历过许多艰辛，但是，每次都逢凶化吉，有惊无险，不想这次受此磨难。

尽管钟雄来报吕鑫只是摔断了腿，赵媚娘还是不相信，急得哭红了眼睛。吕不韦急忙打点行装，告别娇妻幼女，前往邯郸。

吕不韦一行轻车简从，快马加鞭，不几日就来到了邯郸。

这邯郸城墙比濮阳城墙更高大、坚固、雄伟，市面上人头攒动，比濮阳更繁华。吕不韦没时间和闲情去观看，直奔舅舅家。

舅舅赵奎家与赵国主同宗，旁系庶出。祖上也曾为仕，后来从事商贾之事，家道殷实，在赵国亦是豪族。

吕不韦小时候来过舅舅家，已没有太多印象，只是模糊记得房子特别多特别高大，表哥赵子羽也比自己高很多。长大后还是第一次到舅舅家来，看到舅舅家的院落与自己家差不太多，表哥倒是风流倜傥，只是个子比自己略矮些。

亲人相见，一番寒暄之后，吕不韦在赵子羽的引导下直奔内室，只见父亲吕鑫斜卧在床上，一个乖巧的小女孩正在给他喂药。

"父亲，你伤到哪里？严不严重？家里人都急死了。"吕不韦疾步上前，眼里含泪，跪着紧握吕鑫双手问道。

"韦儿，男子汉大丈夫，流血不流泪。一点伤痛算什么。笑一笑。"吕鑫笑着说。他指了指左脚，道："那天夜里太黑太急，前面的石头没看到。马也跑累了，没有跃过去，结果人和马都摔伤了。腰间摔断了两块肋骨，这只脚摔成骨折，伤了筋，医生说是难以恢复到以前的样子了。下半辈子只有拄着拐杖陪着你娘享清福了。"

"父亲，你为这个家四处奔波，操劳这么多年，也该歇歇了。"吕不韦止住了泪，形色坚定地道，"以后有孩儿操持，一定不会让父亲失望的，一定要让父亲好好安享清福。"

"父亲知道，韦儿会比父亲更强更有出息。"吕鑫开心地笑了。

"我呀，最敬佩的就是姑爷这份坚强和乐观精神，摔成这样了，还从来没有听到叫痛过。要是我，那可受不了这个苦。"赵奎对着吕鑫伸着大拇手，他拉过小女孩，对吕不韦道："你认识一下，这是舅舅的养女，叫赵二妮，今年刚满九岁。她母亲可是邯郸城里最出名的歌伎，可惜去年突发急病死了。我看这姑娘又会跳舞，又会唱歌，又可爱，又可怜，也就收养了。这二妮可细心呢，你爸这几天全靠二妮端茶递水照顾。"

吕不韦见这二妮长得细细嫩嫩，一双眼睛水灵灵的，真是人见人爱的模样，也就牵着她的手，道："谢谢小妹。舅舅有个这么乖巧的女儿，真是有福。"

“哥哥在这里有什么事尽管吩咐。小妹随时为哥哥效劳。”二妮腆着脸，口齿伶俐地道。

“这丫头机灵得很，特别知道讨人喜欢。”赵奎摸着二妮的头夸奖着，接着道：“我这外甥这么多年都不来看舅舅，一下子变成男子汉了。远道而来，车马劳顿，现在是卫怀君的乘龙快婿，我们可怠慢不得。先就餐歇息，养养精神。姑爷这里也没有大碍，按时服药就行。明天就由子羽陪着好好逛逛邯郸城。这邯郸城还是值得一看的。”

“不到邯郸，不知三晋之风。我看还得请一个人去陪。”吕鑫道：“司空措可是地地道道的邯郸通。故地重游，也该到处去看看。”

大家心里明白，从匈奴贩马回来，最辛苦的是司空措，吕鑫是想让他休息休息。

第二天，吕不韦在司空措父子和赵子羽的陪同下，一行人早早地上街了。

邯郸城确实比濮阳繁华许多，不单是各式各样的物资让人眼花缭乱，还有各色各样的人说着不一样的语言。对于邯郸的风土人情，赵子羽如数家珍，让吕不韦大开眼界。

他们来到赵武灵王庙，吕不韦一行上香奠拜，司空措一脸的虔诚。

吕不韦知道司空措与赵武灵王有很深的渊源，于是问道：“伯父一定非常熟悉和敬重武灵王。能给晚辈说说武灵王的事迹么?”

“这事说来话长。”司空措道，“得从赵国的先祖说起。”

赵人的先祖为华夏族的一支，国君嬴姓（少昊氏之后），赵氏（赵城叔带之后）。先祖世代辅佐殷商。至蜚廉这支嬴姓部落时，因周武王伐纣，蜚廉愚忠商纣王而被周王室所厌弃。后来战死，其弟季胜为宗主。季胜曾孙造父善御，相传为周穆王御，助周王平定徐偃王之乱而封于赵城，其后以赵为氏。造父侄子大骆善于养马。周王室不计前嫌，封大骆于汧河、渭河之间，以管理马匹。大骆之孙秦仲封为大夫，秦仲之子赵其为秦庄公，故与秦国同宗。造父六世孙奄父救周宣王于千亩之战而得封。奄父之子叔带为周朝卿士，因不满周幽王昏庸，离开周王，侍奉晋文侯。从此赵氏便在晋国落脚，渐成望族。

至晋惠公时，国乱，赵衰随公子重耳逃亡。重耳登位后，赵衰功高受封，权重位高。其后代赵盾、赵武、赵简、赵襄子都成为晋国君的股肱之臣。

晋出公时，智伯、赵襄子、韩康子、魏桓子四卿当权，于周贞定王十三年（前 456 年）逐出公而立哀公。赵襄子死后，其弟赵桓子自立为君。桓子死后，襄子兄赵伯鲁之孙赵浣为赵献子。周威烈王二十三年（前 403 年），献子之子赵籍与魏斯、韩虔三分晋国，周威烈王封赵籍为赵烈侯。赵烈侯为赵国开国之君。

赵人立国之后，日子过得并不顺畅。赵国北有林胡、匈奴、东胡、楼烦，东有强齐，南有悍魏，西有虎狼之秦，侧有中山小国。赵国夹大国之间，处兵家必争之地，经常受到周邻的欺负。赵国只有一再迁都，先迁到晋阳，再迁中牟，再迁至邯郸。建都邯郸后，邯郸城两次被强邻占领。周显王十五年（前354年）时，魏惠王就曾派大将庞涓攻赵，赵成侯只好向齐国求救，齐人孙膑采取围魏救赵之计败魏救赵。周边小国燕、中山也经常受大国唆使，对赵国发动攻击。

这种被动挨打的局面在赵肃侯时有所改观。赵肃侯发奋图强，多次与齐、魏、楚、秦、燕等国恶战而不处下风，俨然成为北方的新霸主。可赵肃侯英年早逝，赵武灵王赵雍十五岁继位，托孤于大臣肥义。武灵王继位之时形势十分险恶，魏惠王联合楚、秦、燕、齐四国，以会葬为名，各派精兵锐师万人来参加葬礼，欲趁赵国新君年幼之际，俟机图赵。赵武灵王在肥义的帮助下，全国戒严，并联合韩、宋两国，重赂越王无疆攻楚，重赂楼烦王攻燕和中山，并命令会葬的五国军队不得进入赵国边境，从而挫败了五国图赵阴谋。

武灵王修兵图强，改善与周邻关系，使赵国国力日增。继位二十四年后（前302年），力排众议，颁布命令，实行“胡服骑射”，改革军事装备和作战方法，极大地增强了战斗力。武灵王灭中山，破林胡、楼烦，辟云中、雁门、代三郡，筑长城。为专力于攻伐，武灵王主动退位，传位惠文王，自称“主父”。周赧王十九年（前296年），正当赵国实力大增，欲联合攻伐秦国时，可惜王室内讧，武灵王饿死沙丘。武灵王死时才四十六岁，还有多少梦想多少壮志未酬，多少雄伟的事业未能实现，英魂早逝，令后人扼腕叹息。

司空措缓缓道来，眼里已饱含泪水。眼神迷茫处，仿佛十多年前的一幕就在眼前似的。

“王者之风，必佑后人。从此天下诸侯当不敢小觑赵国。”吕不韦感叹道：“看来国无论大小，兴衰全系君主之身。有一个强悍、智慧的君主是一国之福。可是，天下国君能如武灵王者实在太少了。”

“惠文王虽无乃父之风，却有识人之明，将沙丘之变的主谋赵成、李兑逐渐削权，重新选得几个好重臣：平原君赵胜招贤纳才，声名远播；武将廉颇有万夫不当之勇，骁勇善战，秦人畏之；文臣蔺相如多谋善断，心器宏大，百官为用。有此三人，赵国可临大事，必不见侮。”赵子羽慷慨而言。

“表哥都如此气概，可见赵国民风之剽悍。”吕不韦笑道，“久闻平原君盛名，表哥当为我引见，以慰平生之愿。”

“我当为贤弟引见。平原君一向礼贤下士，贤弟少年才俊，必受尊重。”子羽道。

“好，就这么定了。你明天差人去报个信，说吕不韦慕名拜访，看看平原君是否有空接见。”吕不韦一向做事干脆。

中午，吕不韦一行走累了，就在得福楼临街二楼的房间里就餐。

就在大家推杯换盏谈笑风生之时，忽听得街上人声鼎沸。找人一打听，原来是田部吏赵奢征租税，平原君家用事者依仗权势，拒不缴纳，于是赵奢抓了九个平原君用事者前往法场处斩。

一个小小的税吏竟敢拿相国家臣开刀，而且一抓就是九人！难怪整个邯郸城为之轰动。

吕不韦按捺不住，放下筷子，要去看个究竟。司空措等人都随了去。

刑场就设在城西北一个山坡上，远远的可看见紫山。

刑场设好，围者如堵。

赵奢威严地宣布法令。

忽然一快骑传讯，说是相国手令，着赵奢将九人押回重审。

赵奢脸色凝重，对使者说道："请转告相国，赵奢不敢阿法，当提头复命。"

赵奢不为所动，继续宣读九名用事者抗租税种种罪状。围观者鸦雀无声。

正待开斩时，又是三名快骑奔来，远远地大叫"刀下留人。"

赵奢不待快骑近前，紧急下令："斩！"

快骑刚到，九颗人头落地，鲜血喷得一地。

使者惊呆了。

这是惠文王派来的使者，手里拿着赦免令。

吕不韦心头也为之一震。

赵奢气定神闲地对属下说："你们带队回去，我随使者进宫。"

使者与赵奢前行，众人跟在后面，大家都替赵奢捏把汗。

"这赵奢何许人，竟敢如此作为？"吕不韦边走边问司空措。

"这赵奢与国君同宗。识军事，曾是武灵王手下一尉官，力主胡服骑射。"司空措道，"赵奢在沙丘之变后遭受迫害，亡命到燕国，正值燕昭王招贤。燕昭王对赵奢非常器重，任命为上谷郡守。八年后，李兑失势，受其迫害者得以陆续回国。赵奢思乡情切，毅然舍弃郡守之职回国，被任为田部吏。"

"此人刚直不阿，执法峻严。我等十分敬畏。"赵子羽道，"这次一气杀了九人，闹太大了，只怕凶多吉少。"

众人为之唏嘘。

正当众人心情凝重在街头行走时，忽然前面迎来一队人马，车队停下，下车的竟是平原君。

平原君一脸盛怒，手一挥，厉声道："将这狂悖之徒拿下，就地正法。"

平原君身后跑来四名勇士，迅速将赵奢扣住往下按。

"且慢。"赵奢挺直腰身,亢声道,"在下有一言相告。待说完再用刑不迟。"

"不用狡辩,不需废话。"平原君怒声道,"拣重要的说,说完赶紧上路。"

"平原君您于赵为贵公子,今纵家臣不奉公则而法削,法削则国弱,国弱则诸侯加兵,诸侯加兵是无赵也,平原君您安得有此富乎?以平原君您之贵,奉公如法则上下平,上下平则国强,国强则赵固,而平原君为贵戚,岂轻于天下邪?奢言毕,请就刑。"赵奢伸着脖子,等候行刑。

平原君闻言,竟呆了半晌未吱声。

众人屏声静气,眼睛盯着平原君。

过了一会儿,平原君脸色转暖,由暖转晴,朗声道:"好你个赵奢。难道赵国为你赵奢一家之国么?难道你想借本相之手来成全你的贤名么?本相与你本是一家人,你为国严于执法本相不反对,可你处事方式尚欠思量。"

众人听了松了一口气。吕不韦暗想,这平原君还真有过人的度量,的确不简单。

平原君上前扶起赵奢,拍了拍肩膀,宽厚地道:"本人比你年长些,不与你计较。但是,你要记住:正直、忠诚固然是做人的根本,做人做事则要方圆有度。苛于执法,疏于教导,则使人畏而不亲,敬而不近。你可要好好反思。"

"赵奢一定谨记国相教诲。"赵奢拱手道。

众人望着平原君与赵奢远去的背影,颇多议论感叹。

赵子羽一回到家,就大叫累了,躺在靠椅子上,叫来佣人给他拿捏按摩。

赵奎责备道:"你实在让你父亲惯坏了,一点礼貌都不懂,也不怕你表弟笑话?"

"唉唉,都是自家兄弟,随意些!"子羽翻身起来,亲热地拍着不韦的肩膀,接着对家里人说道:"父亲、姑父,今天场景可刺激啦,可惜你们没有看到。"

子羽绘声绘色地将平原君与赵奢一事说了一遍。

"赵奢遇到平原君这样大度的国相,真是福气。也不知平原君是否真的释怀?"赵奎不无忧心地说。

"国有如此良相诤臣,实属难得,这是赵国之福,赵民之福。"吕鑫侧躺着身子,不无敬羡之意。他对司空措父子说道:"你们去拜访一些故交老友,顺便打探一下宫中情况。"

司空措、司空马父子应声而去。对于司空措而言,离开邯郸十四年了,许多故交都失去了联系,是该好好去叙叙旧。

"看来今天不韦也确实累了。"赵奎安排道,"子羽,你去安排下人叫几个歌伎来唱些曲儿,让大家解解乏。"

"知子莫如父,此言不差。还是父亲最心疼我。"子羽笑着道,立即起身去了。

不一会儿就叫来了一个戏班子,大都是些俊男俊女。

这是与郑卫之风截然不同的演奏风格。艺人用胡笳吹奏《维天之命》《殷武》等曲，显得既庄严，又哀伤；时而高亢，时而凄婉，配以舞女踏着节拍的曼妙舞姿，让人情思幽远而悲壮、亢奋。

“好好，你们歇歇，让我的才女唱一曲。”赵奎叫着二妮道，“爹知道你站在一边看着难受，给姑爷和表哥露一手，让爹长长脸。”

赵二妮拿来一把琵琶，指头一拨，珠玉迸发。歌喉一张，圆润入耳。

君生我未生，我生君已老；君恨我生迟，我恨君生早。
君生我未生，我生君已老；恨不生同时，日日与君好。
我生君未生，君生我已老；我离君天涯，君隔我海角。
我生君未生，君生我已老；化蝶去寻花，夜夜栖芳草。

二妮声音虽然有些稚嫩，然一咏一叹，哀怨动人。

“这妮子像她妈，天生情种，你们看这歌唱得我都心碎。”赵奎嗔怪道。

难道舅舅与二妮她妈有故事，不然哪有如此感慨。不韦心里暗想。

大家都鼓掌叫好，叫二妮再唱一个。

恰在这时，司空措父子回来了。

“怎么样？宫里有什么消息没？”子羽急切地问道。

“真让人匪夷所思。”司空措啜了一口茶，道：“这平原君下午就赶到宫里，向惠文王举荐赵奢为下卿，总管赵国租税。平原君这种以国家利益为重的襟怀，世间少有。”

“以德报怨，以国为重，旷古难得一贤相。”赵奎感叹道。

“还有一个消息。”司空马道：“韩、魏、楚、秦四国伐燕，燕国内部斗争激烈，对燕惠王颇多怨言，怪燕惠王不该惹祸。燕惠王突然病亡，其子武成王立。武成王即位后，立即与魏、韩媾和，与秦、楚修好。这四国本来各怀鬼胎，一下子全撤兵了。”

“孙子曰：兵者，国之大事。”吕不韦道，“韩、魏与秦、楚世仇，今联秦、楚以攻燕，实是引狼入室，即使燕可下，难保后院不起火。秦、楚远离本土攻燕，得地不能守，得民不能安，除非有他图，否则劳师动众，实不合算。”

“不韦言之有理。”赵奎忧心道，“诸侯各国攻攻和和，也不知这次能否平安几年？”

“人心最难测，最难平。除非天下一统还有太平日子过，恐怕我辈难看得到了。”吕鑫感叹道。

“有一件事想必大家有兴趣。”司空措道，“平原君三千食客当中，最出名的是公孙龙，能言善辩，无人能难之。近日，孔夫子后人齐鲁才子孔穿自鲁来赵，欲与公孙龙一较高下。平原君已将此事安排在三天后。”

“如此盛事，当一睹为快。”吕不韦道。

“表弟欲拜见国相，还得请父亲出面。”子羽对父亲赵奎道。

“这事不难。我明天去相府一趟。”赵奎爽快地答应了。

这一天，赵奎父子与吕不韦一早来到相府。

相府门外已来了许多人。

卯时，相府大门洞开，大家怀着崇敬的心情，秩序井然，鱼贯而入。

相府大院有一个大戏台，台上摆了案几和布做的蒲垫，台下整齐地摆满了草织的蒲垫。

门人引赵奎父子与吕不韦一行到台上后排的贵宾席就座。在贵宾席上就座的都是些朝廷重臣和王室贵胄。

一会儿，公孙龙、孔穿也来了，台下响起了掌声。他们被引到台上最中央的案儿两边就座。

大约过了一刻，平原君步上了戏台，与台上人一一见面后，从容不迫地坐在正中的主位子上。台下千百双眼睛都集中在平原君身上。

“诸位，今日风云际会，当为旷世一盛举。”平原君沉稳的声音中透着慈祥与威严，道“先给大家介绍一下：坐在我右手边的是来自于齐鲁大地的才子孔穿先生，坐在我左手边是大家所熟悉的公孙龙先生。”

台下掌声响起。

“孔穿先生，字子高，孔箕之子，孔圣人七代孙。博学多才，清虚沉静，治学严谨，淡泊名利，志向高洁，为当今之圣人。曾游历楚、魏，楚、魏国君隆礼以待，欲聘为卿相，均不就。闻公孙龙先生善为‘白马非马’和‘坚白异同’之辩，不远千里而来。今日两位贤者相聚，必是缤彩纷呈，宇廓一新。”

台下掌声又起。吕不韦也跟着鼓掌。

吕不韦对“白马非马”和“离坚白”之说早有耳闻，只是不知其详。昨天，赵奎详细介绍了其原委。

赵国一带的马匹曾流行烈性传染病，导致大批战马死亡。秦国战马很多，为了严防瘟疫传入秦国，秦就在函谷关口贴出告示：“凡赵国之马不能入关。”

这天，公孙龙骑着白马来到函谷关前。关吏说：“你人可以入关，但马不能入关。”

公孙龙辩道：“白马非马，怎么不可以过关呢？”

关吏说：“白马是马”。

公孙龙讲：“我公孙龙是龙吗？”

关吏愣了愣，但仍坚持说："按规定不管是白马黑马，只要是赵国的马，都不能入关。"

公孙龙常以雄辩名士自居，他娓娓道来："'马'是指名称而言，'白'是指颜色而言，名称和颜色不是一个概念。'白马'这个概念，分开来就是'白'和'马'或'马'和'白'，这也是两个不同的概念。譬如说要马，给黄马、黑马者可以，但是如果要白马，给黑马、黄马就不可以，这证明'白马'和'马'不是一回事吧！所以说白马就不是马。"

关吏越听越茫然，被公孙龙这一通高谈阔论搅得晕头转向，如坠云里雾中，不知该如何对答，无奈之下只好让公孙龙和白马都过去了。

此后，公孙龙先生不断地完善其"白马非马"理论。他洋洋洒洒写了数千言《白马论》，曰："白马为非马者，言白所以名色，言马所以名形也；色非形，形非色也。夫言色则形不当与，言形则色不宜从，今合以为物，非也。如求白马于厩中，无有，而有骊色之马，然不可以应有白马也。不可以应有白马，则所求之马亡矣；亡则白马竟非马。欲推是辩，以正名实而化天下焉。"

公孙龙先生将"白马非马"理论进一步演化，又著有《坚白论》，认为对于"坚白石"，"视不得其所坚而得其所白者，无坚也"；"拊不得其所白而得其所坚者，无白也"，强调视觉与触觉的差异，故坚白石二。

"得其白，得其坚，见与不见离。不见离一。一不相盈，故离离也者，藏也。"

"天下未有如坚，而坚藏。若白者必白，则不白石物而白焉。石其无有，恶取坚白乎？故离也。"

在卫国，吕不韦曾自以为才高八斗，可以雄视天下。听到舅舅介绍公孙龙的"白马非马"和"坚白异同"之说，大为吃惊，只觉得怪异诡谲，却不知如何理顺和辩解。此时，方知天地之大，自己识见之浅。

平原君朗声道："公孙龙先生为我赵人之中的奇才。此子才思敏捷，辩词锋锐，有鬼神不测之机。"

"去年，秦国与我赵国订立盟约：秦之所欲为，赵助之；赵之所欲为，秦助之。

"过了不久，秦国兴兵攻魏，魏向我赵求救，我王认为赵魏唇齿相依，必然要救。秦昭王听说我赵国派兵救魏，就派使者来责备我王不遵守盟约。我王将这件事告诉了我。我也感到为难：按盟约规定，是不能救魏；然而，按利益关联，我赵国又必须救魏。救魏则毁盟，不救则伤义。"

"正在我为难之时，公孙龙给我出主意说，赵可以派遣使者去责备秦王说，秦不帮助赵国救魏，也是违背盟约。"

"我一想也对呀。秦之所欲为是攻魏，赵之所欲为是救魏。按盟约，赵有义务助秦，秦也有责任助赵。权利和责任都不是单方面的呀。”

“我派使者到秦王那里一说，秦王虽然气愤，也无话可说，只有退兵。”

“我想这种怪异的思路也只有公孙龙先生这样的怪才才能想得出来。对这样的奇才，我等不敬重都不行！”

台下掌声雷动。吕不韦从平原君话音中听出对公孙龙倚重之意，倒对孔穿先生有几分担心。

平原君宣布：“下面，请孔穿先生和公孙龙先生各抒高见。先请我们尊贵的客人孔穿先生发言。”

孔穿一直正襟危坐，闻言后对公孙先生拱手道曰：“某居鲁地，久闻公孙先生大名，世人称颂先生之智、先生之行，非常敬仰先生，直到今日才能与先生相见。某向来倾慕先生高才高义，有一个宿愿希望成为您的弟子。但是，某不敢认同先生以白马为非马的理论！如果先生放弃这种说法，则我孔穿恳请投奔到您门下，成为您的弟子。”

孔穿自降身份，言辞十分谦卑，却绵中藏针，直刺心脏，厉害！吕不韦暗想道。

公孙龙迅速接言回话道：“孔先生您的话错了。我公孙龙之名扬四海者，就是因为创造了白马非马理论！如今您要龙舍弃它，再拿什么东西去教学生？况且你要拜我为师，肯定觉得才智与学识不如我也。如今您指令要我去掉白马非马的主张，这是您先教我然后再拜我为师；世上哪有先教别人怎么做然后再去拜人家为师的呢？所以说，您的话错了。”

“况且这白马非马理论，也是受了您的先祖孔夫子的启发才创造出来的。楚王曾经在云梦大泽里射蛟，在回家的路上遗失了一张弓。左右随从请求将这把弓找回来，楚王就制止说：‘算了吧。我楚国人丢失了弓，必然会有楚国人拾到，又何必再自寻烦恼去将它找回来呢？’您的先人仲尼听到这件事后，说：‘楚王仁义还没有达到最高境界呀。应当说是人丢失了弓，人又得到了弓而已，何必说出一个楚字呢？’如此看来，仲尼认为‘楚人’与所谓‘人’是有很大差别的。既然仲尼‘楚人’与所谓‘人’分别得清清楚楚，那您为什么要否定我公孙龙区别‘白马’与所谓‘马’呢？‘楚人非人’与‘白马非马’可谓是异曲同工。可见您是真的是大错特错了。

“既然孔先生研修儒术却又厚非仲尼之所认同的观点，想拜我为师却又要我舍弃自己的理论去教你，这样的话，即使有一百个公孙龙，也没有谁能答承您的请求啊。”

厉害，实在厉害！吕不韦心里赞叹不已。

孔穿为儒家弟子，儒家学说创始人为孔子。以儒家典故说事，犹如以你之矛攻你之盾，实在太难应答了。

孔穿竟一时无言以对。

公孙龙停了片刻，接着又乘胜追击道：“孔先生刚才教育我公孙龙的情形，就好象齐王对待尹文一样。齐王对尹文说：‘寡人敬佩士人，可惜齐国无士，为之奈何？’尹文回答道：‘我很想知道大王心目中的士是什么样子。’齐王无言以答。”

“尹文又问道：‘假如现在有人在此，侍奉君则尽忠，侍候父母亲则尽孝，结交朋友则诚信，与乡邻相处则温顺，能做到这四点，是不是可称得上士呢？’齐王道：‘对呀！这就是我所讲的士呀。’尹文又问：‘大王如果得到这样的人，都可以委任他为大臣么？’齐王说：‘我有这样的心愿，但不一定能得到这样的人。’”

“当时，齐王好勇斗。于是尹文问道：‘假使此人于广众大庭之中，被别人欺侮而终不敢斗，大王还会任命他作大臣吗？’齐王道：‘这也是士吗？被人侮辱却不敢争斗，真是耻辱呀！受这种耻辱的人，寡人不会任命他为大臣了。’尹文又问道：‘这只是被欺侮而不争斗，但并没有失去其四行呀。该人如果失其四行，自然称不上士了。然而，大王一会儿认为可以任命为大臣，一会儿又认为不能为大臣，则前面所讲的所谓士，是不是就不是士了呢？’齐王又无言以对。”

“尹文说道：‘如今有一个国君，在治理他的国家时，别人认为不对的他也认为不对，即使是对的他也认为不对；对于有功勋的人则加以奖赏，然而对无功的人也予以奖赏。这个国君还埋怨国人为什么不领他的情，这样对吗？’齐王曰：‘不对。’尹文回答道：‘臣细致观察，大王您治下的齐国也是这样的呀。’”

“齐王道：‘寡人理国，确实如先生所说的那样。但是，国人虽然不领情，寡人却不敢抱怨呀。这里面到底有什么不对？’”

“尹文回答道：‘这其中难道没有说法吗？大王发布命令道：‘杀人者死，伤人者刑。’人人都要敬畏大王的法令，所以，即使被欺侮也不敢争斗，这全是因为敬畏大王法令的缘故呀。可是大王却说：‘被人侮辱却不敢争斗，真是耻辱呀。’说他是耻辱，就是否定他。行为是对的而大王否定，并因此除其籍，罢免他的大臣职务。罢免大臣职务，就是惩罚他呀。这是没有过错而被大王惩罚的情形。况且大王以不敢斗者为耻辱，必然鼓励敢斗者得逞所愿；如果褒奖敢斗者，大王肯定他，赞赏他，必然就会任命他为大臣。委任他为大臣，就是奖赏他。对方无功却得到大王奖赏。大王所奖赏，却是官吏依法当诛的；大王所肯定的，却是法令所否定的。赏罚是非，相与四谬。即使有十个黄帝再世，也不能治理好国家呀。’齐王无以应。”

“基于以上所说，因此，我公孙龙认为孔先生您的话与齐王的话相似呀。您只是一味责难白马非马的理论，却说不出这理论到底有哪些错误，为什么是错的，由此观之，您就如同齐王一样，有好士之名，而不知道如何考察认辩士人呀。”

公孙龙引经据典，声情并茂，口若悬河，侃侃而谈，人人均为他的言谈所吸引。

吕不韦被公孙龙的言谈所牵引，觉得大脑有点乱，回不过神来。

静，死一般的寂静。众人的目光集中看向孔穿。

“咳，咳。”孔穿清了清喉咙，用沉稳的声音打破了寂静，开始了他的演说。

“刚才在公孙先生滔滔不绝演讲过程中，我的脑海里反复地浮现夫子所说的两句话：‘巧言令色’和‘无情者不得尽其辞’，原来说的就是您这样的人！”

“我先说说您的‘白马非马’理论的错谬之处吧。夫子说过‘人以群分，物以类聚’。‘马’就是所有的白马、黄马、黑马的类，‘白马’是‘马’类之中的一种。这是共性与个性的关系。两者有区别，更有联系。共性寓于个性之中，个性是共性的外在表征。譬如，‘马’可以依据毛的颜色可分白马、黑马、黄马、杂色马，依据肥胖程序可分为肥马、瘦马，依据个子大小可分为大个子马、中等个子马、小马，依据性别可分为公马、母马，如此等等。如果公孙先生刻意割裂这种关系，那么，您能脱离任何个性特征画出一匹‘马’来么？所以说，您的‘白马非马’强调的是差别，割裂的是联系，难道没有错谬么？”

“再说说您所举例的‘楚人’与‘人’的故事吧。我不能不承认，‘楚人’与‘人’这对词，与您所讲的‘白马’与‘马’这对词有相同之处。但是，也正如您所论述‘白马非马’错误一样，‘楚人非人’这一观点也是错误的。‘人’属类，是各种人的集合体，可以表现为各式各样，有楚人、秦人、赵人、韩人、魏人等等，绝对找不出不具有个性特征的人。”

“您采取偷梁换柱的方式，将‘楚人非人’这一论点转接到夫子身上。夫子从仁的角度来看问题，表明仁有小仁，有大仁。楚王遗弓，不去寻找，心存仁心，表态说是让楚人捡去算了。夫子意思则表现出大仁大爱，为什么只是让楚人捡去呢？如果是赵人看到，或者是鲁人看到，为什么不可以捡去呢？所以，夫子要求去掉一个‘楚’字，就是体现出对所有‘人’更博大的仁爱。这明明与您‘楚人非人’观点可谓风马牛不相及，可您却强加于夫子，以便让我背负叛逆师门之名。

“最后，您长篇大论，借齐王与尹文之事来讽刺我不是诚心诚意向您拜师。不可否认，世上确实有许多名与实不符之人，如齐王好士，有好士之名，无好士之实，故尹文讥之。世人之求名，有的并不想吃苦凭真才实学去求名，或凭投机钻营，或沽名钓誉，或以怪异取胜，不一而足，所谓‘盛名之下，其实难副’，说的就是名与实不符者。然而，穿幼受祖训，矢志于学业，故视功名利禄如浮云。承魏、楚之君抬爱，优尤待我，我决然拒之，无半点留恋。难道慕先生之名，能给我带来更多更大的荣耀么？子曰：‘博学以知服。’我对比我贤能智慧之人一向服膺。我之所以诚心诚意想拜您为师，是因为您知识渊博，思辨敏锐，考虑问题的角度很独特，这是我所欠缺的。但是，夫子曰：‘道不同不相为谋。’曾子曰：‘君子之爱人也以德，细人之爱人也以姑息。'我非常敬重您，但不赞成您的'白马非马'和'离坚白'错误观点，诚心诚意希望您能改掉。子贡曰：'君子之过也，如日月之食焉：过也，人皆见之；更也，人皆仰之。'如果您改掉了错误观点，则是当今之圣人，我又怎么能不拜您为师呢？您难道还会怀疑我的诚意吗？!"

台下掌声顿起。吕不韦心中忽然有一种走出迷魂谷面向一块广袤大地似的豁然开朗。感叹道，世间真是藏龙卧虎，智慧百出，断不可自负其才。

公孙龙并不服输，又开始新一轮进攻："我想先生还是弄错了。马固有色，故有白马。使马无色，有马如已耳。安取白马？故白者，非马也。白马者，马与白也，白与马也。故曰：白马非马也。"

……

辩论了一整天，到太阳落山，天色已暗，大家似乎还兴犹未尽。

这时，平原君终止了辩论，道："经过一天辩论，大家心中已经有所启发，有所收获，有所感悟。公孙先生善假物取譬，词胜于理。听其辩，让人如沐春风。子高先生言必称夫子，博古通今，理胜于词。听其辩，如闻暮鼓晨钟。今天的辩论到此结束。"

大家依次秩序井然地离去，似在回味，似在敬仰，似有依依不舍之情。

事后，据说平原君告诫公孙龙，再不要与孔穿辩论了，再辩，词必受诎。此后公孙龙收敛了许多。

而吕不韦在听到此次辩论后，好几天都没有睡好，心中有许多感悟。

他以为自己从小就读书，经史及诸子百家均有涉猎，在卫国也颇有名气，可见到了孔穿、公孙龙之名流，才知道天外有天，人外有人。他想起父亲所说秦大夫给自己取名不韦的来历，人当知不足，当虚心，才能有所裨益。

他非常羡慕平原君，既有广博的知识，又虚怀若谷，广纳天下贤能之士。如果自己有一天能为相为侯，一定要集聚天下英才，使其才智为我所用。

他觉得濮阳是一个狭小的地方，卫国是一蕞尔小国，岳丈怀君只知苟且偷安，而不知天地之大。

古人云：行万里路，读万卷书。吕不韦立志要游历诸侯各国，以增长见识，结交人物，认清天下之大势，以决定自己以后人生的道路。

第四章 商海奇葩

Biography
About Lü Buwei

吕鑫在邯郸调养了两个月，左脚已落了残，有点跛，但已能缓步行走。

年关前，吕不韦护卫父亲回到濮阳。一家子团聚，好不亲热。

吕不韦与家人说起邯郸之行，情绪有些激动。他对祖父吕熙道："赵、卫相邻，赵国能够出武灵王这样的英主，为什么卫国出不了？赵有平原君这样的良相，卫国没有；赵有蔺相如、廉颇、赵奢、乐乘这样的能臣，为什么卫国没有？赵国之民强悍，令天下人侧目以待，而卫国之民懦弱，经常被人欺负，全无反抗之力，是国弱还是民弱？"

吕熙捋着胡须，思索片刻，道："赵、卫位处中原腹地，赵以强立，卫以弱存。因为卫弱，全无反抗之力，故诸侯各国均认为对自己没有威胁，又是周宗室，所以也就有生存的空间。历代卫主也是秉持这一思想，燕燕而乐，偷安而已。国君如此，群臣能有什么作为？这就是祖父为什么当年毅然弃官从商，离开官场的重要原因，也是祖父不许你入仕的原因。"

"其实我卫国也是人杰地灵之地，出过不少英雄豪杰。著名的兵家吴起就是卫人。吴起善用兵，廉平，尽能得士心。尝学于曾子，事鲁君。杀妻求将，大破齐军。事魏文侯，为西河守，以拒秦、韩，甚有声名。魏武侯时，公叔痤陷害他，吴起恐惧，逃到楚国。楚悼王拜为相。吴起变法图强，南平百越，北并陈、蔡，却三晋，西伐秦，战无不胜，功勋卓著。楚悼王死时，宗室大臣作乱而攻吴起，将吴射杀。观历代兵家，如吴起者能有几人？"

"著名的变法家商鞅也是我卫人。商君为卫之诸庶孽公子也，名鞅，姓公孙氏，其祖本姬姓也。鞅少年时好刑名之学，事魏相公叔痤为中庶子，不为魏王所用。公叔痤临终时对魏惠王言：'王即不听用鞅，必杀之，无令出境。'魏王不听。鞅逃至秦，见用于秦孝公。鞅在秦大力变法，奖励军功农耕，使秦国力大增，军士人人如虎似狼，勇争首功。商鞅虽被五马分尸，其法仍在。故秦国之强，商鞅之力。"

“国强则民悍，国弱则民懦。一国之治，如是老虎带着群羊，羊虽弱，犹如虎；如是羊带着一群老虎，老虎虽强，亦如羊。这些话只是我们爷孙说说，你用心体会即可，决不可外传，以免带来不必要的麻烦。”

“那平原君在赵国是一人之下万人之上，聚集四方英才，于万千瞩目之中谈笑风生，何等气派。人生如此，也不枉了。”吕不韦感叹道。

“韦儿，你也无须羡慕他。平原君赵胜为赵武灵王赵雍之子，赵惠文王赵何之同母弟。这是天生的骨肉血脉之情，不可羡慕。赵胜有治国之才，然而性情温和，绝无反叛之念，深得赵何喜爱。赵王少年时经沙丘之变，虽看重兄弟之情，却有所防范，从未让赵胜独掌过军权，朝中重臣均系赵王所命，各掌其权。这风光的背后其实是上下掣肘，作用有限，也不可羡慕。”吕熙分析道。

“韦儿之意，只是从寻常人角度来看待平原君，徒有羡慕。”吕鑫道，“自古以来，君王之家悲剧甚多，更多的人是悔生君王之家，还不如我们寻常人家平安、自在。”

“那公孙龙词锋锐利，一大怪才。”吕不韦转换话题。

“人不可无辩才，然而，做人还是谦和些好，谦受益，满招损。如果逞口言之利，狡辩饰非，必然难得善终。”吕熙道。

“孔穿博学多才，义正词严，有仲尼遗风。”吕不韦道。

“仲尼创立儒家学说，与法家、名家、阴阳家、墨家等都不相同。儒家崇尚修身齐家治国平天下，以修身为本，讲究仁义礼智信，人人皆可为尧舜。儒士可立天地之间，何况夫子后人。”吕熙不无敬意地道。

“有机会，韦儿可去齐鲁之地游历一下，领略一下那里的风气。”吕鑫道。

“孔夫子说：父母在，不远游。”吕不韦笑着道，“我还是以孝敬祖父和父母为先。”

“那是说父母年老体衰了，子女应在身边照顾。我们现在还可以照顾自己。祖父也有我们照顾，哪里要你操心了。”吕鑫也笑道，“你这小子，要不是舍不得梦萦公主，出外恐怕都不知家门朝南朝北了。”

“嘿、嘿。”吕不韦笑道，“还是父亲最了解我。”

诸侯各国似乎永远充满着阴谋与争斗，没有停息的时候。

周赧王四十四年（公元前271年），赵蔺相如率兵伐齐，至平邑。

次年，秦伐赵围阏与。赵王召廉颇、乐乘而问道：“可救否？”两人皆说：“道远险狭，难救。”问赵奢，赵奢对曰：“道远险狭，譬犹两鼠斗于穴中，将勇者胜。”赵王乃令赵奢将兵救之。赵奢数使计迷惑秦军，用军士许历之谋，突发奇兵攻秦，大破之。赵王封奢为马服君，与廉、蔺同位；以许历为国尉。

这一年，秦相穰侯魏冉荐客卿灶于秦昭王，使伐齐，取刚、寿以广其陶邑。

也就在这一年，吕不韦的儿子出生。吕家大喜。吕鑫给孙子取名为文，字叔平。

这时的吕不韦已经二十二岁，是一个成熟的商人了。

吕家家大业大，各地商铺众多。吕鑫受伤后腿脚不太灵便，逐渐将商贾之事移交给吕不韦打理。吕不韦精力充沛，整天忙于经商，进益颇丰。

有一天，洛邑堂叔吕阳来报丧，其祖父吕仓过世了。

吕熙拄着拐杖，叫来家人，有些伤感，吩咐道："人生七十古来稀，叔公八十多了，也是难得的高寿。我们家由韦儿代表全家去洛邑给曾祖公吊孝，商贾之事，暂时由你父亲打理。叔公虽然在周为相，然而，他老人家一生洁身自爱，家里颇为清贫。韦儿可多带些礼去，周济周济你叔公叔叔们。"

准备妥当，吕不韦在司空马的陪同下，骑着快马，赶往洛邑。

经过数天的赶路，终于抵达洛邑。

进入洛邑，街市上只有不多的行人，树叶被秋风吹得在空中飞舞，显得异常空荡。吕不韦脑海中跳出两个字："凄凉"。

望着高大雄伟的城墙，鳞次栉比的房屋，宽敞的街道，吕不韦神思悠悠，遥想着这个城市曾有的繁华景象。

吕不韦从小就熟读经史，对周王朝历史十分熟悉，尤其倾慕周公旦。周公旦以其卓越的军事、政治才能和文学成就，为仲尼所推崇，亦是吕不韦心中之偶像。在吕不韦的想象之中，周王朝虽没有当年之风，毕竟还是天下共主。帝都再怎么样，也应不输于濮阳，但确实没想到衰败到如此境地。

正在遐思之时，一行人已来到了吕仓家。吕阳已下马，引吕不韦进屋。

曾叔祖公吕仓家的院子在洛阳也算是殷实人家的档次，但与吕不韦家里的院子相比，则差了许多，规模不及五分之一，而且显得有些破旧。曾叔祖公曾是少年不韦心中崇拜的偶像，偶像的黄昏总让人失落。

院子里聚集了许多人。吕阳一一作了介绍，原来都是吕仓的后人。吕仓有两子、三孙、五曾孙，还有女儿、孙女、曾孙女，以及亲戚。吕仓十多年前就归老，朝中同谊也渐渐淡忘了这个曾经权重的周相。

吕不韦在曾叔祖公的灵柩前虔诚地跪拜、敬香，并向长辈行礼。

礼毕，吕不韦拿出两百金礼金，对大叔祖公吕子强道："祖父在家吩咐：曾叔祖公一生清正廉洁，积蓄不多；叔祖、叔叔们都是读书人，安贫乐道，所以叫不韦带来薄礼。我祖父的意思是，叔祖公、叔叔们除了用此钱办丧事外，还能留些作小本经营，希望曾祖公一家家业兴旺。"

两百金，对于吕仓后人而言，可是从没见过的大礼金了。一家人特别感激。

"亲戚之间互相帮助，天经地义。不韦一家三代经商，也积累了些人脉和经验。"吕不韦对在座的亲戚道，"如果亲戚当中想到我家的店铺里学徒，或者参与经营，我一定会尽力照顾。”

众亲戚相互热切议论，也有急于报名的。

“大家也不急于一时，商量好了再说。”吕不韦对众人说道，“我家在洛阳也有两家铺面。你们商量好了，就到那里与掌柜的说，掌柜的自会安排。也不论现在，以后想来的，说一声就行。”

众人开始平静，礼乐响起。

第二天清早出殡。吕不韦将两家店铺的伙计都叫来了。送葬的队伍差不多有上百来人，葬礼也算得上隆重。

一代周相在些许落寞中闭上了人生的剧幕。

下午，吕不韦到店铺里看望了一下伙计。那时的洛邑使用贝币、刀币、布币。吕不韦觉得布币轻便，就在店里换了些布币带在身上。闲着没事，牵着马与司空马一起上街溜达。

天气晴朗，秋日的阳光撒落下来，街道或阴或明，显得参差错落。只是街上的行人不多，买卖较清淡，远不及濮阳与邯郸热闹。

吕不韦在一家旧货店，看上一件青铜尊。这只青铜尊是由两头公羊支撑的坛子，器皿颈部下方有一只饕餮，饕餮的眼睛和角清晰可见，估计是殷商时期的酒器。吕不韦看着喜欢，经讨价还价，就用二十个布币买了下来。

有一个算命的摊位，树着一幌子，上书“通晓阴阳，预知未来”，旁边站着一个精神健旺的老者。吕不韦经过时，这老者对他道：“这位公子请留步。”

“先生有何见教?”吕不韦道。

“我见公子气宇轩昂，印堂发亮，必非池中之物，想为公子算上一卦。”老者道。

“冥冥之数，不知也罢。”吕不韦从不算命。他觉得人如果将以后的路看得一清二楚了，什么事命运都安排好了，人生就没有太多的乐趣了。

“圣人之在天地间也，为众生之先。观阴阳之开阖以命物，知存亡之门户，筹策万类之终始，达人心之理，见变化之联焉，而守司其门户。”老者抑扬顿挫地道，“阴阳变化无穷，各有所归。公子既然不愿算卦，那就报一字来让老儿测测，权当一乐。”

吕不韦不忍拂老者之意，就用笔写了一个“吕”字。

“口者，心之门户也，心者，神之主也，志意、喜欲、思虑、智谋，此皆由门户出入，故关之以捭阖，制之以出入。由此观之，公子他日当为众生主事。”老者思索片刻，道：“然而，两口者，意味着一口为另一口之基，你要全力扶持另一个人，而且比你强。但是，两口之间无支撑，很悬，意味着你与你所扶持之人之间有着永远难以弥合的隔阂，把握不好就会被一口吞没。望公子慎之。”

吕不韦笑了笑，拿出五个布币给老者，道：“多谢提醒。”

吕不韦与司空马一路说笑，对老者之言并不在意。

吕不韦一行来到王宫附近，只见宫门半开，极少有人出入。

“其实这周王也挺可怜的，连我们都不如。”吕不韦停住脚步，望着宫宇说道。

“这周赧王可能更多的是无奈，全是这分封制害的。”司空马道。

原来，这周王朝从立国以来，就开始实行分封制，一直延续到周考王。周敬王时曾另建新都。经元王、贞定王、哀王、思王。周考王是杀了自己的哥哥思王，自立为王，当时他只领有七个城。考王担心自己的弟弟揭重演此类丑剧，就将揭封到故都王城另建邦国，史称“西周”，揭是西周第一个国君，被称为西周桓公，据王城洛邑、谷城、缑氏三城。至此，洛邑降为西周邦国的都城。这是周王朝最后一次分封。

周考王传至威烈王、安王、烈王、显王、慎靓王、赧王。至显王时，“西周”的公子根与太子朝争夺君位。公子根在韩国和赵国的帮助下，在巩邑建立邦国——史称“东周”。东周据巩邑、偃师、平阴三城。周天子只剩下成周新都一座孤城，无力养活自己，只有靠东、西两周供养。

周赧王继位时，东周君已不愿承担王室费用，赧王只有离开成周新城，迁到洛邑，投靠西周公。西周公则控制了包括洛邑、谷城、缑氏、新城等地区，地位在赧王之上。

“这分封制确实是弊端很多。整个周王朝分来分去，自己都没有立足之地，弄得最后寄人篱下，靠人施舍过日子，也实在悲哀。”吕不韦感叹道。

“这国家疆域大了，不分封也不好治理；分封后又形成割据，难有两全之策。”司空马道。

“也不是没有办法。”吕不韦思索一阵子，道：“诸侯割据，依靠什么？依靠的是军队。如果天子将军权集中，诸侯还有能力割据么？”

“这是问题的根本。如果军权集中，即使分封，只是负责管理地方事务，不会影响大局。”司空马非常赞同吕不韦的观点。

“单纯集中军权也不行，还要有配套措施。特别是要改革税赋制度。没有财力和物力作保障，无论是军队还是朝廷都无法维持下去。”吕不韦深思道。

“吕公子真是有远见卓识。”司空马道：“只可惜再好的计策对周赧王而言，都无力回天了！”

两人牵着马沿宫墙边边走边议论着。

太阳渐渐西沉，红霞满天，霞光如血一般照着宫墙，有几分悲壮。

正当这时，有一个阉人朝他们走近。

“两位公子，我有两件宝物，不知二位是否有兴趣？”阉人声音尖细，中气倒还雄厚。

“什么宝物？拿来看看。”吕不韦道。

这阉人从怀里拿出两件宝物来，一件是玉如意，一件是玉貔貅。

吕不韦拿来一看，只见两件玉器晶莹剔透，了无杂质，品质绝对是上品；做工十分精致，线条流畅，出于高手。两件玉器应是宫中之物，寻常难得一见，价格应是不菲。

“这玉石也还过眼，你出个价吧。”吕不韦经商日久，已能做到喜怒不形于色了。

“我们也算有缘，二十金吧。”阉人说道。

“按说你出这价也还适中，只是今天有点不巧，身上只带十二金，还要留些吃饭用。我看老哥也是爽快人，十金。”吕不韦砍起价来也毫不含糊。

“好吧，今天便宜你们了。”这阉人似乎也急于脱手，没有回价，一口应承下来。

吕不韦取十金付给那阉人。阉人拿过金子，用牙子咬了咬，确认是真金后，纳入怀，转身离去。这时，吕不韦拉住他，说道：“老哥，在下姓吕，卫国商人。请老哥留个名。老哥今后有什么宝物尽管留着，老弟一定不会亏待老哥的。”

那阉人看了看吕不韦，见他诚心诚意，于是道：“我姓游。今后你进宫时说找内宰游就行了。”

濮阳吕家，一家人正围观吕不韦带回来的两件玉器。

“这可是上等的和阗玉，真是难得一见。”吕鑫道。

“这不只是玉质好，做工好，更重要的是历史久远，至少可追索到商纣王时期。”吕熙反复揣摩，道，“这是王宫中的重要玉器，市面价格每件应不少于二百金，而且有钱也难得买到，算是稀有之物。”

“每件二百金，那爹爹不是赚了很多钱！”四岁多的平安高兴得跳了起来。

“爹爹多赚钱，给平安和弟弟买好多好吃的，好不好？”吕不韦抱起女儿，举起来在空中转了两圈。

“好，好。要买好多好多好吃的。”平安拍手叫道。

“平安，有了好东西吃之后，该做些什么让太公、祖父祖母、父亲母亲高兴呢？”梦萦逗着女儿道。

“我会写字、跳舞，还会陪弟弟玩。”平安认真地说。

大家开心地笑了。

吕不韦聊了一会儿旅途趣闻，就安排梦萦带小孩去歇息，说是有事要商量。媚娘也要陪着孙子用水，一起去了。

吕不韦开言道：“此次洛邑之行，让我有许多思考。我想把我的想法说一下。具体怎么定，请祖父和父亲做主。”

吕鑫道：“韦儿有什么想法尽管说出来。”

吕不韦道："我跟祖父、父亲做了六年生意了，吕家能有今日成就，确实感觉到来之不易。这其中要经历多少艰难困苦，不是常人所能想象。父亲都差点命丧匈奴。所以，我特别感到需要珍惜，也有决心发扬光大。但是，我觉得经商之策需要调整了。"

吕熙和吕鑫都认真地听着，没有插言。

吕不韦继续说道："从目前状况来看，经营的品类太多，品种太多，盐、铁、布帛、粮食等等，只要能赚钱，什么生意都做；经营的地点多，店铺多，人手多；获利不多，大多是薄利。"

"我们这种经商策略，首先是我们当东家的特别辛苦。不管细点，不管紧点，漏洞就多，弄不好连本都会亏掉。要管细管紧，不知要付出多少心血，特别劳累。到时累坏了也得不偿失。其次是风险特别大。长途贩运，官卡林立、兵匪横行。坐店开铺，税费重，遇上灾年，甚至遭哄抢。财产损失不说，人身都没有安全。"

"三年前，我去邯郸，发现邯郸的铁冶业最兴旺，一了解，大都是富家翁郭纵的。这郭纵就是靠铁冶业在赵国大获其利，与王者埒富。这让我有所启发。"

"后来我又闻知猗顿的后人当为天下首富。这猗顿原是鲁国穷士。耕则常饥，桑则常寒。闻朱公富，往而问术。朱公告之曰：'欲速富，当畜五牸子'。于是乃适西河，大畜牛羊于猗氏之南，十年之间其息不可计，赀拟王公，驰名天下。以兴富于猗氏，故曰猗顿。这猗顿也就是靠养殖业大得其利。"

"于是，我开始思考我们吕家的经营是否也应该作调整了。这次洛邑之行更坚定了我的想法。这些天，我一直在想，天底下的钱是赚不完的，我们经营好一到两样货品就行了。拳头收紧了打出去才有力。我们能把一到两种货物做大做多做到极致，那就非常不易了。"

吕熙沉默着，吕鑫问道："依你观察和考虑，准备做什么生意？"

"孩儿反复思考，认为最好是做玉石和宝货生意。"吕不韦道，"玉石和宝货呢，一来需求量大，特别是玉石。各国之中，但凡有点身份的男子莫不佩玉。家里稍有财产的人，在装殓老人时也会在死者口里、耳洞鼻孔和身上放玉，君王贵族家甚至会为死者穿上金缕玉衣，以防尸体朽坏。二来呢是轻便，不需要我们现在这么多的人手、货仓、场地。三来呢是利润高，金石有价玉无价，其中有许多无价之宝。一块和氏璧，蔺相如奉以至秦，秦昭王愿意拿十五座城来换。虽然没换成，反过来证明和氏璧的价值所在。我们在经营过程中，如果淘得一两件无价之宝，甚至比我们现在全部家当都值钱。四来呢做得儒雅轻松。不与百姓争利，不需要经常劳累奔波，而且有文化内涵，大多与达官贵人交往，就可以将商贾之事做得高雅而贵气。"

"理是这个理，可是，这些商铺都是你祖父和我经过这么多年的打拼才开起来的，一下子转卖出去，就好像是割心头肉一样。”吕鑫锁着眉头道，“再说这些伙计都跟了我们几十年了，有的是一家两代三代人都跟着我们，一下子不要他们了，我们于心不忍呀！”

“这些伙计忠心耿耿，我们不能不照顾，韦儿曾经也为这个问题所困扰过。”吕不韦道，“再说这次去洛邑，看到叔叔、叔爷们日子过得也不好，还有许多亲戚也需要照顾。我由周王朝的分封制联想到一个办法——分份子。”

“分份子？你想如何分？”吕鑫疑惑地问道。

“父亲别担心，我的意思不是将家产分给他们。”吕不韦道，“我是这么想的：将我们店铺里的财产和货物全部折成钱，分为份子。然后，鼓励伙计和亲戚们前来购买参份子，先卖出一半份子，然后再逐渐退出。这些伙计跟着我们吕家这么多年，也有些积蓄，又熟门熟路，自己当老板了会更加用心。至于亲戚，如果实在没钱，可以赊欠，待他们赚了钱再还。这样既照顾到他们，管理也方便，两三个月去盘一次账就可以了。”

“这倒不失为一个好办法。”一直沉默的吕熙，捋了捋胡须道，“这么多的店铺，我与你父亲经营了几十年，确实操心。韦儿这几年也是没日没夜的。我们不能为赚钱，没完没了劳累。行啊，这个家反正也要交给你，就按你的想法去做吧。”

“这玉石宝货生意要想做好，恐怕也不是那么容易的事，不上当的事恐怕也少，只是要少上当。”吕鑫见父亲都拍板同意了，于是补充道：“再说，特别是那些世人所关注的宝货，许多人都盯着，真假难辨，刀光剑影，风险也很大。我看是这样，拿出一半的家当给你去做玉石和宝货生意，其他的家当，我先守着。我要保障一家人的生计。”

“谢谢祖父、父亲对韦儿的信任和支持，韦儿一定不会让你们失望的。”吕不韦道。

经过一段时间的筹备，濮阳城最大的玉石店——君德斋开张了。

这君德斋店名是吕熙起的，卫怀君题的字。这个名字的含义就是君子怀玉思德。

听说是驸马爷开的玉石店，当朝的达官贵人都来捧场。东郭珠玉和南怀珍也来了。这东郭珠玉现在是大夫了，很得卫怀君喜爱。南怀珍也在朝中做官。

场面非常热闹。

“啧啧，这字写得真是方圆有度，遒劲有力。”众人抬头看牌匾，一老者朗声道。

“字写得好，这店名也取得好。”东郭珠玉拍手叫好，说道，“谁能说出玉比于德有几种？”

“应该是五德吧。”南怀珍有点不自信，道，“我记得书上写了五德：润泽以温，仁之方也；解理自外，可以知中，义之方也；其声悠扬，尊以远闻，智之方也；不挠不折，勇之方也；锐廉而不技，洁之方也。”

“老兄，不只这五德呢。”东郭珠玉有意卖弄自己的才学，道，“管仲说出了九德：夫玉所贵者，九德出焉。夫玉温润以泽，仁也；邻以理者，知也；坚而不蹙，义也；廉而不刿，行也；鲜而不垢，洁也；折而不挠，勇也；瑕适皆见，精也；茂华光泽，并通而不相陵，容也；叩之，其音清抟彻远，纯而不杀，辞也；是以人主贵之，藏以为室，剖以为符瑞，九德出焉。”

“可孔夫子更高一筹，说有十一德：温润而泽，仁也；缜密而栗，知也；廉而不刿，义也；垂之如坠，礼也；叩之其声清越以长，其终诎然，乐也；瑕不掩瑜，瑜不掩瑕，忠也；浮尹旁达，信也；气如长虹，天也；精神见于山川，地也；圭璋特达，德也；天下莫不贵者，道也。”

“呵呵，东郭兄真是越来越风流倜傥越来越有才了。”吕不韦满脸笑容出来迎客。

“恭喜恭喜。”众人齐声道喜。

“你吕兄有才有识，抱得美人归，富可敌国，正是春风得意时。”东郭珠玉笑道，“你不知道我们多么羡慕你呢。”

“东郭兄取笑了。来来，大家里面请。”吕不韦盛邀众人进店。

店铺宽敞明亮，摆满了各种玉石：璧、琮、管、珠、佩、琀、串饰、勒、瑗、环、玦、圭、璋、戈、带钩、镜架等等，种类繁多。这其中最多的是玉佩。古人要求君子时刻佩玉，就是用玉的品性要求自己。因此玉与佩饰者朝夕相处，“君子无故，玉不去身，君子于玉比德焉”。

众人看得眼花缭乱，爱不释手，竞相购买。

只有那东郭珠玉、佚冲之、展鹏飞等几人似乎满不在乎。

“吕兄，把你的镇店之宝拿出来让我们开开眼界。”东郭珠玉拱手道。

众人听到镇店之宝，都想一睹为快，齐说道：“驸马爷的镇店之宝一定非同寻常。”

“大家见笑了。哪有什么镇店之宝。”吕不韦谦逊道，“倒是有两件古玉器让大家鉴赏鉴赏。”

店里伙计从库房里捧着两个精致古雅的檀香木盒子。

吕不韦按着盒子说道：“这两件古玉器是商代以前的，是大有来历的。我们是历尽千辛万苦才得到的。至于好与不好，大家一看便知。”

吕不韦打开第一个盒子，揭开红丝，里面是一只玉如意；接着又打开第二个盒子，里面是玉貔貅。

两只玉器透着晶莹之光，大家为之咂咂惊叹。

“大家看看这两件玉器，绝对不是寻常之物。我现在可以告诉你们这两件玉器的来历。”吕不韦不紧不慢地说道，“夏朝末年，天下大乱。当时商汤还只是一个坐落在亳地的小小的诸侯，虽然贤德，可遇事多有不顺，不是水灾，就是旱灾。商汤于是与有莘氏通婚联姻，并四处求贤，得伊尹和仲虺为左右相。伊尹得到了神示，用上好的和阗玉制作这个貔貅，经过祭祀上天后，就一直由汤带在身边。自从有了这件玉貔貅后，倒是风调雨顺，国力逐渐增强。于是，商汤起兵首先攻灭了葛及十多小国及部落。接着又攻灭了韦、顾、昆吾等小国，经过十一场战争，攻灭了诸多小国和部落。最后与夏桀决战于鸣条之野。开始进攻并不顺利。伊尹这时又得到神示，制作了这只玉如意。商汤有了玉如意和玉貔貅，竟一举打败夏桀，建立了商朝。此后，这两件玉器成了商王朝历代帝王的护身符。”

“商朝末年，周武王联合十一个小国诸侯会师孟津，攻伐商纣王。双方在牧野决战。其时，商纣王能文能武，膂力过人，而且当时双方兵力相当，周武王的军队并没有占到便宜。这时，姜子牙掐指一算，原来商纣王有宝物为镇。姜子牙着人花重金买通宫人，盗出了这两件玉器。周武王临阵时将这两件玉器一现，商兵纷纷倒戈，商纣王则像失了魂似的逃到鹿台，跳到火里自焚了。”

“周王朝延绵七百多年了，历代帝王都精心保护这两件玉器。几年前，周赧王从成周搬迁到洛邑，不意忙中出错，这两件玉器竟被人盗去了。我们是通过各种渠道，跟踪了好几年，才得到线索，花重金收购来的。”

“这么好的玉，也只有帝王才有，这肯定是王宫之物。”几个德高望重的老者评价道。

“吕兄，你忍痛割爱把这两件玉器卖给我吧，我出五百金。”东郭珠玉慷慨道。

“吕兄，我加五十金。”展鹏飞道。

“我加一百金。”佚冲之道。

“我再加五十金。”东郭珠玉有点急了。

……几人竞相叫价，秩序有点乱。

“各位贵宾，且慢。”吕不韦道，“这两件玉器虽是旷世少有，本人也舍不得，不瞒各位，事前已有人出了千金定了。你们出价再高我也不能卖给你们。诚实守信是我们的立身之本。下次有好东西，一定通知各位。”

见名花有主，大家只好唏嘘惋惜了。

但是，很快，整个濮阳城都知道君德斋里有两件价值千金的古玉器。

吕家二十多家商铺按分份式转让。

商铺里的伙计特别兴奋。因为他们知根知底，知道货源、进出价格和利润。他们做梦也没想到有朝一日自己也可以当上东家。

吕家的亲戚也得到了照顾。

“这不是捡现钱么!”他们心里别提有多高兴了。

吕不韦则忙于开玉石珠宝店。濮阳的店子最大最豪华。邯郸开了一家,店面稍小些。在洛阳王宫附近开了一家,就寻常的房子,也没有装饰,非常低调。主要是收购王宫里淘出来的东西。内宰游成了小店里的常客。

尽管忙,但是,自开玉石珠宝店以来,吕不韦比以前打理二十多家商铺要悠闲了许多,自在了许多。

有一次,吕不韦与司空马悠然地骑着马从洛邑回濮阳,路上,司空马突然想起君德斋开张第一天的事,忍不住道:“有一件事压在我心里很久了,一直想问个明白:君德斋开张那天,你将那两件玉器的来历说得活灵活现,你是从哪里知道的?”

“一件宝物如果没有文化底蕴,那就好像是人没有灵魂。没有灵魂的女人长得再漂亮,你也顶多是玩玩,绝对不想娶来做老婆。没有灵魂的男人长得再英俊,也是草莽废物。这玉也是一样,你要赋予它高贵的气质,它就会光芒四射,魅力无穷。至于典故,我们从小就学了那么多故事,信手拈来就是。”吕不韦轻松地说道。

“那玉如意和貔貅叫到那么高的价,已是大赚了,可我不明白为什么不卖,而且还蒙他们说已经有人定了,出了千金定金?”司空马继续追问道。

“哈哈,你有机会去找一套法家的书看看。儒家的书不得不看,但看多了就会变呆。法家讲究的是权、势。就是说,要懂权变权谋,要善于造势,善于因势利导,这样才可成大事。”

“你看看我这死脑筋。”司空马拍着脑袋道,“你这么一讲,我就明白了。你这么做,一来抬高了两件玉器的身价;二来也抬高了君德斋的身价。一举两得。可你不讲,我脑子就是转不过弯来。”

“你一点就通,已经够聪明了。”吕不韦笑道,“如果个个脑子都能很快转得过弯来,我们哪里还有大钱可赚! 哈哈!”

“是啊。天下钱都是脑子活的人赚去了,难怪脑子不拐弯的人赚不到大钱呢!”司空马道。

“哈哈哈!”

两人都加了鞭,马蹄轻扬处,撒落一路开心的笑声。

第五章 东游临淄

Biography
About Lü Buwei

周赧王四十九年(公元前266年)夏,齐国都城临淄街头,人来人往,熙熙攘攘。

曾经一度称帝的齐国,竟在十八年前被小小的燕国打得稀巴烂:燕军大将乐毅率军长驱直入,连攻齐国七十余城,攻破齐都临淄,齐滑王逃亡到莒城,被楚将淖齿所杀。齐国只剩下莒城和即墨两城。齐滑王的儿子田法章(即齐襄王)继位于风雨飘摇之中,坚守莒城。而田单受命于危难之中,坚守即墨。他们以五年的坚守,和田单超人的智谋赢得了最后的胜利,最终将燕军赶出齐国,收复了失地。

元气大伤的齐国,经过十多年的治理,才出现生机。这十多年里,齐国所能做的就是韬光养晦,一心疗伤,不敢有所作为。

诸侯各国看到齐国国力衰弱,常常派兵攻打。齐襄王十年(前274年),赵、燕、周联军攻取齐国的昌城、高唐。齐襄王十三年(前271年),赵国蔺相如带兵伐齐,至平邑。齐襄王十四年(前270年),穰侯派兵攻破齐刚、寿两城,扩大了穰侯的封地。

弱国无外交。对于诸侯的攻击,齐国除了必要的抵抗外,从不敢言报复。

周赧王四十九年,即秦昭襄王四十一年,秦国政坛上发生了一件大事:昭襄王嬴稷突然宣布解除穰侯魏冉的相位,拜范雎为相。紧接着,秦王下令将穰侯、高陵君、华阳君、泾阳君"四贵"逐出关外。

秦国政坛的大事,也就是诸侯的大事。一时之间,诸侯之间风云突变。

秦穰侯为相时,时常跨越诸侯国,远攻齐、楚、燕。范雎为相,则与齐、楚、燕修好,集中精力攻打赵、魏、韩。秦国以范雎为相,实行远交近攻之策,给齐国带来了安宁。

齐都临淄仿佛又恢复了从前的繁华。

在熙来攘往的行人之中,有四位轻装客商,他们对这里的一切似乎充满了好奇。

逛了一个多时辰,有些累了。他们来到一家叫朱"葛门"的豪华女闾。

这女闾为齐桓公时期所设。

古齐地风气开放，流行“淫奔”之俗：每到桃红柳绿的春天，齐地上至公室贵族，下至贩夫走卒，都争先恐后走出城外，在花前月下、河畔池旁、林中篱后，或对歌酬唱，或表演技术，男女互相看中，就可以出双入对，尽兴欢乐。尤其是少男少女，不论相识与否，以貌相媚，以身相许，自由自在地相亲相爱。

当年齐国开国之君姜太公吕尚至齐，见人烟稀少，丁壮不足，故未禁“淫奔”，以求丁壮渐多。这“淫奔”之风沿袭了数百年，至齐桓公时为盛。这时的齐国已是人丁兴旺，人满为患。而“淫奔”的弊端却日益显现，国人但知淫欲，不知有君，国人但知野合，不知有家室。乐而好贪，怨而生怒，杀掠劫盗、争凶斗勇之事比比皆是。齐桓公患之。

这时，商贾出身的相国管仲出了一个好主意：禁止国人“淫奔”，允许男子置一妻一妾；允许于市井之中设女闾，每一女闾中可住三五美人，诱商旅之人乐之，每处官府可征收利钱二万钱。

此令一出，阔大的临淄城一时开设了三百多处女闾。国人不敢违令“淫奔”，否则必受重罚。有钱财者都到女闾寻乐。各国商旅闻齐女之美，也争相来齐。于是，临淄更加繁荣，而国库每年得数百万之利，日益充实。这为齐桓公称霸奠定了坚实的基础。后世的君主亦循此例，把女闾当做生财的工具，一直沿袭下来。

在临淄，有许多家女闾叫“葛门”，“葛门”几乎成了女闾的代名字。原来最初有一个叫上葛门的女闾接待了一位贵客——九合诸侯、三进王庭、安定中原、加九锡、持朱节的齐桓公。齐桓公在上葛门无意之中看到了一个自称为嬴氏宗室的秦女，将她接到宫中成为侍妾，并生下一个叫吕潘的儿子。此子就是后来的齐昭公。于是，这“葛门”成了众人所喜欢的招牌，纷纷效仿，弄得分不清真假所在，只好以女闾主人的姓加以区别。

这家朱葛门便是临淄城中最为豪华的女闾之一。

朱葛门门人引四人在包间坐定，来客中一个三十来岁的中年汉子对门人道：“向你家主人通报，说是卫国吕鑫吕公的公子造访，请你家主人相见。”

门人应声而去。不一会儿，一个五十来岁的儒雅老者走了进来。这老者一见中年汉子，热情地道：“司空贤侄来了。一别十多年，越发英俊了。”

“朱公气色红润，精神焕发，还是十多年前的模样！”司空马满心的高兴，接着介绍道，“这位朱公，乃商贾鼻祖范蠡人称第一代陶朱公的第五世孙。这位是吕不韦吕公子，这两位随从是武乙和钟雄。”

“不韦见过朱公。”吕不韦道。

朱公紧握着吕不韦的手，上下打量道：“真是英雄出少年。老夫与令尊为至交，久闻吕公子才智过人，今日相识，幸会！”

一番寒暄过后，便是盛宴，尽是齐地风味。

宴会后，朱公道：“贤侄难得到齐地一游，此番前来，有什么需要老夫效力之处？只要用得着老夫，贤侄尽管开口。”

“家父对叔叔非常敬重，祖父与叔爷交谊也很深，我们两家也是世交了，因此，小侄前来叨挠，也就如同回到自家一样，不会讲客气了。”吕不韦道：“小侄此番前来，确实有几重想法，也的确需要叔叔的帮助。”

“贤侄说得在理。你就将这里当做自己家，将叔叔当做自己的亲叔叔，不必拘束。”朱公宽厚地笑道。

“朱叔在齐多年，交接很广，对一些历史典故非常熟。我有一事请教：周赧王二十七年，那时我只有三岁，我的叔爷吕礼自秦入齐为相，劝齐湣王采取远交近攻之策，攻取一地则安抚一地，稳住一地，并劝其称帝。如果齐湣王听从我叔爷的计策，则齐国恐不是今日这般情景。此事虽然过去二十多年了，但是，我们一直想知道这其中到底发生了什么变故？”

吕礼入齐为相，曾经是吕家人的骄傲。而突然免相，却令吕家人大惑不解。吕熙每议及此事，总是叹息。故吕不韦游齐，一直想弄清其中变故。

“唉，贤侄有所不知。”朱公叹了口气道，“这件事说起来复杂。可能有多方面原因。最直接的原因是当时苏秦从燕国来齐，鼓动三寸不烂之舌，说动齐湣王改变了主意。这苏秦能言善辩，而湣王好大喜功，耳根子又软，你叔爷又如何说得过。同时，这事与你叔爷本身来自秦国有关，还与你吕姓也有关。”

“叔爷自秦来，让湣王怀疑受命于秦，这可以理解。但是，您说的与我吕姓有关，我倒无法理解。”吕不韦问道。

“你想想看，这齐国第一代君主是谁？是姜太公。姜太公叫什么名字？吕尚。这太公可是你们吕家的祖宗。”朱公点拨道：“这齐湣王是谁？田地。田地的祖宗是谁？陈国陈厉公之子公子完，名仲敬。因遭陈宣公猜忌，逃亡至齐，被齐桓公所器重。陈完归服齐，主动放弃陈公子身份，并改姓为田，表示愿意世世代代为齐国之臣。不想其后世田和竟取吕齐而代之。即使你叔爷的计策对齐大有利，这田齐能对吕姓放心么？”

“这真应了那句俗话：做贼的总是担心被别人偷。”吕不韦感叹道。

“唉。田齐在齐为君已是第七代了，姜齐已绝祀。曾经的辉煌恐怕再也看不到了！”朱公的形色有点落寞。

朱公的祖宗范蠡晚年激流引退，弃官从商，从越国逃到齐国，就是看中齐国依山带海，膏壤千里，宜桑麻，多文采布帛鱼盐，物产丰富。就是看中齐桓公治下的齐国，民风宽缓阔达，崇尚智慧，重农尊商，富甲天下。如今的齐国已没有昔日的雄风，怎能不让人伤感呢！

看来我吕姓在齐国已无用武之地了。吕不韦心里暗想道。“如果田齐君主因为猜忌吕姓而罢免叔爷吕礼相位，以愚侄看来这个理由还不够充足。想来还有原因。”

“老夫也为此事多方打探过。据说此事还与秦穰侯魏冉、齐孟尝君田文有关。”朱公回忆道，“魏冉过魏，与魏相孟尝君密谈过。两人具体谈些什么，外人并不知晓。但是，以当时的情形来看，魏冉是不希望有一个强大的齐国，对吕礼有是心有妒意，这是千真万确的事。孟尝君当即修书与滑王，暗示吕礼为秦国间谍，不可用。又修书与齐宗室，言吕姓之人为相，必危及田齐。滑王免吕礼之相，这孟尝君在其中起了重要作用。”

“孟尝君这样做，对他而言有什么好处？”吕不韦仍然不解。

“齐滑王好猜忌，数罢孟尝君。孟尝君与齐滑王修好，仍然抱一丝希望想回齐国去为相，谁知这滑王却以苏秦为相，这就彻底让孟尝君绝望了。孟尝君为了宣泄对滑王的怨恨，于是策动燕、魏、秦、赵等国伐齐，让齐国遭受自新中国成立以来最惨重的失败，几至灭亡。后来齐襄王为报此仇，联合魏国将孟尝君的封国薛也灭掉了，绝了孟尝君的祀。”

孟尝君曾经是吕不韦所崇拜的人，现在在吕不韦心里的形象是一落千丈。

“这孟尝君曾也被世人称为一代贤公子，开招贤纳士之风，却不想胸襟如此狭窄，竟然为泄一己之私愤而策动诸侯伐齐，其国灭祀绝也是罪有应得。”吕不韦感叹道。

“世上所谓功成名就，或居功至伟，或显震天下，或权势显赫之人，最难得的是善始善终。一着不慎，终生英名尽毁，且祸及后人，孟尝君之谓也。”

“朱公之言至理，当为世人警醒。对于这其中过节，如果有机会的话，在下会亲自向叔爷问个明白。”吕不韦感叹道。

两人聊着聊着，不知不觉夜已深了。

“眼看天已泛白了快天亮了。既然来到临淄，我们有的是时间说话。吕公子一路劳累，还是好好睡上一觉吧。”朱公和蔼地关怀道。

“也好。明天接着聊。”吕不韦这时也觉得困了，赶紧上床休息。

第二天，吕不韦睡到中午才起来。

吃过中餐后，吕不韦与朱公又继续谈话。

“侄子从小就对陶朱公十分崇拜。这次来齐，一个重要目的就是想问问陶朱公之事。”吕不韦正了正身，倾身言道，“世人对于陶朱公莫不推崇备至，忠以为国，智以保身，商以致富，无人能及。能进能退，能官能商，其经历之丰富，极少有人能做到。”

朱公神色庄穆，款款而言：“要说这官与商转换，倒不是我祖范公一人。管仲、鲍叔牙、白圭等人都是在经商入仕方面卓有令名，且管仲、白圭都有著述。至于我祖范公，本是楚人，避祸至越，为越王勾践所重，殚精竭虑，智无不中，使越王从危亡之中崛起，世人难为，此其一；能知人识人，功成身退，免祸保身，世人难为，此其二；在齐滨海为鸱夷子皮，累富千金，齐宣公聘以为相时，则散尽家财，一心辅国，世人难为，此其三；三年为相，齐国国富民强，范公不恋位，归隐于陶，精于商理，数至巨富，世人难为，此其四；富而不骄，济贫赈灾，施惠于民，淡泊宁静，晚年将平生心得著为书，传于后世，世人难为，此其五。我等任何人，就其中任何一项都很难做到。”

“世人或有毁之者，不知朱公有何看法？”吕不韦小心谨慎地问道。

“金无足赤，人无完人，何况许多事情也是仁者见仁，智者见智，这也很正常。”朱公道，“譬如治国之道，自三皇、五帝以来，莫不以为以农为本，以商为末，重本而轻末。我祖范公则以为不然，认为无农不稳，无商不活，当农末俱利，才能富民强国。此观点无论是当世之人，抑或后世之人，未必能认可。又譬如，最为世人非议的是我祖范公诱拐王妃潜逃一事。当年范公与西施本为情侣，西施为救越国而献身于吴王，要成此事，需忍人之所难忍。吴国灭亡，越王明知西施钟情于范公，却要收入宫去，果如此，则情何以堪！范公与西施归隐江湖，终成眷属，当是佳话，却遭非议，也只有让人去说吧。”

“祖宗之德，当荫庇后人。范公后人众多，必有杰出之人。”吕不韦道。

“范公在越国时就育有两子，晚年后来到齐国又得一子。三兄弟感情很深。”朱公回忆道，“老二经常在楚经商，有一次犯了命案，范公就安排老三去营救。老大自小与老二一起长大，情深义重，听说父亲安排年少的老三去，而没安排他去，急得要自杀。无奈之下，范公只好安排老大去，而且一再叮嘱，不要舍不得花钱，一切听从楚国大臣庄子的安排。老大给庄子送去了一千金。庄子为官清廉，只是暂时收着，吩咐老大即回齐国，不要回头。在庄子劝说下，楚王大赦，老大闻知大赦，便回头去找庄子要回一千金。庄子气不过，又劝说楚王将老二杀掉了。老大最后只带回了老二的尸体。事后，老大特别后悔和愧疚，于是举家迁到魏国去了。老三头脑灵活，其子孙发展到鲁、楚去了，其中有不少入仕之人。只有老二一脉守在齐国。老夫就是老二这一房开枝下来的。”

“小侄从小就非常崇拜范公。家父曾经传小侄一本《范子计然》，使小侄受益匪浅。小侄闻知陶朱公还有理财之策，所以特来取经。不知朱公能否成就小侄心愿？”吕不韦道。

“我祖范公著书，如果只有后人看，那就成了家书。好书当赠有缘人。”朱公宽慰地笑道，当即吩咐下人搬来两大筐竹简。

吕不韦拿出第一个筐子里一卷竹简，是《陶朱公理财十二则》。其纲要写道：

能识人：知人善恶，账目不负。
能用人：因财器使，任事可赖。
能知机：善贮时宜，不致蚀本。
能倡率：躬行以率，观感自生。
能整顿：货物整齐，夺人心目。
能敏捷：犹豫不决，到老无成。
能接纳：礼仪相交，顾客者众。
能安业：弃旧迎新，商贾大玻。
能辩论：生财之道，开引其机。
能办货：置货不拘，获利必多。
能收账：勤谨不怠。取讨自多。
能还账：多少先后，酌中而行。

这些都是经商至理，吕不韦在这方面颇有心得，却从没有这么全面总结过。吕不韦越看越兴奋，又拿出第二筐里的一卷竹简，是《陶朱公商训》，后人称之为《陶朱公经商十八则》。其中写道：

生意要勤快，懒惰百事废。
用度要节俭，奢华钱财竭。
价格要证明，含糊争执多。
赊欠要证人，滥欠血本亏。
货物要面验，潦草错误多。
用人要方正，歪斜托付难。
优劣要细分，混淆耗用大。
货物要修正，散漫查点难。
期限要随时，拖延失良机。
钱财要明慎，糊涂弊端生。
临事要尽责，委托受害大。
账目要稽查，懈怠资本滞。
接纳要谦和，暴躁交易少。

主心要宁静，妄动误事多。
说话要规矩，浮躁失事多。
工作要精细，粗糙出劣品。

吕不韦看罢拍案叫绝："真不愧是治国良臣，兵家奇才，商贾圣人。范公将治国之道、兵家之理、处世之方，全部融于商理之中，天下奇书，难得难得！"

"我家公子嗜书如命。见到好书就忘了一切。"司空马笑道。

"呵呵，不是司空兄提醒，我差点忘了。"吕不韦说着，从行礼之中拿出一个锦盒，对朱公道，"这是一只商代时期的玉器，不成敬意，还望朱叔笑纳。"

打开一看，里面是那只晶莹剔透的玉貔貅。

次日下午，朱公引着吕不韦前去拜访相国田单。

在诸侯各国传闻中，田单是一个传奇人物。

当年乐毅统帅燕军横扫齐国七十余城，攻破临淄，齐国只莒城和即墨两城未下。齐湣王田地逃亡到莒城，向楚国求援，反被楚国大将淖齿所率的援军所杀，莒城大乱。王孙贾率众人诛杀了淖齿，与逃亡的大臣拥立田地的儿子田法章为王，是为齐襄王。齐襄王率众坚守莒城。

燕军见莒城一时难下，转攻即墨。即墨大夫出城应战，阵亡殉国。就在这风雨飘摇大厦将倾之时，即墨官兵百姓推举田单为首领，对付燕军的进攻。

田单是齐国田氏族的远房本家，齐湣王的时候，田单在临淄担任管理市场的小官，并没有名气。

即墨人是在逃亡时认识田单的。燕军攻齐时，齐军节节败退，齐国百姓在混乱中争相逃命。田单让族人把露在车轮外端的车轴锯短，再包上铁皮。在夺路逃难中，因为车轴短又有铁皮保护，田单族人的车子保持完好并顺利逃到即墨。而其他人由于乘坐的车子车轴太长，以至于互相冲撞，轴断车毁，成为燕军的俘虏。因此，即墨城中人认为田单有计谋，让他做首领。

田单率众人打退了燕军多次进攻，坚守即墨。齐襄王派使者告诉田单，全权授命田单抵抗燕军。

田单坚守即墨达五年之久，终于等来了机会。周赧王三十六年(前 279 年)，燕昭王去世，惠王继位。田单听说燕惠王曾与乐毅有矛盾，便派人去燕国散布谣言说："齐王早就死了，齐城没有攻克的仅剩下两城，是乐毅有意留着的。乐毅以伐齐为幌子，实际上是想在齐称王。如果燕国改派别的将领来攻打即墨，如果那样的话，即墨肯定会被攻陷的。"

燕惠王果然中计，派骑劫代替乐毅为将。乐毅害怕回国遭遇不测，投奔赵国而去，燕国军民都为乐毅愤愤不平。

此后，田单用计麻痹骑劫，骑劫连连中计上当。田单又设计激发即墨城中军民的斗志，然后在一天晚上用火牛阵一举把燕军打得溃不成军，燕将骑劫被杀死。田单率领齐军乘胜追击败逃的燕军，一直把燕军赶出齐国国境。

收复失地后，田单到莒城迎接齐襄王入齐都临淄主持朝政。齐襄王在即位五年后方入主临淄。封田单为安平君。

沧海横流方显英雄本色。一个名不见经传管理市场的小官于乱世之中脱颖而出，成了一个救国救民的大英雄。

到了相府，吕不韦并没有看到车水马龙的繁忙景象，这与他曾经在赵国平原君处看到的情景大不相同。

进入相府，见安平君田单五十来岁，中等个子，寻常长相，只是那道眉毛长得又浓又粗，两眼炯炯有神，有一种不言自威的气度。

田单与朱公很熟，两人一见面，非常亲热。朱公向田单引见吕不韦。吕不韦即迎上去拜见安平君道："不韦从小就听了许多关于田相的英雄故事，十分景仰。今日特来拜见，蒙相国接见，实是三生有幸。"

"吕公子不必客气。"田单亲切地招呼吕不韦入席，道，"英雄出少年。吕公子文武双全，商贾奇葩，久有令名。他日成就不可限量。远道而来，实在是看得起老夫。"

"晚辈学疏才浅，前来讨教。如有冒犯之处，恳请相国多多原谅。"吕不韦道。

"老夫与朱公相交几十年了，与令尊也有深交。有什么事，吕公子但说无妨。"田单道。

吕不韦早就听父亲说过，他早年在临淄经商，多次得到田单的关照，两人的感情非常深厚。

"昨日晚辈与朱叔谈及其先祖范蠡范公，特别钦佩。范公曾经为复兴越国，十年生聚，十年教训，历尽艰辛，终于灭吴。齐国曾经与越国情形相似，相国的经历也与范公相似，这其中的艰难险阻恐怕不是晚辈所能想象的。"吕不韦道。

"论情形，当时的齐国比越国还要艰难，整个齐国，除了莒城和即墨两城，全都被燕国攻占了，而越国之民虽臣服于吴，却还能休养生息。但是，从人格尊严而言，我们却比越国好得多，至少我们君臣没有臣服过燕国，没有经历过受人驱使的屈辱。"田单语气中透着几分自豪，但话锋一转，道，"我们所面临的艰难有多方面的，在燕国强大的军事压力下，许多民众都心灰意冷，物资极为贫乏，老夫又是一小吏出身，还要受到许多达官贵戚的挤压，各种谣言铺天盖地。就是在这种极为艰难的情况下，老夫用种种办法坚持了五年之久，终于等到了扬眉吐气的机会。"

"在那种复杂、艰难的环境中，晚辈的确很难想象相国是怎样度过的。您是怎么坚持过来的?”吕不韦问道。

田单思索片刻,道:“老夫回顾总结,主要得益于三个方面:其一,就是要有坚定的信念和敢于担当的勇气。越是艰难时期,越需要必胜的信念和永不放弃的持久耐力,越需要舍我其谁的担当。老夫作为一个无名小吏,受命于危难之中,于万千困难之中都从不退缩放弃过。其二,就是是有正确的策略和多谋善断的智慧。困难越多,越需要智慧,每一项决策都不能疏忽,都不能失误,都不能拖延。那时,老夫每天脑子里都处于紧张状态,绞尽脑汁想办法,出主意。许多想法都是半夜梦里想到的。其三,就是有能守能攻、能文能武的干才。这种干才不是一朝一夕、或者临阵磨枪的事,而是要靠从小的学习和积累。老夫虽然从来没有治过兵、从来没有临过大事,但是,老夫从小就对孙武、孙膑、司马穰苴的兵法熟稔,对管仲、范蠡的管理理念熟稔。老夫虽为小吏,也常与各方名流交游,受益良多。这些经验或许对公子会有所启发和帮助。”

“真是金玉良言,晚辈一定谨记。”吕不韦不无敬佩,转而又问道,“晚辈观历代王朝和诸侯兴衰之事,莫不是强者为王。天下皆非一人之天下,唯有德隆力强者居之。远的不说,就齐国而言,姜齐衰弱之后,田齐取而代之,天下之人或当时会有非议,而久之则以为然。然而,相国历五年之艰辛,驱逐燕军,收复齐地,齐国尽在掌中,为何不取而代之?”

“万般皆由命。老夫自小信命。自小有一算命先生给老夫看相,说是他日可为良相,以佐人君。那时,老夫家境平平,根本没想到有朝一日还可为相。所以能为相,已是一生中最大的梦想和宿命。”田单道,“虽说天下非一人之天下,然而,老夫自小就以忠君为念。那时,老夫心无杂念,一心只想着为了田氏,为了复国,再苦再艰难,也要挺过去。再说,那时,齐王对老夫信任可加,尤其是君王后力排众议,全力支持老夫,对老夫寄予厚望,老夫只有倾心相报。”

田单坚守即墨时,虽则腹有万机,可毕竟从小吏出身,未临过大事,处境也十分艰难。那时,齐襄王在莒城即位,身边的大臣纷说要派人到即墨取代田单。齐襄王在君王后的劝说下,不但委任田单为即墨守,还授权田单全权处理军国大事,并派人辅佐田单。这份信任和支持,一直让田单感动和铭刻。

“相国重情重义,令晚辈敬佩。”吕不韦道,“只是天予不取,必受其悔。相国一心为国,这份忠心恐怕也未必能为齐王所能理解。相国是否也会有悔不当初之念?”

吕不韦对齐襄王与田单之间的矛盾有所了解。复国之初,齐襄王对田单十分感激,事事倚重。田单并不居功,一心治国安民,忙于国事。经过几年的努力,齐国经济开始复苏。

可时间一长,这种亲密无间的君臣关系开始出现裂痕。

齐襄王是一个胸无大志、目光短浅之人，不做长远打算，终日碌碌无为。田单为相，齐襄王却处处提防他功高震主。

有一次，田单陪齐王从淄水边上走过，看见一位老人涉渡寒冷的淄水后，冻得走不动了，坐在沙滩上直发抖。田单便走过去脱下自己皮衣给老人穿上。

齐襄王对此很厌恶，自言自语地说："田单施小恩小惠，将来可能要谋取我的国家啊！不早想办法，恐怕后悔都来不及啦！"

他左右环顾了一下，只见近臣贯殊在身边，齐襄王召唤他过来问道："你听到我说什么了？"

近臣贯殊说："我听见了。大王不如借此做一件对自己有好处的事情。大王应该大力称赞田单，下令说'寡人我忧虑人民的饥寒，田单就能收来粮食让百姓吃；寡人我忧虑人民挨冻，田单就脱下皮衣给百姓穿；寡人我忧虑百姓太辛劳，田单也忧虑这件事，他这样做很合我的心意。'大家知道，您赞美田单，也就是宣扬大王您。"

齐襄王听从贯殊的建议，赏赐给田单一些牛肉和酒，并称赞他的品行。

过了几天，贯殊又来见齐襄王说："大王到早朝时应该召见田单，并在宫廷里给他作揖，亲自慰劳他。"齐襄王也照做了。果然齐国大臣纷纷效仿田单，并且相互传说："田单如此热爱百姓，原来是大王让他做的！"

田单从这件事可以看出，齐襄王不是一个开明大度有所作为的君主，而是一个心胸狭窄易被佞幸之臣蒙蔽之人。

齐襄王身边有九个宠臣，嫉妒田单功高位尊，经常在齐王面前说田单的不是，并想方设法企图谋害田单。齐襄王是非不辨，听到这么多大臣都对田单不放心，听多了心里就有了隔阂，便对田单失去了以往的热情。

有一天，齐襄王对身边的大臣说："召相国田单来。"田单察觉到齐王对他不友善，就摘去帽子，光着脚，赤着上身来觐见，然后退后一步请求死罪。田单的这一举动反倒使齐王不知如何是好，赶紧让他退下。

过了五天，齐襄王又召田单，不冷不热地对他说："你并没有得罪我，今后你只要尽到你的臣子之礼，我尽到我的君王之礼就可以了。"

齐襄王虽然仍用田单为相，但对田单却不如从前器重，处处表现出傲慢态度。

田单好友貂勃出使楚国，越数日未返。九个宠臣对齐襄王说："貂勃到楚国竟滞留在万乘之国不赶快回来，这不是倚仗田单这个硬后台吗？况且安平君对大王也太不讲君臣之礼了，一定没怀好意。他在国内收买民心赈济贫困，对人民广施恩惠；在国外收买天下有才能的人，暗地里拉拢诸侯中的英雄豪杰。他是在准备谋反，请大王仔细观察，作好充分准备。"

齐襄王听了这九人的话，心里对田单更是看不顺眼。

貂勃出使楚国回来，齐襄王赏赐他一块饮酒。当喝到酒酣耳热时，齐襄王大声说："叫相国田单立即到我这里来。"

貂勃听这话不对头，马上说："大王怎么能说这种亡国的话呢？大王与周文王比如何？"

"我不如周文王。"

"那大王与齐桓公相比怎样呢？"

"我也不如齐桓公。"

貂勃慷慨激昂地对襄王说："我本来也知道大王不如周文王、齐桓公。然而，周文王得到吕尚，尊为太公；齐桓公得到管仲，尊为仲父。现在大王得到安平君，却偏偏傲慢地直呼其名。况且，开天辟地以来，作为人臣建立功业的，哪一个比安平君的功劳更大呢？再说，当年大王不能守护先王留下的社稷，燕军袭破都城临淄，大王逃亡了，安平君带着惊恐万状的即墨军民和残兵败将七千人，擒杀燕将，收复失地，这是多么大的功劳啊！大王请想一想，在那个时候，如果田单自称为王，没有人能够制止他。然而安平君能守君臣之道，正气浩然，没有自立为王，而是迎接大王和王后返回国都亲理朝政。如今国家安定，人民已经乐业，大王直呼田单，这是连小孩也不会做的。大王若不赶快杀了那九个谗谄佞臣，向安平君谢罪，国家就危险了。"

貂勃一番肺腑之言，大大刺激了齐襄王。貂勃说的虽然有道理，但是主张一下子杀掉九个大臣，这让齐襄王犹豫不决。君王后听说后，力主杀掉那九个佞臣，并驱逐了他们的家眷，赏给了安平君万户的食邑。

此事虽然安了田单的心，可失去平日宠幸的九个大臣，让齐襄王好不失落。从此，齐襄王怎么也与田单亲热不起来。田单也只好处处让权，事事低调，表现出得过且过苟且偷安的样子，免得让齐襄王不安。

"没有期望得到，也就不存在失去；没有失去，也就不存在后悔。"田单对人生参悟得更透彻。

"能够有相国这样淡泊宁静的心襟，实在难得。"吕不韦道，"周自东迁以来，诸侯争雄，晋、齐、宋、魏、秦、楚等诸侯此起彼伏，各领风骚数十年。依相国观察，这诸侯之间的争战何时是了？齐国能否重振昔日雄风？"

田单沉思了一会儿，道："诸侯各国都是炎黄子孙，你争我夺，终不是长久之计。天下大势，分久必合，这是人心所向。周势已衰，无力回天。诸侯之间，变数较大。从目前来看，秦国的势力最大，三晋之中以赵国的兵力最强，楚国地大物博，齐居东，燕居北。其他小诸侯都不足道。一个不能不面对的现实是，秦国历代君主都有称雄之心，而且自商鞅变法以来，秦尚首功，励生产，这是诸侯各国都难以企及的优势。齐国目前只是图自保，要重振雄风，恐怕不是我辈能为之事了。”

这时，窗外突然起了一阵风，让人感到几许悲凉。

“相国既得救齐国于危亡之中，必然也能使齐国日益强盛。”吕不韦道。

“老夫本是平常之人，没有非常之才。能有今日，时势使然。临危之际，上下一心。然而，人可共患难，却难同富贵。功高必震主，自古功高者难得善终。范公谓文种：蜚鸟尽，良弓藏；狡兔死，走狗烹。范公逸，文种死，就是显例。”田单有几许无奈地道，“老夫深知其中道理，故而尽可能自抑。好在齐王虽忌老夫，心地还不至于狠毒将老夫置于死地。况且还有君王后明理善断，对老夫有所依重。”

“相国为齐国之长城，却能居安思危，也不容易。”吕不韦道。

“人之处世，必然要有所为，有所不为，不可能事事顺着自己的心意。”田单道，“老夫现在进退维谷，进则功高而震主，退则可能成为孟尝君第二。进不得，退不能，只能在夹缝中求存。老夫为后世计，特意安排一个儿子跟朱公学经商，以后还需吕公子多多照顾。”

吕不韦从小就熟知孟尝君的故事，对孟尝君既景仰，又惋惜。现在则完全不赞成孟尝君当年为泄私愤策动魏、赵、燕、秦等国伐齐和拥封地自立的做法，心里顿生鄙视之意。但是，对于名闻天下的救国英雄田单处境如此的艰难与无奈，却怎么也没想到。数年后，当吕不韦在秦为相时，才真正体会到田单当时那种挣扎痛苦的心情。

吕不韦正欲说话，这时，齐王派使者来，说是秦王派使者给君王后送来一套玉连环，请相国入宫商议如何处置。吕不韦等人只好告别安平君。

次日，朱公又引着吕不韦拜访齐国学者荀卿。

这荀卿是赵国人。荀姓在晋时是大族，最著名的智伯原本名为荀瑶。赵、韩、魏灭智伯而三分晋，荀姓家族衰落。荀卿十五岁就来到齐国，之后又先后两次来到齐国。湣王时，荀子因战乱离开齐国前往楚国。齐襄王复国后，吸取教训，又招集亡散的学士，重整稷下学宫，恢复学士的列大夫职位。荀卿这时已五十多岁，再次回到齐国。

荀卿不仅参加稷下学宫的恢复重建工作，同时由于田骈等老一辈学者死去，慎到、接子等稷下旧人的离去，荀卿凭他的学识和才德，成为最受欢迎、最受尊敬的先生，担任学宫领袖，为稷下列大夫之首，并三次担任齐国大祭时的司仪，这是荀子一生中最重要、最辉煌的时期。

一见面，吕不韦十分恭敬地向荀卿行师生之礼，道：“不韦对先生仰慕已久，今日得见，还望先生多多教诲。”

“吕公子商通天下，闻达四方，谦逊好学，十分难得。”荀卿对吕不韦早有耳闻。

“先生学富五车，尊孔夫子之学而又有新义，与孟子之说多异。不韦想请教一二。”吕不韦道。

“孔夫子集百家之长，探求人性本义，主张仁、义、礼、智、信，终成儒家学说，此千年一圣者。然而，圣人非完人，圣者之言并非句句为至理名言。这就如同登山探幽，圣人能察知前进的方向，教以种种方法，至于如何去走，还得靠自己去探索。”荀卿说道，“至于孟轲，亦为儒家之中集大成者，有许多过人之处。然其说教太过理想化，人君难以践行。老夫以为，百家学说之中，当以儒为本。倡导儒学，需去虚求实，经世为用。故老夫反人善而倡人恶，反天命而张人定，主张名与实相结合，义与利相结合，公与私相结合，学与用相结合，积善成圣，圣者为王。这些主张与孟子学说均有所差异。”

“先生学识渊博，不韦犹如入宝山，四处是宝，眼花缭乱，手脚都忙不过来。听说先生著作甚丰，不韦想求先生之书研读。”吕不韦道。

“老夫集多年的心得，已著有一百五十多篇。吕公子有心研读，老夫高兴还来不及呢。”荀卿起身，引吕不韦一行到书房。书房很大，到处堆满了竹简。

吕不韦随手拿出一卷，为《不苟篇》，开篇写道：“君子行不贵苟难，说不贵苟察，唯其当之为贵……君子易知而难狎，易惧而难胁，畏患而不避义死，欲利而不为所非，交亲而不比，言辩而不辞……”

“妙文，妙文。言简意赅，意蕴深远，至理名言，千金难求。”吕不韦连声道。

吕不韦奉上二百金以作酬谢。司空马叫来车马，装运书简。

吕不韦与朱公、荀卿坐下来，品酒阔谈。

“听说秦使者昨日给君王后送来一套玉连环，先生也被邀请进宫商议如何破解，不知其如何思得破解之法？”朱公问道。

“那玉连环是两个完整的玉环互相串着。群臣左看右看，怎么也没办法解开。原来那玉连环是玉匠制环时从一块完整的玉石上雕琢出来的，如何能解开？秦王此举实际上是想凌辱齐国。”荀卿笑道，“这君王后见群臣无人能解，而秦使者在一边偷笑，她竟叫侍从一锤将玉连环砸碎，并泰然自若地应对秦使者的责难，确有过人胆识。”

“在先生看来，齐国有此王后，当是齐民之福？先生之福？”吕不韦问。

“君王后有安国安民之才，然无攻伐谋国之略。”荀卿说话很直，似有许多担忧，道，“君王后毕竟是一女子，朝廷还是襄王主政。襄王好尊贤之名，而不敢放手大胆地使用贤能之人。对国之干才，用而不尊；国之贤者，尊而不用。易信谗言，贪图女色，实难有大作为。太子建不喜读书，喜游乐。君王后宠用其弟后胜，后胜性贪婪，必误国事。”

吕不韦道："先生一语道破天机。后世之君可慕桓公之霸业，却难为之。原因在于桓公之敬管仲，以'仲父'尊之，以国事托之，信而用之。后世之君恐再难有桓公如此尊贤之气概了。"

"千里马常有，而伯乐不常有。太公遇文王，管仲遇桓公，幸矣。孔子周游列国而不见用，难遇明君也。"荀卿叹息道，"当今乱世，老夫曾想将平生所学卖与君王之家，五十入仕，却碌碌无为。老夫性格耿直，锋芒毕露，必遭人忌恨，他日也不知流落何方？"

"先生之才，实为当今圣者。"吕不韦道，"此处不留人，自有留人处，先生或可另择明主而从之。"

"老夫一向不信命，然而此事却可遇不可求。"荀卿道，"但是，老夫倒也想周游列国，如不见用，或可隐居一方，著书立说，传艺于人，也是人生一大乐事。"

……

吕不韦与荀卿谈得投机，一连交谈了几天，兴犹未尽。

司空马则带着随从抽空去搜集了一些珠宝。

一个月后，吕不韦一行赶着八辆马车货物回卫，其中有七辆马车书简。

吕不韦与司空马策马走在车队的后面。当离开临淄城时，吕不韦勒马回望，只见繁华的临淄城上空一片雾霾。

这个东方大都会曾经是吕不韦神往之地：这里曾经是吕家祖先吕望的封地，寄予了吕族人多少梦想与自豪；曾经有多少英雄人物在这里发号施令，使天下诸侯为之奔忙；曾经有多少诸子百家精英云集在这里高谈阔论，使天下有才之士为之倾慕；曾经有多少宝货汇集在这里流转，使天下商贾为之兴奋；曾经有多少美媚佳人在这里婉转歌舞，使天下众生以此为乐土。

可这一切都如同梦境，被淹没在这雾霾之中，再也难觅了。

吕不韦叹了口气，转身离去，再也没回过头。

第六章 初露其锋

Biography About Lü Buwei

回到濮阳，已是深秋时节。

回到家里，吕不韦才真正享受了家的温馨：上有和蔼的祖父、父亲、母亲，下有三个活泼可爱的儿女，妻子梦萦贤惠温存。

吕不韦每天除了处理一些商贾之事外，大量的时间都是守在家里，看书，与家人聊天，教儿女功课，其乐融融。

吕不韦常常想道，要是天下太平，他愿意在这平和温馨中终老一生。

然而，树欲静而风不止。

第二年春，从邯郸传来信息，秦宣太后死后，秦昭王将穰侯逐回封地陶，委国于范雎。范雎欲建功立业，即派秦军趁赵惠王去世，孝成王丹新立之际，大举进攻赵国，攻破三城，赵危在旦夕。无奈之下，赵国只有放下昔日恩怨，向齐国求救。齐与秦结盟，齐襄王重病，国事由君王后做主，而君王后一向持重，不肯出兵。

吕不韦闻知秦、赵开战，在家里坐不住了。如果齐国不出兵救赵，不仅危及赵国，而且危及卫国和吕家的经营。可是，祖父吕熙和父亲吕鑫一直反对自己参与政事。如何让他们支持自己的想法呢？吕不韦思索着。

入夜，春寒料峭。一家人用过晚餐后，围坐烤火。

“赵国来信，秦军正在加紧进攻。我们该如何应对？”吕不韦问道。

“我们一家只有迁到齐国去，才能平安些。”吕鑫道，“我曾看中齐国叫单父的地方，此地交通便利，既可隐居，又可经商，是能进能退之福地。”

“这秦军凶残无比，杀人无数。赵国危在旦夕，不知子羽他们怎么样了？”赵媚娘最担心的是娘家人的安危。

“赵国一破，我卫国必无宁日，倾亡只在朝夕之间。”梦萦公主忧心道。

“燕、韩与赵为姻亲，然而却畏秦如虎，魏安釐王怕事，楚国与秦国虽有世仇，现在却是联姻。现在能救赵只有齐国了。”吕熙分析道。

“十多年前，赵国曾与燕、韩等国联合伐齐，几致齐国灭亡。后来，齐国衰弱，赵国还对齐攻掠，五年前蔺相如还攻到了平邑。这种仇恨恐怕不易平复。”吕鑫道。

“如果赵国破了，齐国必然直接面对强秦。齐国多智能之士，唇亡齿寒的道理应当会明白的。”吕熙道。

“如果依照齐君王后的性格，必然作壁上观。”吕鑫道。

“孩儿前向游齐，与安平君深谈过，知道安平君是一个有血性的人。他在齐国德高望重，却为避遭忌恨，平日极为低调。以孩儿之见，只要安平君力主救赵，此事必成。”吕不韦道。

“要让齐国出兵救赵，关键在于怎样让齐君和安平君在救赵之中得到足够的好处，以弥补曾经所受的创伤和耻辱。”吕熙道。

“孙儿思索再三，认为有两个条件让齐国动心：其一是济东深入齐境，原是中山国所有，后来让赵国攻占去了。此地是齐国最想得到的。让赵国割济东三城与齐，齐必动心。其二是让赵国将赵太后最钟爱的幼子长安君送到齐国为质，这最让齐君王后有面子。”吕不韦此番考虑是经过深思熟虑的。

吕熙听了，非常高兴，道，“韦儿此策略倒是不错，这既让齐国得实惠，又挣了面子。看来韦儿这几年还是长了不少见识。”

听到祖父的夸奖，吕不韦应声道：“明日孙儿将此计策写两份，派人告知安平君和平原君。”

吕鑫一听，大吃一惊，连忙制止：“不可造次。我吕家一向谨守商道，不参与政事。更何况齐国之智士多如牛毛，你能想到的，别人想不到么？”

“孩儿记得祖父讲曹刿论战，曹刿说了一句经典名言：肉食者鄙，未能远谋。虽然不尽然，但是，齐国那些智谋之士即使想到，也未必会说出来。”吕不韦反驳道，“况且此事牵涉到赵、卫两国国运和我吕家家运，孩儿也不能袖手旁观。”

吕熙一听，内身很矛盾，自己一直想让吕家远离政事纷争，可是，危亡之际又不能过分打击不韦的热情，最终道：“非常时期，也罢，让韦儿去做吧。只是以后不可轻易参与政事。须知一旦卷入其中，就很难脱身。”

当天晚上，吕不韦用布帛写了两份信，第二天即派人分别送到齐国安平君和赵国平原君处，献上计谋。

吕不韦不知道自己的计策能否为齐王和赵王所采用，只是表达自己的想法而已。他所能做的，就是密切关注事态的发展。

不知是吕不韦的计策在发挥作用，还是巧合，事情的的确确是按照吕不韦的想法发展着：齐国提出了出兵救赵的两个条件为赵国割让济东三城和送长安君入齐为质，赵国都答应了。这是齐襄王在病危前作出一生中最勇敢最英明的决策：派兵救赵。

赵国能接受这两个条件还真不容易。特别是提出把赵太后最钟爱的儿子长安君送到齐国为质，最让赵太后难以接受。

尽管秦军攻势愈来愈猛烈，然而赵太后一听要长安君到齐为质，怎么也不肯，而且告诉左右："有再说让长安君做人质的，我老婆子一定朝他的脸吐唾沫。"平原君说动德高望重的左师触龙巧谏太后，动之以情，晓之以理，"近者祸及身，远者及其子孙"。太后为其所动，才同意送长安君到齐为质。

齐国以安平君田单为将，率十万大军救赵。田单指挥齐、赵大军，一举击退秦军。

赵国得救，赵国兑现承诺，割济东三城五十七邑予齐国。

一切都按照吕不韦的预想进行，这让吕不韦好不高兴，感觉自己具有纵横天下的天赋。赵媚娘、梦萦公主都为他高兴。只有吕鑫的脸色越来越阴沉，他对吕不韦道："得意忘形，必埋祸根。"

好在梦萦公主可以分享吕不韦心中的这份成就与喜悦。梦萦公主已是三个孩子的母亲，却越发显出成熟女人的俊俏与温存，让吕不韦得到极大的幸福与满足。

"父亲和祖父的担心不是没有道理。你看多少豪杰之士，如商鞅、吴起、苏秦等人，他们都有非凡的本领，都能成就大事，可是，他们都没有得到善终。"梦萦公主依偎在吕不韦的怀里，抚摸着吕不韦健壮的胸肌，呢喃道，"梦萦知道夫君有拯救天下的大志，可是良禽择木而栖，择机而动。如果没有这样的机会，我们一家人能够安享太平，梦萦也知足了。"

"知我者，贤妻也。"吕不韦拥着妻子进入了甜甜的梦乡。

秦军退去了，天下却没有因此而太平。

强将如云的赵国，竟将安平君田单留了下来，并聘为统帅三军的大将。

赵国首先将目标锁定燕国。燕王后为赵太后之女。然而，燕国在赵国危难之际，竟然拒绝援助，这让赵太后难以容忍。

赵太后决定教训燕国，派安平君田单率兵伐燕。齐君王后对燕国曾与赵、魏、秦、韩共同伐齐之事耿耿于怀，亦派兵助赵伐燕。赵、齐联军长驱直入，一举攻取中阳城。燕武成王只好要王后出面，割地求和。赵太后也只是想惩罚一下燕国，不想让女儿太为难，于是见好就收，同意议和。

赵国又将下一个目标瞄准了韩国。

韩国与赵国渊源极深，关系最为密切。

韩国的祖先与周同姓，姓姬氏。春秋时，他们一位祖先有功于晋，得封于韩原，称为韩武子，他的后人因此改为韩氏。到晋成公、景公时，韩厥与赵盾、赵朔都是朝中大臣，关系极为亲密。晋景公三年（前 597 年），赵盾、赵朔先后被杀，赵朔事发前将儿子托孤给韩厥："子必能不绝赵祀，死不恨矣。"韩厥与程婴等人将赵氏孤儿隐匿起来。

过了十多年，赵氏孤儿已长成人。适逢晋景公大病难愈，占卜认为是有大功而不顺心的人作祟。韩厥借机称颂赵氏孤儿的曾祖父赵衰之功。晋景公被打动了，于是恢复赵氏田邑财产，"续赵氏祀"。

赵氏孤儿赵武很快跻身六卿之列。从此韩赵两家世代情谊深厚，共同求生存谋发展。公元前 403 年，周威烈王命韩、魏、赵为诸侯。此后，韩、赵多次联兵进攻其他国家，共同抵抗侵侮。

然而，在赵国被秦国困顿向韩救援之时，韩桓惠王竟然整天寻欢作乐，对赵使者置之不理，这让赵太后十分痛恨。

田单又率赵、齐联军转而伐韩。韩国一向以厉兵闻兵。"天下之强弓劲弩皆从韩出"，韩弩能射一里半路之外，"远者括蔽洞胸，近者镝弇心"。韩剑异常锋利，皆"陆断牛马，水截鹄雁"。韩国军士亦颇善战，战斗惨烈。然而，韩军终敌不过赵、齐联军，被攻破了注入城，韩国危急，韩桓惠王急得不得了。

吕不韦没想到事情会变成这样。无论是哪一方胜，或者两败俱伤，都不是他想看到的，他决定出面调和。尽管吕熙、吕鑫都不太赞同，可战争近在咫尺，又不能不去关心，只好让他去历练。

吕不韦与司空马赶到韩国国都新郑，拜见韩桓惠王。

韩王宫殿坐落在城里西北坡上，俯瞰着全城，气势十分雄伟。

韩桓惠王召集群臣在大殿上接见吕不韦。

"齐、赵大军压境，不知吕公子有何良策？"韩桓惠王问道。

"请问大王，当今天下谁最强大？"吕不韦道。

"除了秦国，还能有谁？"韩王道。

"齐、赵联手，秦军为之退却。如今齐、赵以得胜之师攻韩，大王能有胜算么？"吕不韦道，"况且诸侯的主要威胁不是来自齐、赵，而是来自秦国。三晋本为一体，应互相呼应。如今韩与齐、赵争战，岂不是自相残杀么？"

韩王叹了口气，坚定地道："寡人也知秦国之贪婪与残暴。然而，我韩国决不容忍齐、赵的欺凌。"

"强秦当前，诸侯却互相攻伐，意气用事，自损自耗。不如握手言和，即使不能联手对秦，至少还可以自保求存。如果大王信任，不韦愿充当使者前去与安平君议和。"吕不韦慷慨道。

"吕公子侠义之心，寡人心领了。"韩王看了看群臣，突然声色俱厉道，"我韩国绝不是任人欺凌的。吕公子无须多言，寡人将倾全国之力与齐、赵血战到底。”

韩王态度如此坚决，这是吕不韦没有想到的。在吕不韦的印象中，韩桓惠王继位以来，韩国政令不畅，国力每况愈下。如果韩王勇武果决，韩国何至于此？这让吕不韦百思不得其解。

正当吕不韦在驿馆里烦躁焦虑时，韩王派使者前来传讯，邀吕不韦晚上到宫中一聚。

难道韩王态度转变了么？是不是另有打算？或者仅仅是出于私谊？一路上，吕不韦脑子急速运转，可是，没能猜出韩王的真正意图。

到了宫中，却见韩桓惠王十分友善，王后及十岁的长公子安、六岁的次公子非和内史腾陪同，完全是私谊相聚似的。桌子上摆满了各种珍馐。

“吕公子经营有道，想必尝遍各种人间美味。寡人今设薄宴，还请吕公子不要见笑。”

“大王盛情，令不韦受宠若惊。”

“吕家本是我韩国豪族，寡人及父亲与令祖和令尊都交谊深厚。吕熙老爷想来已八十多岁了，吕鑫先生也应有六十多了，他们一向可好？”

“祖父与父亲身体都很好。多谢大王挂念。”

“吕公子风采照人，满腹经纶，真是吕家之福。生子如此，人生足矣！”

“多谢大王谬爱。以臣观之，大王两位公子天庭饱满，双目有神，很有慧根，他日必成大器。”

韩王指着两个儿子道：“安儿本性善良，却是中人之资材，如果能持重处事，倒可以守成。非儿好学多思，聪明伶俐，记忆力强，常有惊人之语，可惜言语有些结巴。”

公子安似乎有些不服气，可又不敢反驳，于是低头不语。公子非则眼睛扑愣扑愣的，嘴唇动了动，想说却没说出来。

从眼神的灵敏性来看，吕不韦喜欢公子非，只是不便点评谁的资质高与低，便应付道：“人之资材不一，有生而知之，有学而知之；有的少年时便有令名，长大了却未必然；有的少时平平，长大后经过一番历练倒能大器晚成。诗曰：如切如磋，如琢如磨。能成大事者，大抵都是经过了千锤百炼的磨砺。”

“寡人久闻吕公子博学多才，长袖善舞，计无不中，寡人敬佩已久。”韩王一脸真诚，道，“如果吕公子不嫌弃寡人，寡人诚心聘请吕公子为太傅，辅以国事，并以教导两个公子。寡人一家当尊吕公子为上宾，绝不敢有丝毫懈怠轻慢。”

聘为太傅，这或许是许多读书人梦寐以求的事，然而，在吕不韦心目中，他的梦想却更远大。据以往的了解，韩桓惠王虽勤于政事，大力发展农业，增强国力，于国事却朝令夕改，使人无所适从；对百官好用权术，不能真心信用。对吕不韦而言，到韩国出仕，还不如在卫国为官。

“大王厚爱，不韦一定铭记在心。只是不韦乃商贾中人，一向落拓不羁，自由散漫惯了，不喜受拘束，还望大王见谅。”吕不韦推辞道。

韩王有些失望，道：“寡人最追慕昭王时期，故而日夜为国事操劳，不敢有丝毫松懈。然而，我韩国处四战之地，无险可依，常受邻国欺凌，国土日削，使韩国蒙羞。如遇申不害再生，则是寡人之幸，韩国之幸。唉，贤才可遇不可求，寡人之过。”

“臣乃商贾之人，知商贾之事。经商须讲究天时地利人和，物贱则贮，物贵则售，审察时变，不骄不躁，当守则守，当断则断，厚积而薄发，积少而成多。天下商贾多矣，而能谨守此道者稀。许多商贾当守时不能守，逐蝇头寸利，而失者大；时机不利受损时，当止不能止，结果越亏越大。”吕不韦侃侃而谈，“或许国事亦同此理。昔日吴子对魏文侯曰，‘治国在德不在险’，阐明出一个道理：当一个国家无险可依时，唯有审时察势，修德政，尊贤能，聚民力，抚四方，方可图存。商汤以亳之小地而攻取天下，文王、武王以西岐之小国而灭纣，在于修德。齐、越两国于危亡之时，尤能忍辱负重，以雪国耻，在于识时。今日之韩国，远胜于昔日之亳、歧、齐、越矣，还望大王明察。”

“先生之言，至圣至理，寡人受益匪浅。寡人并非不明此理，亦想与齐、赵讲和。只是与群臣议时，如果寡人公然主动议和，则必引起国人猜测和混乱，故只有在大堂之上拂却先生之意，还望先生不要介怀。”韩桓惠王思虑片刻，道，“寡人还请先生以故国为重，出面与安平君讲和。寡人愿割两城与齐、赵，并奉白璧一双，请先生转给安平君，奉送珠宝和黄金若干供先生旅途之用。”

“不韦愿为大王效劳。”见韩王转变态度，愿意议和，吕不韦十分高兴，便应承了此事。

司空马附耳提醒吕不韦，韩王答应割地，就应当拿出图来，出具文字依据，以便办理交割事宜。吕不韦似乎非常自信，带着白璧、珠宝、黄金就踌躇满志地离开了王宫。

吕不韦与司空马匆匆赶到注人，一路上到处看到流离失所的人群和伤残的士卒。

无休无止的战争，最受苦的是百姓。吕不韦感慨万千，心里激起强烈的使命感。

安平君热情接待吕不韦一行。

一见面，吕不韦发现安平君声如洪钟，神采奕奕，一扫在临淄时所见到的阴郁。安平君在齐为相时，谨小慎微，过得压抑。现在为齐、赵大军统帅，抗秦、伐燕、伐韩，连战连胜，诸侯为之侧目，如此丰功伟绩，再谨慎的人也没有理由不傲视群雄。

他们撇开众人，私下密谈。

"吕公子，别来无恙。"安平君见面问道。

"托相国洪福，近来做了几单买卖，还真是顺风顺水。"吕不韦笑道。

"吕公子前来，不知对老夫有何指教？"安平君快人快语，哈哈大笑道。

"言教不敢当。不韦在商言商，但知商贾之事，识经商之理。"吕不韦拿出一双白璧，道，"譬如这块璧，可谓是难得之宝，不韦以千金得之，现已涨至两千金，请问相国这璧是卖还是不卖？"

"难得之宝，自可待价而沽。"安平君心里明白吕不韦所指，应声道。

"如果等过了一段时间，这璧涨到三千金，请问该不该卖？"吕不韦又问道。

"老夫以为还可以再等。"安平君道。

"再过一段时间，这璧涨到了五千金，请问该不该卖？"吕不韦继续问道。

"可以考虑出售了。"安平君道。

"又再过一段时间，这璧涨到了一万金，请问该不该卖？"吕不韦穷追问道。

安平君默然不语。

"不韦以为，这时持璧之人再不出手，可能危矣。"吕不韦慨然道，"拥万金之宝，觊觎者众，即便是赴汤蹈火也在所不惜。相国您说能不危么？"

安平君悚然一惊，道："有那么严重么？"

吕不韦正色道："相国仔细想一想，您受命于危难之时，经五年抗战，救齐国于危亡之时，从一个小吏一跃成为相国，功封为安平君，可谓是千金之璧一下子升值为两千金了。此时已是功高盖世，数遭忌恨了。您为相十五年，励精图治，使齐国从百废之中振兴，更是功高震主，危及自身了。这就好比白璧升值到三千金，而您坐拥其宝，仍然不甘心出手。相国您率军击退秦军，挽救赵国，为齐国既争了面子又争得了土地，何其荣矣。这就好比白璧升值到了五千金了。此时您回齐国，齐君王后及幼主又会如何待您呢？官已不能再升，地也不能再增封，能不危么？此后，您又率齐、赵之军，伐燕、伐韩，节节胜利，天下诸侯震惊，人生如此，又何其盛矣。这如同千金之璧已为万金之宝了。此时，您身价太高，已无法回齐国了。即使您灭了韩国，能自立为君么？更何况现在的韩国虽弱，却也上下齐心抗击齐、赵联军，不易得手。设若韩国如八年前一样向秦国求援，而齐、赵后援受阻，则相国纵有天大的本事，也必败无疑。身败名裂，犹如这万金之玉，一旦落地碎了，便是一钱不值了。您这把年纪了，还经得起如此折腾？不韦绝不是危言耸听，望相国三思。"

安平君越听越心惊，竟致出了一身冷汗，拱手道："闻君一席话，惊醒梦中人。还望吕公子教老夫以进退之道。"

"知止而止，终身不齿。现在当是您抽身的时候了。"吕不韦道，"韩桓惠王私下授意于在下，同意议和，割两城与齐、赵，并送您两块宝玉，这也是体面之事。明天在下就派司空马找韩王交涉。但是，司空马提醒了在下，说是韩王狡诈，好弄权术，未必会真的将两城交割。而韩国为在下之故国，也不忍其割地。到时，您只有想办法收兵了。退兵后，您只能先回赵国，到时在下一定想办法帮您脱身归隐，让您一家平安过日子。这些事情都必须做得天衣无缝才行。”

安平君抚着花白胡须，感激道：“老夫自认饱经风雨，能看破世事，真正临大事，却不及吕公子之万一，惭愧惭愧。”

“当局者迷，旁观者清。相国不必过谦。”吕不韦道。

事情正如司空马所料，韩桓惠王并不打算割地。割不割地，吕不韦倒是不在意，只是韩桓惠王这种做法让吕不韦很失望。一个国君如果出尔反尔，用尽权术与心计，如何能立信立威呢？国君如此待人，则人必如此待国君，官吏必然欺下瞒上，诸侯则不敢与之诚心相交，如此岂不危矣！

安平君田单似乎准备大举进攻，整天忙碌着。

一日，安平君与将领们骑马勘察地形时，突然从马上摔下来，摔断了胳膊，头上也挂伤出血了。

三军统帅受伤，整天迷迷糊糊，齐、赵联军只有退军回国。安平君留在赵国疗伤。

齐、赵、韩息兵，吕不韦带着韩王送的珠宝黄金回到卫国。

从谋利而言，此行倒是不虚，更重要的是让三国归于宁静。

吕不韦的珠宝生意做得轻松自在。对于生意上的事，吕不韦没有当初的热情。整天除了看书会客之外，就是与家人团聚，享受家庭的温馨。

吕鑫年岁也大了，脚行走不便，将外地的店铺全部转了出去，只在濮阳保存两家，一家为布帛店，一家为食盐店。无事时，便到店里转转，算是不忘本行。只是近年来对吕不韦不守训示参与政事越来越担心了。

吕熙老爷子年岁大了，身体倒硬朗，经常满面红光。

除了吕不韦手下人从外地带来的消息有些新奇外，一家人生活过得平平淡淡。

转眼过了半年，到了周赧王五十一年（公元前264年）春，从邯郸传来消息，说是秦军又在集结，准备攻赵。赵太后见安平君已伤愈，举行盛大仪式拜安平君为相国。无奈之下，安平君只好应承。

或许是秦军惧畏安平君，于是转而攻韩。秦武安君白起率大军一举攻破韩国九座城池，斩首五万，再拔韩陉城。天下诸侯都当韩王无诚信，不愿出兵相救。这时的韩桓惠王全没了脾气，只好俯首向秦国求和，又是割地，又是纳贡，求得片刻的和平。

吕不韦听到这则消息感叹道：人付出的是什么，得到的是什么。好弄权术的人，终将害了自己。

但是，从楚地传来消息却让吕不韦兴奋不已。消息说是规模宏大的楚襄王陵墓已竣工，楚国上下正在四处搜集珍宝，江湖传闻流失已久的随侯珠和七星龙渊剑重现。

吕不韦除了收集珠宝外，还有一个爱好就是收集宝剑。收藏了一屋子剑，却还没有收到一把名剑。

天下有十大名剑：第一为轩辕剑，是黄帝所铸，为圣道之剑；第二是湛泸剑，欧冶子所铸，为仁道之剑；第三是赤霄剑，相传为赤龙所化，为帝道之剑；第四是泰阿剑，欧冶子与干将联手所铸，得天时、地利、人和三道归一，为诸侯威道之剑；第五为七星龙渊剑，欧冶子与干将联手所铸，俯视剑身，犹如登高山以临深渊，缥缈深邃之处如有巨龙盘卧，为诚信高洁之剑；第六第七为干将、莫邪剑，为干将莫邪夫妻所铸，为挚情之剑；第八为鱼肠剑，专诸将之藏于鱼腹刺杀王僚，为勇绝之剑；第九为纯钧剑，欧冶子承天之命与众神所铸，为尊贵之剑；第十为承影剑，列子激赏铸于商朝，为精致优雅之剑。

吕不韦对天下名剑知之甚详，追慕已久。这些名剑要么藏于诸侯深宫，要么随葬于地下陵墓，要么失落民间，极难得到。他听说承影剑为本卫国人孔周所得，于是费了许多心思，遍访孔周后人，最终没有查到去向。

一听说七星龙渊剑现身，吕不韦就心血沸腾。无论结果如何，他都要到楚地去探寻一番。

楚国国都陈郢远不及临淄、邯郸繁华，倒显出几分古朴。

陈郢原为陈国的都城。陈国国君本妫姓，妫姓出自姬姓，为黄帝与女英所生商均之后。至妫满时，妫满娶周武王长女太姬，于前 1045 年受封于陈，建都宛丘（今河南淮阳），以奉舜帝宗祀。前 478 年，楚惠王派公孙朝灭陈为县。楚顷襄王二十一年（前 278 年），秦国大将白起率军攻占楚都鄢郢（今湖北宜城东南），焚烧了楚王的坟墓夷陵（今湖北宜昌西南），楚顷襄王只好退到陈，以陈为都，仍称为郢，人称其为陈郢。

当吕不韦一行徜徉在陈郢街头时，心中常常觉得这楚国有着许多不可思议之处。

这楚国国君的先祖出自上古帝颛顼氏高阳。高阳为黄帝之孙，昌意之子，其曾孙名重黎，为帝喾主掌火正，被封为祝融氏。共工作乱，祝融氏出征，未能彻底击败共工氏，被帝喾斩首。重黎之弟吴回继承兄职，为火正，亦称祝融氏。

吴回死后，其子陆终承袭火正之位。陆终有六子，均为裂腹而生。长子名昆吾，次子名参胡，三子名彭祖，四子名会人，五子名曹姓，六子名季连。六个儿子开支发孙，各成一族，然在战乱中唯季连一族仅存。

季连的后代屡遭异族侵伐，到商周之际，偏居东南蛮夷之地，已是衰微无闻。

周文王时，季连的后代中出了一位名叫鬻熊的贤者，受到周文王的重用。鬻熊对周文王忠心耿耿，像儿子侍奉父亲一样侍奉周文王。

鬻熊的儿子名丽，因其父为贤者，遂以父名为姓，称为熊丽。熊丽仍居蛮夷之地，生子名狂，狂生熊绎。此时周成王即位，天下安宁，国库充足。为追念先王之功，遂四处访求文王、武王时勤劳王室的功臣后代。熊绎因曾祖父之功，为子爵，被封于楚地，都丹阳，领有五十里地。

熊绎苦心经营楚地，虚心向中原学习农耕渔猎之法，整修战车，屡败周围蛮夷之族。周成王对熊绎大加赞赏，特赐其为芈氏，故熊绎又称为芈绎。

熊绎去世后，其子熊艾继位，代代相传，俱能恭敬周室，谨守礼法。

但是，到了第六位国君熊渠继位时，情形发生了变化。此时正是昏庸的周夷王当政，许多诸侯已不肯去王都朝见天子。江汉之间的诸侯互相争战不休，时时侵伐楚国。

熊渠野心勃勃，胆识过人，精于兵战之事，数年之间，已征服江汉之间的诸侯，扩地千里，拥兵千乘，成为名闻天下的大国。

熊渠临死时，将子孙们召到跟前，嘱他们富国强兵，北图中原，王于天下。楚国后代君主牢记熊渠的遗训，开垦荒地，吸纳中原流民，广征山泽之利，国家比以前更为强盛。然而周室正当宣王即位，励精图治，上下齐心，隐然现中兴气象。

楚国虽然日益强盛，却不敢轻举妄动，一直到第十六代国君熊通即位，才获得大肆扩张的机会。熊通自立为王，是为武王。

楚武王之子熊费即位，是为文王。为了便于攻击汉东诸国，楚文王将都城由丹阳迁至郢地。

楚国东临云梦大泽和绵延无尽的大别山，西阻高耸入云的秦岭和峭山，只有通过随、申、邓三国，才能进入中原。

经过十余年的努力，楚国终于灭掉申、邓两国，打通了北进中原的道路。

其后，楚成王任用子文、屈完、斗章、斗班诸贤臣，一改楚国专以严刑治国之法，对百姓广施仁德，减赋税，免征役，一时国中大治。楚成王致力向南拓展，征服巴国和百濮诸南蛮，扩地千里。

楚悼王时，任用吴起变法，楚国日益强大。后遭内乱，有所削弱。

至楚怀王时，累受张仪所惑，被秦国攻击，逐渐走向衰落。

与其他诸侯不同，楚国从一个五十里地的小国崛起为一个大国，确实是一个奇迹。更令吕不韦难以理解的是，楚国一方面受人欺凌，一方面又欺凌别国；一方面内乱不已，一方面向外扩张；一方面多次削弱，几至亡国，一方面却能顽强崛起，称雄称霸。这样的国家似乎血液里流淌着倔强与不屈，并且于艰难困苦中散发出几分快乐、纯朴与浪漫。

吕不韦在陈郢城里与达官贵族和商贾几经接触，并且派司空马等人到处打探。最终得到消息：张仪曾经送给郑袖那块价值万金的白玉已随葬到楚怀王的墓里去了，随侯珠在秦军焚烧夷陵时失落民间，那七星龙渊剑传闻隐现江湖。吕不韦要司空马等人四处打探。

过了几日，司空马在一个僻巷中访得曾经救过伍子胥那渔翁的后人。伍子胥在吴国为相时，为报渔翁之恩，访得渔翁之子，留在身边。后来伍子胥被夫差赐剑自杀，伍子胥十多个儿子都四散逃难，渔翁之子持伍子胥自杀的那把剑隐姓埋名逃到了陈。

渔翁的后人一直收藏着这把剑，总怕不祥，想献给王宫，又怕引来横祸，经常担惊受怕。后见司空马是从卫国来的，倒也放心，才拿了出来愿意出售。

吕不韦一见这剑冷华内敛、寒气逼人，便知是一把好剑。剑上刻了两个蝌蚪文字，名曰：属娄。以指弹剑，声音清雅，回音杳杳。

吕不韦以三十金购得，满心欢喜，令司空马继续打探随侯珠和七星龙渊剑下落。

吕不韦陈郢之行，不只是为了寻宝，还有一个重要目的，就是拜见宋玉、唐勒和景差，这三人都是大夫，在楚国的地位并不显赫，文章却是传遍了诸侯各国。或许因为屈原遭逐的原因，此三人在政治上不敢有所作为，后人评说这三人“皆祖屈原之从容辞令，终莫敢直谏”。但其辞赋卓然于世，与《诗经》风格截然不同。

吕不韦拜访景差。这景差，芈姓，景氏，名差，为楚国贵胄之后，年龄比吕不韦稍长，优雅自持，所作《大招》，文字优美，充满享乐、高雅的贵族气质。景差只谈辞赋，不谈政事，显得老成持重。

唐勒与景差同岁，与宋玉同为顷襄王诗词侍从。其辞赋锦绣，令人遐想留恋。做人十分低调，绝不言及政事。

只有与宋玉相交，吕不韦才有知心的感觉。

宋玉出生于楚怀王二十八年（前 301 年），比吕不韦大九岁，但早以辞赋和美貌闻名天下。吕不韦一见面，就觉得宋玉面目俊朗，轮廓分明，气色红润，声音中厚富有磁性，一举一动都有神仙体态，仿如画中之人似的。

“人说宋大夫美男，尤不信。今日见面，真是神仙一般，太令人羡慕了。”吕不韦真诚地赞美道。

“吕公子见笑了。天生造化，各有千秋，有何羡慕之有？”宋玉似乎与吕不韦一见如故，调侃道，“说羡慕，宋玉倒是要羡慕吕公子，不在官场之中，不受俗礼约束，高堂美妻娇儿相伴，其乐融融；四海珠玉财宝辐集，任我取舍；高朋知己宾客遍天下，足以畅怀；从容于诸侯之间，穿梭于闾里之中，遨游于名山大川，得意于谈笑之时。人生能如吕公子者能有几人？”

吕不韦惊叹宋玉文思之敏捷，辞令之娴熟，待人之友善，当即应声道：“宋大夫真不愧为三闾大夫高足，口若悬河，才华横溢，愚弟望尘莫及。看来这人与人之间，既有天生的差异，也有后天的悬殊。愚弟唯有以勤补拙，不敢妄语天下事。只是有些事情郁积在心，想向宋兄请教一二，还望宋大夫不吝赐教。”

“吕公子但有所问，宋玉当知无不言，言无不尽。”宋玉笑着道，“夫子有云：善问者如攻坚木，先其易者，后其节目。吕公子可从易处入手，不要太难为宋玉就是。呵呵。”

“宋大夫跟随三闾大夫多长时间？”

“屈先生对宋玉有知遇之恩，再造之德。宋玉小时懵懂，十岁时幸遇屈先生，随入鄢郢，至屈先生最后一次放逐，中间达七年之久。屈先生无论公事如何繁忙，也不计宋玉愚钝，经常耐心教诲，使宋玉无论辞赋与心智都焕然一新。”

“三闾大夫生前著作甚丰。余读《天问》、《九歌》、《九章》、《招魂》，与《诗经》《春秋》风格截然不同。或人神之恋，或狂怪之事，或远古历史传说，或与天神怪游。神与人共性，赋、比、兴一体。色泽艳丽，情思馥郁，气势奔放。起伏回宕，一唱三叹，韵致致极。可谓开一代风气。不知三闾大夫是如何能有此才思的？”

“屈子是一个热情、率直而又才华横溢之人。居于楚地，楚民与北方之民不同，很少受宗法思想束缚，民性强悍而活泼，方言丰富，民间歌舞、巫祝非常活跃，这为屈子提供了丰富的写作材料。屈子善于从乡土气息中吸取营养，将自己的理想、遭遇、痛苦寓于其中，语言精练，辞藻华美，传神状貌，极富表现力，这是人所不及之处。”

“‘路漫漫其修远兮，吾将上下而求索。’‘长叹息以掩涕兮，哀民生之多艰！’‘亦余心之所善兮，虽九死其犹未悔。’‘青云衣兮白霓裳，举长矢兮射天狼。’‘与天地兮同寿，与日月兮齐光。’”吕不韦吟诵道，“屈子之赋，其忧国忧民之心，可光照日月。然而，余读‘举世皆浊我独清，众人皆醉我独醒’，‘心郁郁之忧思兮，独永叹乎增伤’，‘吾不能变心以从俗兮，故将愁苦而终穷’，则渗透着清高、怨愤、伤感、悲世之意。屈子欲倡美政、举贤能，却遭谗言而放逐，以辞赋吐怨声，余以为未必可取。”

“世人之智与才尤如楚歌，歌下里巴人则和者众，阳春白雪则和者少，含商吐角则和者稀，其曲弥高，则和者弥寡。善歌者该唱何歌，必视听者而定，通权达变，曲径通幽。”宋玉叹息道，“屈子之志曲高和寡，难容于当世，满腹心事唯向渔翁倾诉，一腔热血化作汨罗烟波。能无怨乎？能无恨乎？”

屈原数谏楚怀王，怀王听信谗言，反而放逐屈原。襄王继位后，令尹子兰担心屈原复出，再进谗言于王，屈原从此不复用。忧愁积聚，最后投身汨罗，令后人扼腕叹息。

“怀王不听屈子之言，最终受辱而客死秦国。屈子见逐，非屈子之难，乃怀王之失。怀王有知，当悔之矣。世传襄王能乐爱赋，才情非凡。却为何疏逐屈子却倚重宋大夫？”吕不韦问道。

“子兰为怀王之子。子兰曾力劝怀王入秦。怀王死于秦，太子熊横从秦回国继位，是为顷襄王，这是子兰没有想到的。襄王继位时，以其弟子兰为令尹。屈子这时已回郢都，曾当庭指责子兰应对怀王入秦负责，令子兰十分恼怒。子兰指使上官大夫靳尚在襄王面前造谣诋毁屈子，使屈子再次流放。襄王初识臣时，以为会与屈子一样的耿直。然余与景差、唐勒但言文学，不及政事。这倒投了大王爱好。”

“世人但知三子为襄王宠爱之侍臣，整日陪大王宴乐游玩，有屈子之文才，无屈子之气节。然而余读过宋大夫的《高唐赋》、《讽赋》、《风赋》、《对楚王问》、《神女赋》，篇篇为美文，处处是神笔，字字透讽谏，与景差、唐勒大不一样。”

“大王少时尤有勇力，好美色，多才艺，故在秦为质时，与人争斗而致人命。即位以来，忘了家仇国恨，疏于治政，沉湎于乐舞文章，可谓才艺之君。为君三十五年了，国土日削，累迁国都，令人痛心。如此世道，余不能学屈子不顾身家性命去直谏，只有以美文相谏。吕公子读过《神女赋》，余在赋中极穷渲染巫山神女之艳丽，令闻者莫不倾慕。然而，无论是为君还是众生，欲得此神女以承欢，难矣。想我楚国大好河山，实比神女更动人，然而，谁能为之倾倒，谁能为之呵护，谁能与之长相守？世传楚王有梦，神女无心，余心意以为楚人有梦，楚王无心。大王读此文当能解余意，可是，今日之大王，已是心老力疲，恐怕来日无多了。”宋玉忧心道。

此时，吕不韦心中完全明白了宋玉的心情与处境。乱世之中，一个风华正茂的才俊，能够自保已是不易，又无法自辩，世人求全责备，真是太难了。

“以不韦所知，楚国当政者多是贵族，当年吴起欲更旧弊端，因触犯了贵族利益而遭射杀。楚国欲重振雄风，除非有杰明之君出世。当今楚王虽宠文人，只图锦绣文章而已。如若楚王仙逝，而继承者不喜文章，则宋大夫何去何从呢？”

何去何从？宋玉也常常自问过，然而自己除了文章，却没有经天纬地之才，又能得到哪一国君所重用呢？何况自己在楚国也算是与世无争，想必能在夹缝中图得一席之地。

“楚王于我有知遇之恩，我祖辈世代居楚，有故土难离之情。人生如白驹过隙，失意也罢，快意也罢，当知随遇而安。”宋玉一脸轻松道。

看来宋玉对自己的未来充满了信心，吕不韦不便多言，提议道：“不韦亦倾慕神女，今日难得机缘，想与宋大夫歌之舞之，如何？”

宋玉立即叫来乐师和舞女，载歌载舞，演绎《神女赋》。吕不韦也跟着宋玉踏节而歌：

> 夫何神女之姣丽兮，含阴阳之渥饰。
> 披华藻之可好兮，若翡翠之奋翼。
> 其象无双，其美无极；
> 毛嫱鄣袂，不足程式；
> 西施掩面，比之无色。
> ……
> 貌丰盈以庄姝兮，苞湿润之玉颜。
> 眸子炯其精郎兮，多美而可视。
> 眉联娟以峨扬兮，朱唇的其若丹。
> ……

唱罢舞罢，宋玉与吕不韦两人相对畅怀大笑，似乎人生之快意，莫有胜此者。

回到馆舍，正待上床歇息，钟雄兴冲冲地从外归来。

“吕公子，我给你找到随侯珠了！”

“找到随侯珠了？”吕不韦与司空马等人大为兴奋。

钟雄引见随来的两人道：“这是我家吕公子，这两位是名震江湖的侠客僚子和湖湘子。”

“拜见吕公子。”两位侠客行礼。只见僚子生得异常威猛，而湖湘子则十分清秀。

“两位大侠辛苦了，到这来不必拘礼。”吕不韦立即吩咐上茶果点心。

钟雄曾经落草时认识了许多江湖侠客。他通过江湖人士终于打探到了随侯珠在僚子和湖湘子手中，并找到了他们。

“楚王四处求宝，我们都没有献给他。闻知吕公子乃人中之龙，才识过人，懂宝识宝，方随钟兄前来拜会。生意成与不成都是次要的，能结交吕公子乃我等幸事。”湖湘子说话带楚地之音，显得十分精干。

“蒙兄长抬爱。我吕不韦一向重情义，最看重行侠仗义之人。来，我敬两位一杯酒，从此我们就是兄弟了。今后无论何时何地，只要是兄弟之事，我吕不韦当尽力而为。”吕不韦端起杯，一饮而尽。

“好。为了我们兄弟情分干杯！”湖湘子与僚子亦是一口喝干。

钟雄急于让吕不韦看随侯珠，便道："两位兄弟可否让吕公子先看看宝珠，也让我们开开眼界？"

"行。"僚子随即从贴腰处解下一个布包，从里面拿出一个珠子来。

吕不韦接过珠子，仔细观看，只见这珠子有鹅蛋般大，纯白色，质地细腻而润滑。

吕不韦将珠子放到桌子上，对钟雄道："钟兄将蜡烛都移到隔壁去。"

移走蜡烛，只见这珠子发出光亮，满屋生辉。众人大为惊奇。

"这必是与卞和璧齐名的随侯珠！"吕不韦大喜。

这随侯珠大有来历。相传春秋时随侯出行，到一丘地，见大蛇被打成两断，却未死。随侯前去观看，只见这蛇颇有灵异，便命随行者用药救治，蛇立即能活动。一年后，随侯乘船时突遇风浪，这大蛇现于水中，衔大珠献上。故名随侯珠。

公元前706年，随国败于楚国，国灭，随侯珠落入楚武王之手。此珠后与楚王随葬。

楚顷襄王二十年（前279年），秦分两路大军攻楚，破楚重镇鄢，次年破国都郢，西烧夷陵。夷陵为楚先王陵墓区，随侯珠从此失落不知去向。

"不知二位兄弟是如何得到此珠的？想来也是经历了许多艰辛。"司空马问道。

"此事说来话长。当年秦军攻陷夷陵时，楚先王陵墓中之物被抢掠一空。我们兄弟当时便在秦军中。众人抢金抢银，我们只拣两三件重要的宝物藏了下来。此役后，我们便趁机逃走，隐姓埋名，混迹江湖了。"湖湘子说道。

"还是两位兄弟有识见。只是不知出手此珠要价多少？"司空马道。

湖湘子与僚子到一边商议了一会儿，回来说道："按说这随侯珠是无价之宝，其价不可估量。但是，这东西带在我们身上也是累赘。既然吕公子将我们当兄弟看，我们也不好开口要多少，就两千金吧。"

"行。谢谢兄弟看得起我吕某。"吕不韦高兴地道，"我吕某今日即结识两位侠士，又得此异宝，可谓双喜临门。摆上酒菜，今日当做彻夜之欢。"

随从连忙张罗酒菜，众人开心痛饮。

第七章 游历秦国

Biography
About Lü Buwei

回到濮阳，吕不韦整日埋头在书房里阅读从宋玉那里带回来的书简，时而击节叫好，时而长叹。好一阵子脑子里都是想着屈原的事儿，都是宋玉的影子，几致废寝忘食。

“相公有了书，连家人也不要了，饭也不吃了，成仙了么?”梦萦嗔怪道。

“此次陈郢之行，着实让我感慨良多，满脑子都挥之不去。我在想，这屈原其才可贵，其情可悯，可谓有士节。可呕心沥血著《离骚》，书怨愤之情，于世又有何益呢？宋玉才高八斗，锦绣文章，盖世无双，可为求自存而虚与委蛇，于己又有何欢？这些文章之君，能写能说，却无治国之韬略与魄力，岂不是误国误民?”

“相公说得在理。我君父的文章也写得很好，可卫国只能在夹缝中苟延残喘。相公有济世安民之心，有感而发，何不将这些想法记下来。天长日久，于自己是一种积累，于世人或有所裨益。”

“知我者，贤妻也。”吕不韦激动得一把搂住梦萦公主，害得梦萦公主羞红了脸，急忙推开，道，“孩子都这么大了，叫他们看到了羞不羞?!”

此后，吕不韦便将所思所想，书于布帛。

“豪士之自好者，其不可漫以污也。当理不避其难，临患忘利，遗生行义，视死如归。此之士节，屈子之谓也。”

“亡国之主，不可以直言。”

“凡遇，合也。时不合，必待合而后行。孔子周流海内，再干世主，仅至于鲁司寇，不遇时也。宋玉屈己以事乱世之君，虽我不为也。”

……

一日，吕不韦正在书房里遐思，门人来报，说有一个商人带着两个随从前来拜访。

吕不韦一见面，大吃一惊，原来商人打扮的竟是安平君田单。田单不是在赵国为相么？

“故人王夷伯前来拜见吕公子。”田单以眼神示意，拱手朗声道。

“呵呵，原来是贵客临门，难怪早晨听到喜鹊叫呢。”吕不韦马上反应过来，热情地握着田单的手，上下打量道：“多时不见，先生容光焕发，想必近来生意兴隆，获利必丰，晚辈给先生道喜了。”

“哈哈。这世道上有赚不完的钱，发不完的利，老夫经商一辈子，颇有收获。”田单道，“俗语曰，知止而止，终身不齿。该收手时当收手。赚钱的事是你们后生辈的事了，老夫路过此地，前来叨扰吕公子。”

“夫子云：有朋自远方来，不亦说乎。先生能到晚辈处，是晚辈的福分。快请进。”吕不韦亲热地为田单引路，热情招待。

用过餐后，吕不韦与田单两人在书房里密谈。

“相国如此打扮，以不韦推想，莫不是想做陶朱公第二么？”吕不韦笑道。

“老夫如此作为，全仗贤侄提醒。”田单道，“想我在齐为相多年，除了要受些国君指使外，无人可在老夫面前称雄。如今虽有恩于赵，然而，赵主之侧，文有赵胜、蔺相如，武有廉颇、赵奢。老夫在赵为相，岂能有在齐时风光么？此时不隐退，更待何时？”

“先生久经宦海，能激流引退，给世人留有战无不胜、累建奇功的英名，实在难得。晚辈钦佩之至。”吕不韦肃然起敬道。

“世人为名所累，为利所羁。老夫离开仕途，方知什么是无官一身轻。”田单声音中厚，显得十分轻松。

“不知先生下一步作何打算？”吕不韦道。

“老夫历经沧桑，想安享晚年，所以必须改名换姓，不露行踪。”田单压低声音道，“老夫早年游历江南，知那吴越为形胜之地，风景如画，鱼米之乡，远胜于中原腹地。”

“晚辈新从陈郢来，只是来去匆匆，未能去吴越一游。以后有先生在江南，晚辈一定去看看，到时也有一个好地方落脚。”吕不韦对江南很神往，转话道，“先生此行，只要用得着晚辈的地方，先生尽管吩咐。”

“老夫与公子在临淄一见如故，知道公子是可以托付之人。”田单道，“隐行如打仗，不可不慎。老夫离开赵国相府时，带了点珍宝和黄金，其他东西一概未带。为了郑重起见，老夫只带着了两个贴身侍卫，轻车简从，将珍宝黄金全部寄存于公子在邯郸的珠宝店里。老夫考虑以吕公子的名义，将这些东西运出来，自然方便得多。老夫在江南落脚后，再请公子将这些财宝运来。另外，老夫得到了一部《鬼谷子》，也寄存在邯郸。老夫读此书，颇受启发，知公子爱书，想赠予公子，不知公子喜欢否?”

“我吕家资财虽不敢说敌国,但在商道上的信誉和能力,还是非常自信的。先生尽管放心,晚辈一定会将这些珍宝黄金如数运归先生,绝对不会有丝毫损失。”吕不韦道,“先生赠《鬼谷子》一书,确实令晚辈高兴。晚辈嗜书如命,先生最为知我。”

吕不韦给田单敬了一杯热茶,歇了一会儿,道:“先生家眷都在临淄,不知先生如何安排?”

“他们目前没有什么危险,暂时不需要惊动。等老夫安顿好了,再想办法让他们辗转南行。”田单道,“老夫的两个儿子才智平平,没有吕公子这般大志向、大智慧、大魄力。到时候可能还要烦请吕公子费些心思,让他们平安南行相会。”

“先生过谦了。将门虎子,令公子个个都有乃父之风。我吕不韦当以兄视之。”吕不韦突然问道,“不知令孙辈有几人?不韦想攀高与先生结为姻亲,不知先生意下如何?”

“哈哈哈!”田单非常开心地笑道:“老夫见公子长女平安长得聪明可爱,甚是喜欢。老夫为安平君,令爱名平安,岂不有缘!老夫长孙陵儿比平安长三岁,正好合适。老夫已是山野之人,公子这般看得起老夫,看来老夫今生有幸可以四代同堂了。”

“既然先生中意平安,这门亲事就这么定了。”吕不韦满心高兴,道:“平安能有这么好的归宿,在下自然欣慰。请亲家翁在这里多住几日,在下也好请教。”

“来日方长。”田单道,“趁这几日天气好,老夫还是早点南下为好。”

吕不韦知道田单是怕暴露行踪,不好挽留,真诚地道:“亲家翁对晚辈总是鞭策、鼓励,让晚辈对世事有莫大的信心。晚辈有个不情之请,想以后请先生能够留在晚辈身边,早晚教诲,晚辈必将受益无穷。”

“看到吕公子年轻,朝气勃勃,性情豪爽,老夫倒是想与公子相随,一言一策或可于公子有所裨益。只是目前还不行,老夫一时退隐,世人关注,必然会让公子处于风口浪尖。再说这些年奔波,老夫也累了,真的想好好休养一番。过几年,等风平浪静再说吧。”

吕不韦想想也是道理。

这一老一少,在书房里聊了很久。

第二天,田单与两随从远行,吕不韦策马送了很远才回。

之后,吕不韦着人将田单在邯郸的财宝运回濮阳,又辗转运往江南。

诸侯之间,永远没有平静的日子。

秦国在范雎为相后,彻底改变了四面出击的策略,铆上了诸侯之中最弱离秦国最近的韩国,连年攻韩。秦昭襄王四十四年(公元前263年),秦王又以武安君白起为大将，派大军攻韩国南面的重镇南阳，太行之道危急。

韩国受攻击，而诸侯各国却袖手旁观。据陈郢传来的消息，楚顷襄王的病却越来越严重了。

诸侯各国将何去何从？我吕不韦将如何作为？

吕不韦常常为之忧心。

这时正是春暖花开的季节，太阳出来暖洋洋的，园子里的柳树抽着嫩芽，孩子们在园子里追逐嬉戏。

吕不韦早上外出处理些事务，未到中午就回到了家里，一头钻进了书房。正当他站在书房里遐思时，一位童颜鹤发的儒者来访。

吕不韦一见面，未等来客开口，便迎上去，大喜道："荀先生远道而来，稀客，稀客，快请。"

吕不韦引荀卿与吕熙老爷子、吕鑫相见，甚是欢畅。

"我韦儿从临淄回来，每天都捧着荀先生的书简不放，每天都在念着荀先生，说当今天下，最敬佩的人就是荀先生了。"吕熙八十多岁人了，精神依然健朗。

"韦儿最爱寻思理儿，拿荀先生的话问我们：'君子能则人荣学焉，不能则人乐告之；小人能则人贱学焉，不能则人羞告之。'是不是每个都是这样呢？为什么盗跖在世有许多人跟随呢？'人之性恶'，小孩子从出生，除了吃之外别无所求，能害人么？等等。荀先生这些道理，我们如何去想得清楚明白，这不让我们头痛么？这下好了，荀先生来了，韦儿可好好向荀先生请教，别让我们头痛了。"吕鑫话一落，大家开心地笑了。

"好学善思，这正是吕公子过人之处。"荀卿道，"书是用来明理的，这理不辩不明。今后老夫可与吕公子多切磋切磋。"

"好啊。荀先生在此多停留些时期，晚辈好随时请教。如果荀先生放得下名利场之事，不嫌弃这里简陋，能长住这里，那是最好不过的事了。"吕不韦道。

"老夫并不是留恋官场。只是老夫一生所著乃治平之理，不在官场，便不知况中之味。"荀卿道，"齐国自襄王去世后，安平君在赵为相不知所终，齐王建才智平平，现在是君王后辅政。君王后虽有才智，毕竟为女流之辈，没有雄心壮志。其族弟后胜得志，贪婪横行。老夫进谏，却遭忌恨，老夫只好离开齐国。恰秦相范雎相邀，老夫想游历秦国之后，再择一处地方落脚，颐养天年。"

"先生要游历秦国，晚辈也想去，只是内人有身孕需要照顾……"吕不韦急切想去，却又紧眉头，摇头道，"还是下次再说吧。"

"韦儿能随先生同去是最好不过了，你那满肚子的疑问随时可以向先生请教。再则，族弟吕礼一家在秦国，这么些年没通音讯了，韦儿也可去探望探望。"吕熙道，

“公主也还只有三个来月身孕，你这来去，也只有两三个月时间，家里有人照顾，也不要紧。韦儿可与公主商量商量。”

吕不韦回屋与萦梦公主一商量，公主是识大体之人，非常支持，令不韦好生感动。

吕不韦带着司空马一行人与荀卿同行。一路上，吕不韦与荀卿说起来没完没了，话题涉及为君之道、强国之道、富国之道、修身之道、致士之道等等。吕不韦有时与荀卿探讨，有时争论，有时则是钦佩。司空马在一边听着，不时而插上一二句。

从与荀卿的交谈中，吕不韦对荀卿的思想有了更深的认识与认同。

让吕不韦敬重的是，荀卿每到之处，经常下马与农人、商人、手工业者交谈，了解当地的民风民情。

一日，在魏境内的农地上，见一家人在干农活，一个老妇人，一个中年妇女和两个少年人。

荀卿下马，与老妇人交谈。

“老人家，您这么大年纪了，还在干活？家里怎么没见男子出来做事？”荀卿问道。

“客人，您不知道？男人成人后都要去打仗。我男人打仗打到四十多岁，就战死了。我两个儿子，大儿子十年前与秦国打仗，被俘后活活沉到河里死了，还不到三十岁，留下孤儿寡母。小儿子也在军中。”老夫人一脸的皱纹，干涸的眼神，似乎已经没有哀伤。

“老人家，一家人现在还能吃饱饭么？”荀卿又问道。

“只要不打仗，一家人勤劳，也还可以勉强糊口。”老妇人回答道。

从老妇人一家人蜡黄的面色来看，平日里看来过得很辛苦。吕不韦一下子想起屈原的“长叹息以掩涕兮，哀民生之多艰”的句子。但是，从荀卿脸上却看不到哀伤。人与人的心境是大不一样的，吕不韦心想。

“老人家，我看您孙子也慢慢长大了，日子会一天比一天好起来的。”荀卿安慰道。

“以前年年打仗，现在三年没打仗了，我们过了三年的太平日子。也不知道什么时候又会开仗？”老妇人眼神有些亮色，道，“我魏国信陵君可是大能人。听说这信陵君可是上天派来的，有三头六臂。只要信陵君在，就能保佑我们过上安稳日子。”

“老人家，好好保重身体，一定要多看看太平日子。”荀卿告别老妇人。

离开这一家农人后，吕不韦对荀卿笑道：“这老妇人将信陵君当做神人。”

“民间期盼过上太平日子，向往有神人来庇佑他们，这是一种精神上的寄托。”

荀卿道,“不过,这信陵君确非一般的王公贵胄。听说他礼贤下士,门客众多,而且精通兵法,多智谋,深孚众望。我们过大梁时,倒要去好好拜访一下。”

“闻名不如见面。我们一定要去见识见识。”吕不韦兴奋道。

众人快马加鞭向大梁城奔去。

一到大梁城夷门,只见城门口聚集了许多人。

叫人前去一打听,原来是信陵君魏无忌大设筵席大会宾客,等客人来齐后,却带着车马和随从,亲自到夷门来接守门的小吏侯嬴。

吕不韦与荀卿近前,只见信陵君下车,恭请侯嬴上车。这侯嬴却毫无谦逊之色,径直坐上魏无忌空出的上座。

吕不韦感到诧异,与荀卿一同跟在信陵君车队后面。

信陵君的车队来到了一处街市,侯嬴下车去会见朋友朱亥,与他旁若无人地交谈。而信陵君则手执马缰在一边等待。

等了许久,吕不韦都有些不耐烦了,可他感到奇怪的是,这信陵君却是一脸的和悦之色,没有半点怨意或虚假。这份涵养与胸襟,确实令吕不韦佩服。

随车到了信陵君府第,魏国的将军、相国、宗室和贵宾们都在门外迎接。这些人等了许久,却见信陵君恭迎的是一个小吏打扮的老者,都露出不屑的神色。

信陵君却在侯嬴面前一直是恭恭敬敬。

很快,整个大梁城里的人们都在议论这件事。有一些不同的说法,但大家普遍认同的观点就是,信陵君又发现了一个很了不起的隐士。

第二天,吕不韦与荀卿去拜访魏无忌,魏无忌大喜,当即设宴盛情款待。

“荀先生为稷下博士之首领,名满天下。今日下榻,令无忌喜出望外。”魏无忌执礼甚恭,又道:“吕公子为商贾中的奇葩,腹藏万机,人中龙凤,无忌好生钦羡。”

“信陵君才智超人,胸怀博大,有才之士,无论贵贱,皆能诚心接纳,有圣人风范。”荀卿道。

“先生过奖了。无忌对先生的书曾拜读过几册,钦佩之至。尤其是《劝学篇》中云:‘君子博学而日参省乎己,则智明而行无过矣。’又云:‘君子生非异也,善假于物也。’又云:‘积善成德而神明自得,圣心备焉。’真是至理名言。无忌自知才疏学浅,悟先生之言,所以广交贤能,旨在弥补自身不足,绝不敢以圣人自居。”

魏无忌对《劝学篇》精彩之句的引用,让荀卿十分感动。大家推杯换盏,非常高兴。

宴会上,魏无忌盛邀荀卿与吕不韦到魏国为官,被婉拒。

宴会后,荀卿提出与魏无忌私下有事说,于是,魏无忌引荀卿、吕不韦进入密室。

“荀先生此来,对无忌必有所教益。”信陵君道。

“不知魏公子读过老夫的《天论篇》和《正论篇》没有？”

“读过。但是，不甚理解。”

“老夫在《天论篇》开篇明义：‘天行有常，不为尧存，不为桀亡。应之以理则吉，应之以乱则凶。’这天道运行之律，不因任何人的存亡而改变。但是，人们可以去认识、掌握、控制和利用。魏公子明白老夫的意思么？”

“无忌愚顽，还望先生明示。”

“天下纷纷扰扰已久矣，必成一统，这也是自然之律，任何人也无法改变这一大势。魏文侯时，魏国雄居天下，无人敢与之为敌，本具有统一天下之力。然而，魏惠王时因马陵一役而魏势日衰。当今天下，魏国也还不是太弱，如果能够把握好时机，完全还有复兴的机会。”

“无忌一直想重振魏国雄风，这也是我广招门客的原因。现在正召集门客编辑一部兵书。只是先生所提及一统天下，无忌倒没有想过。”

“老夫在《正论篇》提到，世俗之为说者曰：‘桀、纣有天下，汤、武篡而夺之。’以魏公子之意，是否也是这样认为？”

“先生虽不信命，然而，天下传袭却有成例。除非天要亡之，否则，不能逆而夺之。”

“魏公子也囿于成见，畏于人言矣。桀、纣，民之怨贼，汤、武，民之父母。以有道诛无道，兴天下之同利，除天下之同害，是为圣人，何谓篡？故老夫在书中道：‘国者，小人可以有之，然而未必不亡也；天下者，至大也，非圣人莫之能有也。’魏公子明白其中之意么？”

魏无忌一听，有些惶恐，道：“为臣者，守臣道，有所为，有所不为，无忌之愿也，不敢以圣人自许。”

“以魏公子之名令，必遭猜忌。如果只想守臣道，恐怕也难。还望公子珍重。”荀卿叹了口气，告辞离去。

第二天清晨，吕不韦与荀卿一行启程西行。

在途中，吕不韦与荀卿探讨臣道。

“晚辈以为为君难，为臣更难。读先生之文章，却还缺一篇为臣之道。”吕不韦道。

“老夫正有此想法。当今乱世，国君之才智系一国之安危。而圣君却难遇。庸君多误事，甚至危及自身。在君有过且危及社稷之时，社稷之重臣或谏、或争、或辅、或拂。进言不用则去，谓之谏，伊尹、箕子是也。进言用则可，不用则死，谓之争，比干、子婿是也。不能听，则集群臣百吏之力纠之，谓之辅，周公是也。知不听，则抗君之命，窃君之重，除君之辱，匡君之过，谓之拂，周、召是也。从道不从君，就是这个意思。”

“以先生之见，信陵君何许人也？”

“安釐王魏圉与信陵君虽是异母兄弟，性情却大不相同。安釐王才智平平，性情褊狭，好猜忌。信陵君有圣君风范，却以臣道自守，此为魏国之不幸。然而，魏国有信陵君，诸侯不敢小觑，必然能保平安。危难之时，能解危救魏者，必然是信陵君。信陵君多智谋，有气节，关键时刻必以国家为重，可为辅臣，可成拂臣。”

“先生之书，晚辈读了多遍，虽有心得，却没能理解透彻。听先生讲解，才能明白更多的道理。”

“人生是一个不断积累的过程，这不是完全靠读书就能理解透彻的。老夫年过花甲，才会有如此感悟。吕公子读了许多书，但是，老夫要告诉你的是：会读书不如会读人，会读人不如会识人，会识人不如会用人，会用人不如会做人。你记住这四句话，或许会一生受益。”

“晚辈一定铭记先生教诲。”

一进入秦国境内，荀卿感觉到社会风气和人们的精神面貌与东方各国大不相同。这些原来是魏国、韩国、赵国的子民，经过秦国法制的改造，已经成为秦国的顺民了。

秦地没有私人商业，没有灯红酒绿的娱乐场所。白天，田野里至处都是勤勤恳恳务农的人，干活特别卖劲，看不到游手好闲之人。晚上，各自在家里或纺纱，或织布，或磨面。

一打听，秦国法律是重农抑商，农业丰收的，政府有奖；因干不好导致歉收的，政府要处罚。

东方各国的男人都不太愿意去从军，而在秦国却不一样，身强力壮者踊跃报名从军。原来秦国设了二十级爵位以奖励军功。凡行伍中人，不论出身门第，一律按照其所立军功的大小接受赏赐。即便是秦国的宗室也不例外。宗室未立军功者不得列入宗族的簿籍，不得拥有爵位。

秦法特别严酷，人人畏惧。每天丈夫离家，妻子常说的一句话是：“失法离令，若死我死。”丈夫去外不慎犯了法，势必让家人受牵连。所以妻子要如此叮嘱。

秦国人也不重学文化，主要是向官吏学习法律。这与东方多元、相对自由的文化差别很大。

百吏为官清廉，办事效率也很高。官府中人极少有索拿卡要作风散漫现象。

秦国奉行法家治政理念，实行耕战政策，这些都源于商鞅改革。

商君虽死，秦法未败。

荀卿对秦国的治政非常欣赏。此次游历后，他在《强国篇》对秦国上下大加赞扬。

他评价秦民，说他们远离浮躁和轻佻，非常务实，没有过多的追求，“甚畏有司而顺，古之民也”。

他评价官府吏民：“及都邑官府，其百吏肃然，莫不恭俭敦敬忠信而不楛，古之吏也。”

他对秦国的士大夫和朝政简直就是礼颂。“入其国，观其士大夫，出于其门，入于公门，归于其家，无有私事也，不比周，不朋党，倜然莫不明通而公也，古之士大夫也。观其朝廷，其朝闲，听决百事不留，恬然如无治者，古之朝也。”

在荀卿的心目中，秦国仿佛成了他的理想王国。

吕不韦一路观看，觉得处处新鲜。但他并不赞同荀卿的看法。

无农不稳，无工不富，无商不活。只重农耕，这里的民众如何有活力？

奖励军功没错，可是尚首功，以杀伐为重，必增加仇恨和反抗，岂不埋下祸根？

严刑苛法，让老百姓绷得很紧，又岂是一种健康、健全的法？

不重教化，愚民为上，民之力岂能为一人之用？民之智岂能长久禁锢？

百官守职，貌似秉公为国，暗中能无私心么？

将整个国家的力量集中，用于战争尚可，如果太平了也是如此，能长久么？

吕不韦与荀卿一路上争论着，似乎观点上分歧越来越多。

进入咸阳城，一切都显得肃穆。

这秦国祖先原在西岐一蕞尔小地方，被称为外夷，经过历代不懈的奋斗，才发展起来。至秦孝公时，有了新的转变。秦孝公志向远大，广纳贤才，任用商鞅变法图强，国力大增。民勇于公战，怯于私斗，乡邑大治。

秦孝公十年（前 352 年），以鞅为大良造，自雍徙都咸阳，设县三十一，置令、丞。开阡陌，平斗桶、权衡之丈尺。公子虔复犯法，劓之。秦人富强，诸侯毕贺。

吕不韦感叹，这商鞅本是卫国公子，却为秦国所用。

秦国后经惠王、武王、昭王的治理，已是半有天下。咸阳也就成了天下诸侯敬畏的权力中心。

荀卿与吕不韦去拜访秦相范雎。秦相府显得高大庄严，门卫森严，令人望而生畏。

可是，荀卿去了多次，都未能遇到范雎。

或许是国事太多，公务太忙吧。吕不韦安慰荀卿。

范雎，是魏国人，字叔。游说诸侯，欲事魏王，家贫无以自资，于是先事魏中大夫须贾。须贾为魏昭王使于齐，范雎从。留数月，未得报。这时，稷下博士荀夫子闻范雎之贤，与之相交，并荐与齐襄王。齐襄王闻雎能言善辩，乃使人赐金十斤及牛酒，雎辞谢不敢受。

魏中大夫须贾闻知齐王厚待范雎，大怒，认为雎暗中将魏国大事告诉齐王，才会得齐王如此贵重的馈礼。须贾令雎受其牛酒，退还其金。回到魏国后，须贾心里仍然十分恼怒范雎，于是将齐王馈赠之事报告给魏相。魏相，魏之诸公子，曰魏齐。魏齐大怒，动用大刑，使舍人笞击雎，打断了肋骨摺断了牙齿。雎佯装死得以逃出，更名为张禄，魏人郑安平帮助他逃匿，遇秦使王稽载回秦，见昭王而大用，封为应侯。

范雎自逐穰侯之后，昭王对他信任有加，权倾朝野。

范雎为相后，念及在齐时受到荀夫子的赏识，时常有书信往来。荀夫子正因为受到范雎的邀请，才会动心来秦。

这一天，终于等到应侯有空接见。

一番寒暄，互致问候，相互赞颂，显得很亲热。

但在吕不韦看来，范雎言谈之中透着倨傲。吕不韦心想，这或许就是一个大国之相的本色吧。秦国威震天下，秦相自是一言一行都为世人所关注，身边逢迎者众，不倨傲也难。假使自己有一天成为秦相，也可能会如此。

交谈的时间很短，不断有客人来访，有国事要处理。

“先生在驿馆静候佳音，本相一定向秦王大力推荐。”范雎客客气气地道。

荀卿与吕不韦只好告辞而去。

荀卿与吕不韦在咸阳驿馆中一等就是一个多月，总是不见消息。

“先生自谓能读人，您看这应侯为何许人?”吕不韦问道。

“有的人如一泓清水，能让人一下子看清楚。有的人如同深渊，一辈子都让人捉摸不透。”荀卿道，“应侯是一个忍受力极强且有才智之人，但其气度到底如何，还需观察。”

“那我们再耐心等一等吧。”吕不韦道。

趁闲时，吕不韦去看望了吕礼一家。

吕礼已是年近八十岁的老人，从齐国回来后，就已退仕。

吕礼的大儿子吕仁是断臂之人。二儿子吕智在军中升至七级公大夫，因伤残退回家中。只有小儿子吕明升到了十级左庶长。吕遗等孙子辈也有好几个人在军中。

吕礼一家人在咸阳过得也还清闲，主要是靠军功奖励维持。

“祖父、父亲对叔祖一家特别思念，特命不韦来探望，并送来薄礼二百金，还望叔公不要嫌弃。”吕不韦奉上金子，道，“如果叔祖公一家想到濮阳去看看，不韦一定效力。”

“人越到老，越易回忆往事，少年之事，犹如昨日，历历在目。”吕礼道，“只是我们这一家子把根都扎在了秦国，要回故乡，也只能是孙辈了。”

看来这一家人已经完全融入秦国社会中。吕不韦也不好多说，转移话题道：“侄孙心里一直记挂着一件事，想请教叔祖公。叔祖公当年到齐国为相，劝齐王称帝，后来齐湣王突然改变主意。这事虽说与苏秦有莫大关系，可仅仅凭苏秦一人之力恐怕还不能做到这些？这背后是否另有推手？”

“此事当时也令老夫费解。后来才了解到，完全是孟尝君田文在其中作祟。当时孟尝君在魏国为相，恨极了齐湣王，唯恐齐国不乱。穰侯魏冉过魏时，孟尝君就挑起魏冉对老夫的妒意，使其改变初衷。后又派亲信至临淄与苏秦里应外合，排挤老夫，将齐王陷于孤立之中。最后竟挑拨燕、赵、韩、秦联合攻齐，使齐几致灭亡。要是齐王听老夫的计策，齐国何致于如此衰弱？齐王何致于惨死？好在天理昭彰。孟尝君回薛地后，齐、魏联合灭了薛，绝了孟尝君的宗祀。穰侯为私心所蒙，后来也被逐回封地。这也是一种报应吧。”吕礼回忆道。

“侄孙游齐，与安平君田单、朱公等人交谈，对叔祖之事略有了解。他们认为其中还有一个重要原因，就是因为叔祖为吕望之后，田齐湣王颇忌吕姓之人。”吕不韦深有感触地道，“湣王不听叔祖之策，身死而国人遭灾，殊为可悲。前向，侄孙游历楚国，深感楚怀王不听屈大夫之言而客死于秦，亦是同理。侄孙不明白，这世人为什么总是听不进善言？为什么至死都不知悔悟？”

“世有君子，亦有小人。君子之良言逆耳，小人之甘言暖心。故世之君主多惑于小人之言，而排斥君子之言，这大概为亘古之理，还会不断重演。”吕礼捋着胡须，感慨万千。

“叔祖之言，只是对昏君而言，明君应不致如此。譬如这应侯就是遇到了明主，秦王对他言听计从，十分依重，逐四贵，贬母后，杀其仇，委以国政。人臣能遇此君，虽万死亦难辞矣！”吕不韦不无羡慕道。

“这就是秦王高明之处。无宣太后、穰侯，则无秦王，且无今日之强秦。然而，秦王羽翼丰满时，从强化个人的权力需要和调整国策的需要，必然要去旧迎新。这就给了应侯机会。秦王千方百计宠爱应侯，目的在于让应侯死心塌地为秦效力。这应侯也确有过人之处，近几年为秦国扩张立下了汗马功劳。只是这应侯权势太重未必是好事。应侯也知道，秦王是一个连对他有养育之恩、策立之恩、扶持之恩的人都可以随时驱逐的人，一旦他应侯出现决策失误，或者功高盖主时，也就走到尽头了。况且秦王年事已高，后事谁人又能料知呢？高处不胜寒。老夫能安度晚年，也值得庆幸了。”吕礼的眼神显示，他已看淡看透了人世一切，而且非常知足了。

“秦国现在的太子如何？如果秦王驾崩之后，太子能否使秦国更加强大？”吕不韦问道。

“秦王的长子被派到魏国当人质，于秦王四十年在大梁去世，归葬芷阳。秦王四十二年立安国君嬴柱为当今太子。当今太子看来比秦王要老实忠厚得多。秦王很强势，太子从不敢过问政事，书读过不少，大多时间沉于女色之中，生了二十多个儿子，目前还没有立储。”吕礼对宫中之事十分熟稔。

吕不韦又问了许多宫中之事、朝中之事、诸侯之事，吕礼则是知无不言，言无不尽。让家人诧异的是，吕礼平日谨言微行，不苟言笑，如今见了吕不韦，则如开了闸的江水似的，滔滔不绝，尽兴奔放，无所顾忌。

这也许就是亲情和投缘的缘故吧。

通过与叔祖公的交谈，吕不韦对令天下诸侯敬畏的秦王宫中之事有了深刻的了解。在吕不韦看来，强秦的未来充满了变数，秦王宫中的权力之争充满了变数。

一日，荀卿与吕不韦在驿馆中闲来无事，出来散心。

正从驿馆走出来时，隔壁驿馆中传来琴声。这琴声中透着高贵、幽雅、哀怨之气。

“秦地竟有此音，真是难得一闻。”荀卿有些诧异。

“此必是楚声。”吕不韦曾听过宋玉唱过楚曲，对楚声印象很深。

“我们去拜访一下，看看是何许人。”荀卿对吕不韦道。

二人来到驿馆门口，只见前面站了两个秦国卫兵。

“请问长官，这驿馆里住着什么人?”吕不韦谦和地问道。

“楚太子熊完和左徒黄歇。他们都是楚国的人质。”卫兵回答道。

吕不韦游楚时，对此二人便知情。楚太子熊完是楚顷襄王的独子。黄歇是楚国公室中人，博闻强记，能言善辩。楚顷襄王二十七年，秦国已收服韩、魏，准备率韩、魏联军一举灭掉楚国。楚国危在旦夕，顷襄王急得如热锅上的蚂蚁，急忙派遣辩才出众的左徒黄歇出使秦国求和。黄歇到秦后，上书极力劝说秦王不要秦、楚相争，让韩、赵、魏、齐等国得渔翁之利。秦、楚联盟才是秦国最大的利益所在。秦王被黄歇成功说服，阻止白起出征，与楚国缔结盟约，互为友好国家。黄歇接受盟约后回到楚国，楚顷襄王派黄歇侍太子完到秦国做人质，这一来就是十年。

“麻烦长官通报一声，说是故人荀卿与吕不韦前来拜访。”荀卿对卫兵道。黄歇年少时游历齐国，与荀卿见过面交谈过，两人有一面之缘。

“这里的人质是不能随便见客的。”卫兵面无表情地答道。

这时，从里面走来一个头目，大声问道：“谁在这里嚷，有什么事?”

“他们自称是楚太子的故人，要进去相见。我们没有长官的命令，没准他们的要求。”一卫兵回答道。

“长官，我们从齐国来的，是相国大人的客人，就住在隔壁。我们与楚太子完和左徒黄歇都是老朋友了，只是想看望看望，绝无他意。打扰之处，还望长官通融。”吕不韦将头目亲热地拉到一边，附耳说道，并暗中送给长官十金。

这军官收起金子，大声道：“既然是相国的客人，就进去看看吧。但是，你们必须在我的监视之下见面，不得随便走动，不能商议国家大事，否则以奸细罪处理。你们明白了么？”

“长官放心，我们只是朋友之间的看望，绝不敢论及国是。”吕不韦应声道。

头目前行，引着荀卿、吕不韦进入院内与楚太子及黄歇相见。楚太子完三十来岁，长得英俊，略显焦虑。黄歇约四十四五岁的样子，显得持重，双眼有神，透着精明、智慧。

“故人荀卿拜见太子、左徒。”荀卿见面道。

“不意在秦地能见到荀老夫子，幸会幸会！”黄歇大喜，亲热地拉着荀卿的手，将荀卿引见给公子完，道：“这就是稷下博士之领袖荀卿先生，当年在下游齐时曾向先生请教过，受益匪浅。这一别二十多年了，先生却愈发精神了。”

荀卿将吕不韦介绍给太子完、黄歇。

“不知二位赴秦有何公干？能否在此多待些时日？”黄歇问道。

“老夫久居齐地，闲来无事，想到秦地一游。恰好吕公子想来探望其叔祖，于是一同来了。”荀卿似乎不愿提及拜见范睢一事。

“真是羡慕你们，可以自由自在，四处游历。”太子完叹息道。

“前些日子，不韦到楚地游历，领略了楚国风情。楚地真是地大物博，人杰地灵。”吕不韦道。

“离开楚国已经十年了，也不知道故国怎么样了？”太子完伤感地问道。

十年人质，十年枯燥，这日子是如何过的，只有太子完心里最有体会。

“这十年，楚国倒也太平。只是令尊为国操劳，身体每况愈下，朝政都托付给阳文君了。在下听宋玉大夫说，令尊对公子特别思念。”吕不韦道。

“哼哼。”那头目坐在一边提醒道：“你们不要论及国是。”

“好吧，我们谈谈音乐总可以吧。”吕不韦道，“刚才闻黄先生弹琴，令人神往。能否再弹一曲？”

“荀先生最识音律，本人很想听荀先生的琴声。”黄歇一听楚王病重，心里十分焦急。暗想，楚王仅有太子完这个儿子，而阳文君有两个儿子。楚王一旦仙逝，而太子完在秦为质，阳文君必然会立其子为君。一想到这里，黄歇心中全没有兴趣弹琴了。

“老夫很久没有抚琴了，既然大家有雅兴，老夫就给大家抚上一曲。”荀卿道。

荀卿的曲子为赵地之音，琴声时而铿锵有力，如万马奔腾，时而绵绵不断，如辽阔静谧的草原。吕不韦听得如痴如醉，而黄歇则潸然泪下。

“时候不早了，客人也该离去了。”头目从琴声中回过神来，下了逐客令。

“两位有空就来看望我们。”太子完不舍道。

“我们就住在隔壁，要见面还是很方便。”吕不韦道。

当天晚上，黄歇在头目的监视下，赶到相府，拜见应侯。

“左徒多日不见，今日来访，不知有何要事？”应侯一天劳累，本想早些歇息，见黄歇深夜前来，有些不悦。

“黄歇有急事相托，关系重大，冒犯之处，请相国见谅。”黄歇道。

“你我相交多年，有什么事尽管直言。”应侯每年都从楚国那里得到过不少好处，对黄歇印象很好。

“楚王病重，不久于人世。还望相国在大王面前美言，早日放太子完回楚，以便继承大统。”黄歇直言道。

“为什么不等楚王驾崩之后再回去呢？”

“楚国朝政现在由阳文君把持。如果等楚王驾崩再回，阳文君必然会立他自己的儿子为王。那时一切都晚了。太子完在秦为质也没有多大价值了。”

“放太子完回去，对秦国有什么好处呢？”

“如果秦国现在想得到什么好处则很难。怀王拘于秦，楚尤自立其君，何况太子完？但如果现在释放太子完回楚继承大统，则秦有恩于楚，楚决不敢做任何背弃秦国之事。楚国对相国大人也必定感恩戴德，不敢相忘。这种好处可谓大矣。”

“那好吧。明天本相就向大王禀报。”应侯打了个呵欠。

第二天，荀卿与吕不韦又去看望太子完和黄歇。

门卫和那军官对他们也没阻拦。

一见面，太子完面露喜色，道：“刚才应侯已派人来告知秦王答应不日将放我们回国了。”

难怪负责监视的官兵都客气了许多。吕不韦心想。

“现在可是千钧一发之时，我们必须马上赶回楚国，晚些就恐怕来不及了。只是秦王没有确定具体时间，这让我们很为难。”黄歇忧心如焚，眉头紧锁。

“为难之时方显英雄本色。”荀卿将外衣一脱，以眼神暗示黄歇，笑道，“以左徒的才智，这等小事能难倒你么？”

黄歇似有所启发，见那军官在一旁，也不便多问，便道：“好。我再去恳求秦王，务必让秦王答应我们早日回楚。日后两位来楚，黄歇一定盛情相待。”

“好啊。老夫正要觅一安身之处。以后还要仰仗太子和左徒大人。”荀卿告辞而去。

回到驿馆，荀卿立即打点行装，启程离开咸阳。

在路上，吕不韦有些不解，问道："荀先生为应侯而来，这么快就放弃了么？"

"你可记得老夫曾给你说过：会读书不如会读人，会读人不如会识人。范雎贫贱之时，处处谦和，一心求功名。如今志得意满，决不能容老夫在秦王面前逞能。"

"太子完与黄歇还未能离开秦国，为什么我们要先离开呢？或许我们还能帮他们一把。"

"黄歇才智过人，绝对有办法让太子完早日回国。如果我们继续待在咸阳，不但帮不上忙，说不定还会惹祸上身。所以要从速离开为上。"

过了几日，荀卿一行离开秦国。

不久，果然听说黄歇用金蝉脱壳之计，将太子完打扮成车夫，离开了秦国。秦国见太子完已回国，也没有为难黄歇，将他放回了楚国。

重病中的楚顷襄王见到久别的儿子，已说不出话来，只是眼里流泪，不几日就登仙了。

楚太子登位，是为考烈王。

楚考烈王对黄歇非常感激，拜黄歇为令尹，封淮北地十二城，号春申君。

荀卿在卫国待了一段时间，就告别吕不韦到楚国去了。

春申君本想留荀卿在朝中，可荀卿深知楚国朝政均为宗室大族所把持，不愿待在朝中。于是，春申君任荀卿为兰陵令。

荀卿在兰陵一边为官，一边著书立说，日子过得悠闲自在。

第八章 邯郸居奇

Biography About Lü Buwei

吕不韦近来心情常莫名的烦躁。为舒展这份烦躁，有时发疯一样练剑，有时拍着廊杆长长叹息，有时在书房里突然摔书简。

在梦萦公主看来，吕不韦这种烦躁可能是因为生小孩原因引起的：梦萦公主生下了第四个小孩，可惜又是一个女孩，变成了一男三女。吕家已是三代单传，一直希望多生几个男孩，生这么多女孩子能不烦吗？

对于吕不韦，司空马了解更多些。秦国之行对吕不韦触动最大。范雎从一个逃亡之人成为一个大秦相国，黄歇因侍奉楚太子完继位而成为楚相，吕不韦所尊敬的荀卿却自甘成为楚国的兰陵令，吕家家训又不准吕不韦从政。天下纷纷，却没有吕不韦建功立业之地，就好像是一个身怀绝技之人，却找不到可以施展身手之处，能不烦吗？

事实上，吕不韦自己也搞不懂为什么会是这样烦。上有疼爱自己的祖父、父母，中有贤妻，下有可爱的儿女，还有那么多喜欢自己的朋友。可是，这种不可名状的烦躁，如虫在血管里爬行似的，挥之不去，难受极了。

可是烦恼的事儿还是接二连三地困扰着吕不韦。

卫怀君二十一年（前262年）春，晚上下了一场大雪。清晨，吕不韦起来练剑，天地一片白茫茫的。吕不韦正练得起劲，突然听到一个佣人大叫，原来八十多岁的吕熙已于凌晨过世了。

吕不韦不敢相信自己的耳朵，立即跑进祖父的卧室，却见白发苍苍的吕熙神态安详地躺着，身上尚有余温，却全没了气息。

“祖父，祖父，你醒醒，跟韦儿说话！”吕不韦摇着祖父的身子，不顾家人的劝阻，不停地叫道。叫了许久也不见回音，吕不韦明白再也唤不醒祖父了，于是突然跑到雪地里，跪在地上，大声地嚎哭，声嘶力竭，令人远远的听了都伤心落泪。

葬罢祖父，吕不韦似乎沉默了许多，常常一个人发呆。

可从韩国和赵国传来的消息，更让吕不韦心烦：秦派两路大军伐韩，大将白起率一路大军长驱直入，攻取了韩国十五座城邑；五大夫贲率另一路大军也是势如破竹，攻取了韩国十座城邑。两路大军穿插挺进，将韩国西部的野王和上党两地与韩国本土分割开来，成了韩国的飞地。

白起率大军攻野王，野王守自知不敌，赶紧投降秦军。

韩桓惠王急忙派阳城君到秦国谢罪，并愿割上党之地请和。韩王又派韩阳赴上党，通知上党守靳黄撤离上党，可靳黄不肯受命。韩桓惠王于是派大臣冯亭去接替他的位置。

冯亭到达上党一个月后，与其官吏们谋，如将上党献给秦国，秦更加强大，韩国更弱，与其这样，还不如将上党十七城全献给赵国，让秦国与赵国为敌，以保存韩国。冯亭一面加紧守城，一面派使者赴邯郸，向赵孝成王禀报，请降赵。赵孝成王不顾平阳君赵豹的反对，接受了冯亭的请求，并派平原君赵胜前往接收上党，封冯亭为华阳君，给予民户三万。

自田单救赵以来，秦与赵之间太平了三年，如今赵国竟然敢从秦国之手中去抢夺上党之地，可谓是虎口夺食，太不给秦国的面子了，双方又箭拔弩张起来。

强秦怎么会咽下这口恶气呢？赵国又如何挡得住虎狼之秦的攻击呢？三晋一破，天下还有何处可安身？秦军凶残无比，又有多少黎民遭难？如果秦国统一天下，我吕家积累再多的财富又有什么用呢？当今乱世之中，我吕不韦的出路又在何方？

吕不韦的头脑中常常为这些问题所困，睡不好，吃不香，以致有时发无名之火。

转眼到了秋天，天气依然很热。

表哥赵子羽从邯郸传来消息，说是得到了一块上等的羊脂玉，要吕不韦去鉴别。

祖父去世，吕不韦要经常去坟地奠念，不想外出。可母亲赵媚娘、妻子梦萦公主都劝吕不韦出外走走。

司空马陪着心情抑郁的吕不韦一路前往邯郸。

秦军向上党一带推进，赵国正在往西派兵遣将。

邯郸城依然热闹，偶尔会有一队队兵卒从大街上匆匆走过，让人感受到战争的气氛。

到了舅舅家，表哥赵子羽早早地迎了出来，拉着吕不韦上下打量，道："你小子越来越英俊了，不知会想死多少美女。"

"我可是情有独钟，不像表哥你常在花中眠，可要爱惜身体啊。"吕不韦打趣道。

兄弟之间说说笑笑，进了厅堂。舅舅一家人都在，大家相聚，问寒嘘暖，好不亲热。吕不韦心情开朗了许多。

在舅舅家住了一个晚上，第二天，子羽说带吕不韦去领略一下邯郸的风土人情。

一行人策马从熙熙攘攘的人群中缓缓而行。

吕不韦十年前来过邯郸，粗略有些印象。

一路上，子羽为吕不韦讲解邯郸的风物趣事。

子羽说，邯郸在诸侯各国之中，可以说是开风气之先。无论吃、穿、玩、乐，都引领各国时尚。

子羽说了一个故事：燕国有个风流少年，听说邯郸人走路姿态优美大方，于是来邯郸专门学习走路。不过他只是学形式，结果不但没有学会，而且连自己原来怎么走路也忘记了，最后只好爬着回去。

"哈哈哈。"吕不韦听了大笑，道："表哥可别把我带坏了，搞得老弟最后连路都不知怎么走就麻烦了。"

子羽与司空马也开心地笑了。

他们来到了城西南的王宫前，只见赵王宫规模宏大，屋宇重重叠叠，影影绰绰，不知其深几许。

沿宫墙西北而行，又有一处巍峨的建筑。这里楼榭台阁众多，有天桥、雪洞、花苑、妆阁，结构严谨，装饰美妙。

"这就是闻名诸侯的丛台。这里曾经是武灵王观看歌舞和军事操演之地，因连聚非一，故名丛台。"子羽解说道，"不看丛台，不算来邯郸。"

丛台有卫兵守护。子羽不知从哪里弄来了腰牌，可以引众人入内。

从底层南门而入，沿甬道而上。丛台第二层台面距地表大约有二丈来高，东西十八丈，南北二十四丈，其中向南突出一段长十二丈，宽三丈。台北有五间大屋。

丛台最上一层为据胜亭。亭台面距地表约有四丈来高。顶台呈圆形，直径有五丈来长。

登上丛台最高处，极目远眺，西边是层峦起伏巍巍太行山，西南是蜿蜒连绵的城墙，西北是铸箭炉、梳妆楼、插箭岭。台西有一个湖，碧水清波，残荷萧瑟，垂柳倒影。湖中有一个六角亭。

四向放眼，整个都城都尽收眼底。

"天桥接汉若长虹，雪洞迷离如银海。"子羽道，"有人如此描述这丛台，不知不韦老弟有何感触？"

"胡服骑射英雄慨，血肉相残沙丘怨。"吕不韦沉吟道。

"韦弟一句话，道尽了武灵王一生。"子羽道，"武灵王英雄盖世，也落得饿死，英雄末路，比我们寻常人还惨。不韦老弟，你看这人生苦短，何必去自寻烦恼，不如开心过好每一天来得实在。”

吕不韦笑笑不语。

从北门下来，子羽引着一行人来到了一处豪华的宅院。

“这是兄弟我新购的一处别院，可作韦弟栖身休歇之处。”子羽道。

一进屋，便有佣人摆上丰盛的菜肴。子羽引大家入席。

因一路辛苦，都有些饿了。众人把酒吃菜，好不高兴。

酒过三巡，子羽击拍道：“有酒无歌舞，无以为乐。上乐！”

一群女子应声而出。她们轻转细腰，曼舞水袖，翩翩起舞。唱的竟是曾经在齐国最流行《猗嗟曲》：

> 猗嗟昌兮，欣而长兮，抑若扬兮，美目扬兮，巧趋跄兮，射则藏兮。
>
> 猗嗟名兮，美目清兮，仪既成兮，终日射侯，不出正兮，展我甥兮。
>
> 猗嗟娈兮，清扬婉兮，舞则选兮，射则贯兮，四矢反兮，以御乱兮。

众人一边观舞，一边喝酒，手舞足蹈，兴致越发高涨。

正当大家微醉之时，乐舞再起。众女子似迎客之状，乐声低细处，一妙龄女子踏着乐声，纤纤细步，以水袖掩面而出。走到近处，身姿曼妙处，水袖徐徐而下，竟是一绝色美人。吕不韦将酒杯举在空中，呆了。

只见这美人浅浅一笑，身姿随乐声起舞，唱道：

> 人生如梦兮奈若何？犹记秋水兮湿春罗。绿杨台榭兮梨花院，鱼沉雁渺兮情自多。
>
> 水遥山远兮曾经过，风弦虽断兮接鸾胶。鲛绡遗恨兮奁留香，斜月幽窗兮不胜愁。

这女子巧笑倩兮，美目盼兮，真是天生尤物，令吕不韦心醉神迷。

这女子是谁呢？好似见过，却又想不起。难道是巫山神女么？不可能。她是谁呢？为什么这般姣好。

吕不韦好似醉了，又觉得自己没醉。只听得子羽对那女子吩咐道：“妮子，这是你日思夜想的不韦哥，你扶他进去好生歇息。”

那女子款款走近，吕不韦闻到一阵清香，看到的是一张桃花般水嫩水嫩的笑脸。

吕不韦扶着那女子的肩头，闻到了迷人的体香，一下子心醉了。

当那女子将他扶到床上，帮他宽衣时，吕不韦一把搂住那女子一阵热吻。醉眼之中，吕不韦似乎看到了漫山的桃花盛开。自己成了一个懵懂少年，在漫山的桃林中奔跑嬉戏，肆意地将桃花揉碎揉碎，洒向天空。那桃花瓣儿在空中飞舞，化作漫天的红霓裳。

第二天清晨，吕不韦睁开眼睛，感觉怀里有一女子，起初以为是梦萦公主，突然记起自己是在邯郸，隐隐想起昨晚之事。

那女子也醒来了，羞红着脸，问道："不韦哥，你醒了？"

吕不韦有些疑惑，问道："你是？"

那女子将头靠在吕不韦胸口，低声细语道："我是二妮。十年了，我可时刻记着哥哥，哥哥却把二妮忘了。"

哦，这就是十年前唱"君生我未生"的二妮。难怪有些面熟。那时还是个小姑娘，现在变成了大美人了。

"这一别十年，真是让哥不敢相认了。你嫁人了么？"吕不韦问道。

"有许多贵公子来求过亲，二妮只想嫁给哥哥，把他们都推辞了。"二妮嗔怪道，"虽然赵地有将女儿或妻子给贵客侍寝的风俗，可二妮不是随便的人。二妮还是一个黄花女，哥哥昨晚一点都不知道怜香惜玉，将二妮弄得生疼。"

二妮天生丽质，却等了他十年，令吕不韦好生感动。但一想到恩爱的梦萦公主，吕不韦不禁叹了口气道："你嫂子梦萦公主可是个难得的贤妻，你跟了我，只怕会委屈你。"

"二妮知道哥哥是一个专情的人，所以才会一心等着哥哥。二妮知道轻重，绝不会抢嫂子的风头。只要能陪着哥哥，你让我做个侍女也行。"二妮紧抱着吕不韦的身子，好像怕他离去似的。

吕不韦捧着二妮的头，在她娇艳的脸上亲了一口，道："你放心。哥会好好疼你。"

"春宵一刻值千金。你们这么早就起来了，是想来谢媒人吧?!"子羽见吕不韦偕二妮出来，开心地笑道。

"谢谢子羽哥成全。我去安排早餐。"二妮羞红着脸，道了一声谢，就转身离开。

"不韦老弟真是有艳福。"子羽道，"这妮子从小就钟情于你。她长得这么水嫩，好多贵公子上门求亲，就是不肯应承。三年前，齐国策士鲁仲连到我家做客，看到这妮子，说她将来必然会遇到好的夫君，前程不可限量。问及姻缘，只说了两句谶语'两口子，异于人'，便不再说了。我们一分析，这'两口子'不是姓吕么？遍视天下，姓吕的能异于人非老弟莫属。听司空马说你在卫国心情不好，我们一家商量，以赏玉为名，就是想成全你们。"

“背后还有这么多故事。看来这谢媒还得谢鲁仲连，这真是个奇人。”吕不韦道，“只是梦萦公主是我一生最爱，我怕辜负了她。”

“二妮等你等了这么多年，你又忍心辜负二妮么？”子羽安慰道，“梦萦是一个识大体的人，绝不会计较这些。再说，你现在将二妮安置在这里，日后慢慢再与梦萦公主说起。等二妮给你生几个大胖小子，不单是梦萦公主，你吕家老爷子都会开心得不得了。你还担心他们会有意见么？”

“目前也只好如此。”吕不韦道。

吕不韦一向重情重义，也恰恰是这一点害了他。在以后的人生中，吕不韦与这二妮之间的恩怨情仇纠缠不清，成了他一生的梦魇。

秦左庶长王龁率大军一举攻占了上党，却仍难平息秦昭襄王的怒火。秦王下令继续东进。王龁指挥秦军直赴长平。

赵孝成王此时已后悔莫及，急忙召集平原君赵胜、阳平君赵豹及赵禹等人商议。或曰与秦议和，或曰力战到底。

赵孝成王道：“看来只有以和战相结合的办法，一边派人议和，一边举良将抗秦。”

议和，商议由郑朱出使秦国。选将，或提议乐乘为将，或提议李牧为将，或提议赵良为将。

赵孝成王一时拿不定主意，叹息道：“本王一时失策，接受了上党，授秦军以口实。如今国难当头，要是马服君在世，或者安平君在的话，秦国岂敢侵赵！”

平原君曾经力主听从冯亭之议，接收上党，心中也懊悔举措失当，行事更加谦逊谨慎了，对赵孝王献策道：“事到如今，大王也不必自责。我赵国良将甚多，能战之士如云。如何择将，上卿蔺相如老成谋国，大王可听听他的意见，再行定夺。”

六十七岁的蔺相如重病在床，平原君陪同赵孝成王登门去看望。

“爱卿重病在身，本当不便打扰。只是如今国难当头，还望爱卿抱恙为国尽心谋划。”赵王道。

“老臣不才，受大王宠幸，敢不效力。”蔺相如说话显得很吃力，缓了一口气道，“秦国有席卷天下之势，如今魏、韩已服膺于秦，南楚自顾不暇，齐国只图自保，弱燕居北，能抗秦者，唯有我赵国。秦必倾全国之力伐赵，欲和已不可得。”

“秦军威势甚猛，赵军如何才能抵御？”

“老臣思谋，当行之三策：一曰集势。单靠赵一国之力会非常吃力。要派能言之士游说魏、韩、楚、齐、燕共同抗秦。二曰择将。我赵国良将甚多，必择老成之将以任之。”蔺相如已是气喘吁吁，歇了一会儿，道：“三曰倾力。此战关乎国脉，需倾全国之力以赴之。”

赵孝成王点了点头，道："爱卿之言，本王已谨记。只是这择将，爱卿之意如何？"

"择将需考虑三点：一是要懂兵略；二是要能经惯战；三是要熟知秦、赵之优劣。老臣以为首选为廉颇，其次为乐乘。"

"廉颇？本王记得廉颇比爱卿小两岁，算来也是六十多岁的人了，还能上阵么？"

"人与人不一样。老臣已是行将就木之人，而廉将军却是勇武不减当年，必能担重任。"

"能知廉将军者，爱卿也。还望爱卿多保重身体。"赵王告辞而去。

第二天，赵孝成王召见廉颇，见廉颇仍威武雄健，大喜，当即委为大将，命不日赶赴长平，以抗秦军。

温柔之乡虽好，却不可贪恋。

有二妮相伴，吕不韦心情开朗了很多，但他将多数时间花在交往应酬上面。

赵子羽与王室贵胄和达官之间往来很密切，这为吕不韦提供了便利。

一日，马服君赵奢的儿子赵括宴请，赵子羽与吕不韦一同赴会。

赵子羽告诉吕不韦，一同赴宴的十多个人中，除了宗室子弟外，其他的都是有特殊身份的人，其中包括秦国人质嬴异人、燕国人质太子喜。赵括喜谈兵法，大概是借宴请之机显示自己的才能，为自己今后统兵造势。

赵括长得一表人才，踌躇满志。

宾客会集，大家说笑了一会儿，赵括就开始大谈军国大事。

"秦军有什么了不起，当年何等威猛，还不是被我父打得损兵折将，溃不成军。这华阳君冯亭真不顶用，连个上党都守不住。"

"秦军一时失误，让马服君一举成名。"嬴异人大约二十岁的样子，看似文质彬彬，说话倒是锋利。

"兵者，国之大事，岂是失误二字所能担当。这全在于将帅文武韬略之差异。"赵括侃侃而谈："昔日，庞涓在魏，多有战功。庞涓与孙膑有同窗之谊，自知不如。庞涓挟魏之威武之师，被孙膑所败，身死乱箭之下。你能说是庞涓失误么？否也。庞涓与孙膑异也。昔吴起在鲁则鲁胜，在魏则魏强，在楚则楚霸，你能说都是敌人的失误造成的么？昔伍员用则吴兴，伍员死则吴亡……"

赵括越谈越兴奋，越谈越有气势，众人都为之折服，为他拍手称好。秦异人虽然心有不服，然而自知说不过，也只好沉默。

"我赵军如今以老将军廉颇挂帅。廉将军身经百战，出生入死，累建奇功。以括兄看来，廉将军此战能否战胜秦军？"子羽恭敬地问道。

"恕为兄不谦逊。以括看来，廉将军是老成有余，攻伐不足。"赵括神采奕奕地道，"秦军远道而来，无天时地利之优势，而廉将军不思进取，固守长平。如此耗着，我赵国之兵不如秦国之众，赵国之粮不如秦国之多，赵国之国力不如秦国之强，这如何耗得起？为将之道在于知国情，知攻取，择一良机，奋力一击，使秦军退回函谷关以内，才是赵国久安之道。”

……

整个宴会，赵括的谈兴甚健，大家也听得入神。宴会散后，众人便成了赵括的颂扬者和宣传者。

只是吕不韦内心总觉得有些不安。这赵括对于兵法战略看来是非常熟稔，而且极有辩才，据说其父马服君生前都说不过他。吕不韦虽然对打仗不懂，可从经商角度来看，一个商贾如果没有日积月累的历练，没有敏锐的悟性，再满腹经纶，再有好的辩才，如何能准确地把握商机？如何能规避风险赢取高额的回报？

在回家的路上，吕不韦满脑子都在想着这事理儿。

“走，我们回去再喝几杯。”吕不韦对子羽道。

“好啊。我们来个挑灯夜话，吹牛吹到天亮为止。”子羽道。

回到住处，二妮早已迎了出来。

二妮现在是一身素雅的装束，显得更清纯可人。

摆上酒菜，子羽、不韦、司空马围席而坐，二妮依在不韦身边酌酒。

“这赵括兄真的了不起。看来赵国还得靠赵家人来守护。”子羽不无敬意道。

“子羽认为赵括会代廉颇为将么？”不韦问道。

“廉颇只知道死抵硬抗地守着，到长平这么久了，没有攻得一城一地，朝中早有非议。廉颇平日为人耿介，朝中之臣能替廉颇讲话只有蔺相如，而蔺相如又抱病在床。赵括兄才智出众，人所共知。更主要的是，赵括兄从小与大王交好，平日与宗室重臣关系密切。括兄取代廉颇恐怕是迟早的事。”子羽对朝中之事十分熟悉。

“以我观察，赵括年轻气盛，只会空谈，必然误国。”司空马皱着眉头道。

“司空兄误也。自古英雄出少年。多少文人从未统兵，照样取敌制胜。”子羽反驳道。

“国事难料，须问三老。子羽兄最近与蔺家有接触么？”不韦问道。

“蔺相如有八个儿子，名仪、范、嘉、景、从信、岱、封、冕。我与其第四子蔺景从小就是玩伴。近日，听蔺景说，其父给他们说，男儿志在四方，应以四海为家，要他们兄弟不要全部守在他身边。他们兄弟都是孝子，不想远游，弄得老父大发脾气，病情加重了。八兄弟一商议，长兄蔺仪准备到齐鲁去，老四蔺景准备去楚南，老五蔺从信准备去北地，其他的还没定。”子羽说完，转而问道：“不韦此问，难道这其中有什么玄机？”

“孔夫子说过，父母在，不远游。蔺公如此安排，必有深意。看来秦国统一天下是迟早之事。此事子羽兄绝对不要对外说起。时局紧迫,恐怕子羽兄也要早作准备。”吕不韦道。

“不韦这么一说,我倒明白了。”子羽刚才兴奋的劲头一下子没有了。

吕不韦突然想起一事,问道:“子羽可知这秦异人为人如何?”

“你是说那秦国派来赵国当人质的王孙嬴异人。他是秦太子安国君的儿子。安国君有二十多个儿子,他排在中间,是庶出。四年前,安平君救赵,秦军败绩,秦王派人言和,并派公子异人到邯郸来当人质。这个异人为人倒还不错,忠厚,仗义。”

吕不韦突然灵光一现,拍着脑袋兴奋地道:“此王孙奇货可居!”

赵子羽莫名其妙,说道:“这是什么奇货?嬴异人只是秦王的一个棋子,并不甚重视,平日里费用开支非常拮据,还要靠公孙乾回去讨要。我看要是赵王杀了嬴异人,秦王都不会心痛。”

“秦王在位已有四十五年了,年事已高,储君安国君有四十多岁了。要是我能将他立为安国君的嗣子,那情况又会如何?”吕不韦道。

“难道你想学黄歇么?怎么可能呢?安国君可有二十多个儿子,虽然还没有立储,可最有希望成为嗣子的是长子子傒,怎么可能轮到异人呢?”司空马觉得吕不韦的想法太不可思议。

“秦国与我东方诸国传统不同,并不强调嫡长制。我们前次到秦国就了解到,安国君最宠爱的是华阳夫人,华阳夫人却没有儿子。子傒对华阳夫人有怨言,看来能不能立为嗣子,关键在于华阳夫人。如果我能让华阳夫人认嬴异人为子,一切问题就迎刃而解了。”吕不韦自信地道。

“能立人以国,自然是不世之功业。可这事风险极大,而且老爷一向反对你入仕。这事你可不能冲动,还是回去跟老爷好好商量商量。”司空马心想,只要吕不韦回去跟吕鑫老爷商量,就绝对会打消这种奇怪的念头。

“这不但是我吕不韦人生中的一件大事,也是关系到诸侯各国和万千子民的大事,我怎能不去向老爷子汇报呢?”吕不韦笑道,似乎胸有成竹。

夜里,吕不韦特别兴奋,在二妮身上放肆驰骋,仿佛天下已在其掌握之中。

第二天清晨,吕不韦与司空马打道回濮阳。

临别时,二妮拉着吕不韦的手不肯放,眼泪汪汪的,特别惹人爱怜。

在与二妮相处的这段时间里,吕不韦领略的是与梦萦公主不一样的风情:二妮柔情似水似泥,放浪如虎如狼。吕不韦总结两人之间的区别:梦萦公主是贵妇,二妮则是荡妇。

回到濮阳,吕不韦才有一种归家的感觉。

可是,在不久的将来,这个家将会因为自己的决定变得什么样呢?

吕不韦不敢想，也不愿去想。

要成就一番大事业，必要时只能舍弃小家的温暖。

夜里，吕不韦与父亲进行了一番艰难的商谈。

“最近几年，韦儿游历了齐、韩、楚、魏、秦、赵各国，只有燕、鲁两小国未去，感触甚多。韦儿以为天下大势，必然由秦统一诸侯各国。不知父亲如何看法?”吕不韦想听听父亲吕鑫对时局的判断。

“从目前的局势来看，秦昭襄王以范雎为相，采取远交近攻之策，天下已有其半，而且魏、韩服，齐、楚自顾，燕、鲁弱，唯赵尚有抵抗之力。以此趋势分析，由秦国统一是顺理成章之事。”吕鑫六十多岁了，遇事却十分精明谨慎，转而又道，“然而，世事也常有变数，未必一定如此。秦昭襄王英雄盖世，但毕竟是六十多岁的老人了，国事缠身之人能活这么大年纪已是高寿。听说秦太子安国君才具平平。如果昭襄王去世，安国君不能驾驭，则必起内乱，秦国之势当止。如果诸侯之中涌现出一个杰出人才，能够集诸侯之力以击秦，则秦必然走向衰落。以老父看来，秦国统一大业还任重而道远，变数甚多。”

“父亲只看到表面的东西。韦儿游秦，才深刻体会到，秦国由弱转强，虽与明君有关，但最根本的动力是制度推动。我卫国公子鞅在秦国建立了奖励农耕军功的制度，使秦人个个思进。即使是庸君，也一样可以稳步推进统一大业。”吕不韦分析道，“而且从目前来看，秦昭襄王身体状况还好，只要活上十年八年，将赵国这个硬骨头啃下了，天下就没有劲敌了。”

“韦儿的看法也不是没有道理。只是老父经历多了，却常常会想起历史上许多由强转弱的典故来。昔日齐桓公、宋襄公、晋文公、楚庄王、吴王僚、魏文王、赵武灵王，这些人何等英雄，却最终没能将国家强大坚持到底。所以说，定势与变数常常互为转变。”吕鑫道。

“父亲曾经教韦儿经商之理，有一个商业术语叫几率。不管变数怎样，但从目前的情势来看，秦国统一的几率还是最大的。赵国最持重的上卿蔺相如都在为自己的后人安排出路了。”吕不韦将蔺相如儿子的事情简要说了一下，继续道，“如果秦国这次破赵，则卫国无存身之地。如此，父亲以为我吕家该作何安排?”

“老父也一直留心为吕家安排后路。早年，老父就在齐地单县购置了房屋。此地交通便利，可进可退，适宜居住。”吕鑫道。

“韦儿游秦时，知道秦国轻商，秦法苛刻，秦军凶残。韦儿担心秦军所到之处，我吕家何以避祸？何以守住这家财和富贵?”吕不韦问道。

“天无绝人之路，只有走一步算一步吧。”吕鑫有些无奈地道。

“由穷转富难，由富转穷易。如果秦国统一了六国，我吕家幸运的话，就会去当农人,从事农耕劳作。从如今的锦衣玉食到干粗活以饱腹,何其艰难。"吕不韦道,"韦儿有一步险棋,既可以使我吕家转危为安,也可以为天下苍生造福,不知父亲是否赞成?"

"你说说有什么主意?"吕鑫有些迷惑地问道。

"韦儿在赵国发现一奇货——秦国人质嬴异人,此人为秦昭襄王之孙、秦安国君之子。目前昭襄王年事已高,安国君也是四十多岁的人了,而安国君尚未立嗣子。如果我能将嬴异人立为嗣子,使之继承大统,异人必将感恩戴德,与我分享天下,这岂不是我吕家之福,天下苍生之福?"吕不韦慷慨地道。

"你小子绕了这么大的弯子,原来是这么奇怪的想法。"吕鑫感到有些可笑,问道,"想立一国之主,你知道这风险有多大么?其一,秦地遥远,来回奔波,耗资巨大不算,兵荒马乱,路途艰难,甚至有性命之忧。其二,安国君有二十多个儿子,异人居中,其母夏姬并不见宠,异人又没有非凡的才能让安国君喜欢,安国君如何会立异人为嗣子?其三,秦、赵交恶,赵国无论如何也不会放嬴异人回去,而且随时有可能将异人处死。其四,即使你有超常的本领将异人立为嗣子,并且顺利扶上君位,你又如何保证异人不翻脸?其五,即使异人让你顺利地当秦国的相国,你又如何驾驭这庞大的国家?你祖父一直反对我们吕家后人入仕,就是想让吕家后人过上平安生活。你一旦入仕,难保不步卫鞅后尘,给我吕家带来无穷的灾难。你还是及早打消这个念头吧!"

"对这些问题我都细致考虑过,胜算还是较多。非常之事必有非常之人。农事人人可为,其利甚微;工比农强,其利不过五,从者仍多;商胜于工,可风险也大,从者渐少,然有十倍之利,人则不顾性命为之趋走。父亲曾犯险远赴大漠贩马,趋于利也。商贾之中,以珠宝为贵,其利甚丰,然能从之者少之又少,何也?风险巨大也。"吕不韦侃侃而谈,"然而,商又不如仕,一旦大权在握,既富且贵,人人向往。昔管仲、鲍叔牙、白奎由商而入仕,是为楷模。立一国之主,则可赢利无数,又岂常人所能为?黄歇立楚考烈王,现为令尹,封春申君,何等富贵!儿自幼饱读经书,熟知诸子百家,自信才智不输于春申君,如此良机一旦错过,岂不遗恨终生?"

吕鑫沉默了。他知道,吕不韦天资聪明而且做事特别执著,没有充足的理由是很难改变他的决定的。可是,且不说立王孙异人为嗣风险巨大,就是以后成为秦相,也未必是好事。商鞅为秦国作出了那么大的贡献,最后却被五马分尸,祸及家族。

吕不韦见父亲不语,继续道:"在商言商,立一国之主,则是赢利无算。但是,儿并非全是为利。以我吕家尊荣而言,叔曾祖公吕仓曾为周相,看似光彩,实则艰难。叔祖公吕礼曾为齐相,只是昙花一现。儿少时一直以祖宗吕望为荣,若能助大秦统一天下，成为开国之相，则我吕家可重现太公之荣耀。以天下而言，分崩离析已久，均思统一。然而，以秦之凶暴，则必陷天下于水深火热。若儿能一展所学，变更秦法，抚慰天下，使黎民百姓安居乐业，以开万代之基业，此为天下人之福，儿亦将名垂千古。权衡利弊，儿以为值得一搏。”

吕鑫思考良久，缓缓地道：“或许是为父真的老了，不敢再去冒险了。也罢，你去干你经天纬地的大事业，为父不阻拦你。你得答应父亲一件事：不能拖累家人。为吕家计，我这把老骨头就不跟你去冒险了，你把你儿子文儿也留下跟我。你带梦萦公主走，你的三个女儿你可以带走，也可以留给我们。以后，你即使荣华富贵了，也绝对不能公开文儿的消息，也好让我吕家留下一脉香火。”

吕不韦突然跪地叩头道：“恕韦儿不孝，不能陪父母安享晚年，还给您二老添忧了！”

吕鑫跛着脚，上前扶着吕不韦，眼里含泪，哽咽道：“但愿上苍保佑我韦儿立下不朽功业！”

赵孝成王五年(前261年)冬，邯郸城里逐渐萧条起来。

廉颇固守长平已达一年多时间，与秦军进行拉锯战，双方各投入了四十万兵力，互有损伤。

战争还不完全在战场上，后方更是吃紧。四十万兵力，要吃、要穿、要武器，这物资需要源源不断地运往前线。赵孝成王不但发动全民为前线捐献，还带头减少饮食，禁止奢华。百官及百姓更是不敢寻欢作乐，引吭高歌，大家都得勒紧裤带过日子。

吕不韦与司空马一行策马赶到邯郸附近的聊城。

嬴异人居住在一处小院子里，门外有兵卒守卫。

进得门来，只听见院子里喧哗声。原来是嬴异人与两个佣人在做投壶游戏，大约是声音太吵的缘故，引得看守赵军头目骂骂咧咧道：“你们这些秦狗给我老实点。再不老实，老子性起，把你们全都给杀掉！”

吕不韦的到来，给这个寂寞的院子带来了生气。

“吕不韦是受平原君所托，前来看望秦王孙。”吕不韦打着平原君的旗号，并且给那头目送上礼金道，“长官在这里太清苦了。吕不韦特具薄礼，还望笑纳。”

那头目见吕不韦气度不凡，而且出手大方，脸色由阴转晴客气起来。

嬴异人与公孙乾曾在赵括的宴会上见过吕不韦，再次相见，特别高兴。

寒暄过后，吕不韦吩咐随从摆上酒食，叫上头目一起同饮，又着人送些酒食给门卫。

“我们好久没有吃过肉和酒了，吕公子真是雪中送炭。”嬴异人见到丰盛的酒菜，两眼放光，大喜，伸手就取下一个鸡腿大口吃起来。

“王孙交上我吕不韦这个朋友，保证你今后天天有好吃的。”吕不韦大笑，举起酒杯，对公孙乾和那头目道，“大家不必客气，从今都是朋友了。今日我们开怀畅饮，一醉方休。”

“能交上吕公子这样豪气的朋友，真是我们的福气。”公孙乾举杯道。

几杯酒下肚，大家便没了拘束，推杯换盏，大嚼大喝，好不尽兴。

“好久没有这么吃过了，撑死我了。”嬴异人摸着肚子，打着饱嗝，满脸的幸福。

“我要去睡觉，不陪你们了。”那头目也喝高了，满脸通红，站起身子，摇摇晃晃回房休息去了。

公孙乾吩咐佣人收拾残羹剩菜，陪同吕不韦到里屋说话。

“吕公子远道而来，对王孙必有所教益。”公孙乾道。

“王孙危矣！”吕不韦严肃地道，“秦王全不顾王孙性命，正在加紧攻赵，长平一战已两年了，双方都到了精疲力竭的时候了。如果秦军取胜，赵国还会容王孙存在么？”

嬴异人一听大惊，瞪大眼睛看着吕不韦，道：“吕公子有何良策能救我性命，日后必当重谢。”

“我吕不韦一向救人以急，解人危难。”吕不韦从容地道，“我不但能救王孙，而且还能够光大王孙的门庭，让王孙一生荣华富贵。”

“哈哈哈！”嬴异人大笑道，“吕公子不过是卫国一商人，富而不贵，如此大话。还是请吕公子先光大自己的门庭再说吧。”

吕不韦并不介意，等嬴异人笑毕，一脸认真地道：“我吕不韦是一个做珠宝生意的人。你知道这珠宝为何发光？是因为有太阳的光辉。我吕不韦就是一颗珠子，等待王孙您的光辉照耀才能发光。必须先将王孙门庭光大了，我的门庭才能光大。王孙明白我的意思么？”

嬴异人愣了愣，俯身前倾，盯着吕不韦道：“吕公子有何良策，但请明言。”

“王孙离开秦国好几年了，是否还记得你祖父有多岁了？”吕不韦问道。

“祖父比我大四十五岁，今年六十五岁了。”嬴异人回答道。

“你父亲安国君今年多少岁了？”

“父亲比我大二十三岁，今年四十三岁了。”

“你可知道安国君有多少个儿子？你排第几？”

“我父亲特别能生，光是儿子就有二十多个，我排中间。”

吕不韦停顿了片刻，盯着嬴异人问道：“你知道这意味着什么吗？”

嬴异人不明就里，摇摇头，道：“我不明白。”

“这就意味着你祖父已年老，来日无多，你父亲很快就可以继位。而你呢，按正常情况，即使回国，也只是一个寻常的公子，怎么也轮不到当储君。”吕不韦道。

“这个道理谁都懂，难道还需要吕公子来教我？”嬴异人似乎有些不屑。

“祸福转换，但在人为。我吕不韦最好奇谋，想人所不能想，做人所不能做之事。”吕不韦道，“我吕不韦一见王孙，就知道王孙不但是一个能做大事之人，更是一个重情重义之人。所以，我不但要让王孙安全回国，而且还要让王孙当上嗣子。”

嬴异人与公孙乾都听呆了。这岂不是异想天开么？怎么可能呢？

吕不韦见他们都不相信似的，便缓缓道来：“前次，我去秦国，对宫中之事有所了解。你父安国君虽然妻妾众多，可最宠幸的却是华阳夫人。但是，华阳夫人却没有儿子。安国君想立长子子傒为嗣，可是华阳夫人对子傒不满，所以就定不下来。王孙二十多个兄弟，谁能立为嫡嗣，全在于华阳夫人！只要王孙按我的计谋行事，我吕不韦完全有办法让华阳夫人同意立你为嫡嗣。”

“你真的有办法让华阳夫人立我为嗣？”嬴异人似乎还不太相信。

“现在王孙没有更多的选择，只有我吕不韦能帮你。”吕不韦道。

“好，我听你的。”嬴异人很想摆脱这艰难的人质生活，至于能不能当上嫡嗣却不心存希望，但是，他必须给吕不韦以信心，道：“我嬴异人虽无才能，但最讲义道，守诚信。在场的公孙乾、司空马可以作证：如果吕公子真的能帮助我回秦国当上嫡嗣，今后我一定与你共享秦国。如违此诺，天诛地灭。”

“王孙有此诺，我吕不韦当全力以赴。”吕不韦满脸高兴，转而又道，“鬼谷子云：圣人之道阴，愚人之道阳。我们行事必须十分隐蔽，除了我们在场的四个人外，绝对不能向任何人泄露半句。否则不但不能成事，还会有灭顶之灾。大家必须慎之又慎。”

嬴异人坚定地点了点头，道：“请吕公子放心，我们不会拿自己的性命开玩笑的。”

公孙乾、司空马也郑重地点了点头。吕不韦知道，他们都是忠实的执行者，命运的共同体，绝对忠诚可靠。

一个绝顶聪明的商人以独特的眼光和非常的手段拉开了立嗣谋国的序幕。这是亘古以来从未有过的奇迹。

第九章 咸阳立嗣

Biography
About Lü Buwei

嬴异人自从遇上吕不韦这个财神爷后，生活起居与以前大不一样了。他添置了豪华的马车，穿上了新衣裳，精神面貌焕然一新。他经常充满自信地出入各种权贵豪门聚会的场所，也常常请客做东，毫不吝啬。

这是嬴异人以前不敢想象的生活。

因为吕不韦给了嬴异人五百金。

五百金是什么概念呢？一金就是一斤黄金，等于一万钱，可买一千二百五十斤粮食。五百金相当于六十二万五千斤粮食。这可是一笔可观的财富。

这就是吕不韦的性格。看准了的东西，下手绝不小气。

但是，吕不韦对年轻的嬴异人生活和交结宾客并不太放心，与他约法三章：第一，必须在政治上保持低调，不得参与议论任何政事；第二，必须克制欲望，不得近女色和醉酒；第三，必须读书知礼，不得虚度光阴。

吕不韦准备为嬴异人立嗣之事西行，但唯恐嬴异人误事，离别时一再叮嘱，要公孙乾在旁严加监督。嬴异人想到吕不韦能让他过上好日子，并且有朝一日还能君临天下，享不尽的奢华，对吕不韦的嘱咐不敢有丝毫违拗和懈怠。

此后，人们眼里的嬴异人与以前大不一样了。

在交往之中，每当宾客对诸侯之事、战场之事、官场人物高谈阔论，任意褒贬时，嬴异人再不敢说出自己的看法，只打哈哈，装傻，或者谈风月趣事。

在风月场中，美女如云，搔首弄姿，卖弄风情，弄得嬴异人心痒痒的，但是，一看到公孙乾严厉的眼神，就会想起吕不韦的嘱咐，只好将性冲动强行咽下。喝酒也只是劝别人多，自己喝得少，甚至经常装醉。

唯一让嬴异人难以坚持的是读书。嬴异人打小就缺少管束，不喜读书。在赵国当了几年人质，每天只是玩乐，根本就不读书了。因为承诺了吕不韦，嬴异人没办法，只好硬着头皮读书写字。尽管有公孙乾进行督促，嬴异人每天也坚持不到一个时辰。

这已经是很不容易了。公孙乾心里想。公孙乾随嬴异人来赵之后，就没办法管他。只要嬴异人不出乱子，也就由他去。现在遇到吕不韦后，才能让嬴异人有所改变。

经公孙乾指点教诲，嬴异人在礼节礼仪辞令应酬方面倒也学了不少。

似乎嬴异人在政治上和生活作风上显得成熟起来。

吕不韦在安排好嬴异人后，在邯郸与二妮短暂相聚就匆匆赴秦。

再次来到咸阳，吕不韦心情与前次大不一样。

前次是陪荀老夫子来游玩的。在荀老夫子看来，秦国到处是“古之民”、“古之吏”、“古之朝”，在吕不韦看来，这里有许多权力的真空，有着巨大的投机机会。

这次来，就是为嬴异人铺路，就是为了日后将这天下人为之恐惧的强大秦国置于自己的掌控之中。

“我吕不韦一定要将这片土地踩在脚下。”吕不韦行走在咸阳的街道上，心里呼喊道。

来到咸阳，吕不韦采取曲径通幽之策，先拜访华阳夫人之弟阳泉君。

阳泉君门前，有几个客人在等待召见。

阳泉君芈宸的祖父芈戎为宣太后之弟，出身楚国宗室，因宣太后之故，封为华阳君。芈戎之子芈鸠生芈燕、芈惠、芈宸，姊妹感情甚笃。芈燕嫁与高陵君公子悝之子黍为妻，芈惠嫁与安国君嬴柱。范雎为相后，逐穰侯、华阳君、高陵君、泾阳君，华阳君回到封地后郁郁而终。后芈惠受宠于安国君，记念其祖父，封为华阳夫人。因华阳夫人之故，芈宸被封阳泉君，嬴黍为高陵君，芈燕被封为高陵夫人。芈家再度尊荣。

吕不韦对那威猛的武士道：“请通报阳泉君，说是楚国令尹春申君的使者求见。”

阳泉君正在里面与美女调笑。每天都源源不断有不少的客人来访，大都是为了求官的。这令他有些烦。

但是，他一听说是春申君的使者来了，立即将美人推开，召见吕不韦。

春申君黄歇在秦国待了几年，与阳泉君经常在一起，感情很深。

“在下吕不韦拜见阳泉君。”吕不韦见阳泉君比自己年龄要小些，长得清秀文静，心里便有了底气。

阳泉君见吕不韦气宇轩昂，但不着楚装，有些疑惑，道：“你是春申君的使者么?”

“在下与春申君交谊深厚。受春申君的嘱托，前来吊唁阳泉君您。”吕不韦道。

“你是何处狂徒，敢在这里放肆!”阳泉君大怒。

吕不韦轻蔑一笑道：“阳泉君，你危在旦夕，尚不自知，岂不悲哀!”

阳泉君心里一震，竟愣住了，半晌道："你这狂徒在危言耸听！"

吕不韦不慌不忙，道："你现在因为华阳夫人显荣，你门下的人个个都是高官厚禄，你的仓库里金银财宝堆积如山，你的马厩里骏马成群，你的后院里美女众多，可是，你想过没有，安国君有二十多个儿子，有谁能比得上你这般显贵呢？如今秦王已是风烛残年，安国君也是年事已高，身体状况也不是很好，将来最可能继承大位的是安国君的长子子傒。你想想看，子傒对华阳夫人心怀怨恨，一旦他掌权了，你还有好日子过么？我只不过提前来给你吊唁罢了。"

阳泉君蒙了。是啊，我平日只顾自己快乐，没去想安国君那么多儿子都不如自己尊荣，没去想安国君身后会由他的儿子继承，没去想那个对自己一直不爱搭理的子傒日后会对自己怎么样。

阳泉君越想越心惊，越想越害怕，竟出了一身冷汗，低声道："这可怎么办呢？"

"我有一计，可保你及子孙后代都荣华富贵。"吕不韦道。

"请先生教我。"阳泉君像是遇到了救星，求教道。

"孟子云：不孝有三，无后为大。没有儿子不仅是对祖宗不孝的问题，更重要的是对自己不负责任。在王宫之中，常常是母因子贵。如果华阳夫人有个儿子能为继嗣，你和姐姐的荣华富贵不是有保障了么？"

"可是，你不是不知道，我姐华阳夫人没能生育，哪来的儿子？"

"老聃在《道德经》开篇明义：道生一，一生二，二生三，三生万物。我用一句话概括老子的思想，那就是：无中生有。"

"无中生有？"

"对。你姐华阳夫人没有儿子，但是，安国君却有二十多个儿子。如果采取移花接木之计，从中择一良贤者认作儿子，岂不是有儿子了么？"

阳泉君恍然大悟，道："从安国君的儿子中收养儿子，这是个不错的主意。可是，收养谁合适呢？"

吕不韦胸有成竹地道："我知道你的担心所在。我认为华阳夫人择养儿子，要考虑三个条件：第一，这人须善良，讲良心，讲孝道。如果不良善，到时甚至反目成仇；第二，年龄须适中，太大养不亲，太小又难养，难以继嗣；第三，其母须良善无争。如果他自己的亲生母亲太强悍，必然危及华阳夫人的地位。"

阳泉君沉默片刻，叹了口气道："先生所讲的三个条件正合我意。可是，我认真比较安国君的儿子，难以找到合适的。"

吕不韦道："阳泉君你肯定还忘了一个人：在赵国为质的异人。异人为人心地厚道仁慈，其母夏姬本性善良，自从生下异人后就百病缠身，一直失宠。如今异人身处危难之中，如果华阳夫人能认他为子，接他回国，这异人能不感恩戴德么？"

“对呀。我怎么把异人给忘了。”阳泉君拍拍脑袋，大有思之不及之感慨。他望着吕不韦，奇怪这人心里怎么有如此周密的考虑，真是难得的人才。他起身给吕不韦拱手一拜，道：“看来先生是胸藏万机之高士。此事关系重大，还望先生细心筹划。”

吕不韦急忙还礼道：“阳泉君如此看重不韦，不韦必当倾心相报。”

阳泉君引吕不韦一同去拜访高陵夫人。

高陵夫人年近四十，尤有几分风韵，只是眉目之中隐隐有戚色。

吕不韦送给高陵夫人稀世玉饰。

“吕公子富埒王侯，真是名不虚传。”高陵夫人十分高兴。

“我吕家世代经商，略有些积蓄。虽不敢与王侯相夸，奇珍异宝也还不少。”吕不韦显得自信，朗声道。

“我弟阳泉君言及吕公子，十分敬佩。不知吕公子有何见教？”高陵夫人道。

“不韦闻知高陵君新近得一魏女，美艳绝伦，特来道贺。”吕不韦道。

真是哪壶不开提哪壶。高陵君自从得了魏女之后，与魏女如胶似漆，恩爱有加，将高陵夫人冷落一旁，让她好生伤心。

高陵夫人闻言，脸色徒然一变，责问道：“先生前来就是为此事么？”

“女人年轻时美貌，年长了必然衰老，这是自然之事，想必夫人对此感触更深。好在夫人有两个儿子，都渐渐长大成人，有依靠了。”吕不韦道，“高陵君好女色也是人之常理，说明他身体好，心情好。如果他不好女色，整天对夫人耍脾气，使性子，夫人能有好日子过么？所以不韦前来道贺。”

真是奇谈怪论。可想来也不是没道理。高陵君自从有了魏女之后，对自己虽然疏远了，但是却是事事迁就自己。

“不仅仅如此，不韦此来，更是为了你芈家荣衰。”吕不韦继续不紧不慢地道，“夫人您想过没有，您芈家现在所依靠的是您的妹妹华阳夫人，而华阳夫人却没有儿子。华阳夫人现在受宠，将来年老色衰，这宠爱必然会一点一点地减少。华阳夫人一旦失宠，你芈家能不能保住荣华富贵事小，恐怕还有更严重的后果。”

听到吕不韦之言，高陵夫人的脸色时红时白，急剧变化。是啊，这世态炎凉，荣华富贵转眼变成血雨腥风也是常事，她也看得多了。她真是不愿去想象和承受那更严重的后果。

高陵夫人思考了一会儿，稳了稳神，果断地道：“阳泉君已给我说了先生的来意。我先去给我妹妹说说，明天再给你回音。”

太子宫中，华阳夫人一如往日地侍候安国君。

近来，华阳夫人发现太子宫中有些诡异。安国君曾经想立长子子傒为嗣，华阳夫人担心母因子贵，太早立子傒为嗣而其母吴夫人的地位必然会尊贵起来，因而以诸子年幼，秦国需立良贤者为由阻止立嗣。为此，子傒母子一直对自己不冷不热，眼神里却充满了怨恨。可现在，子傒母子态度大为转变，对自己亲热得不得了，反倒让自己有些不安。

这大概是士仓的主意。华阳夫人心想。

士仓是子傒的太傅，博学多才，计谋很多。

子傒近来经常出现在安国君面前。有时是来请教文章，有时送点心，有时送来吴夫人新做的衣裳。安国君似乎对子傒越来越喜欢了。

还有几个年长点的公子，像子尹、子倬等，也经常来长宁宫向父亲和华阳夫人请安。

这些人来来去去，似乎心里都隐藏着计谋与心机。

不就是为了嗣子的位子吗，你们何必如此良苦用心！华阳夫人心里感叹道，也并没有太多在意。

高陵夫人进宫，转告了吕不韦的想法，华阳夫人才开始意识到事态的严重性。她立即安排召见吕不韦。

吕不韦晋见华阳夫人，只见这华阳夫人大约三十四五岁的年纪，显得雍容华贵，脸上皮肤光泽而富有弹性，谈吐高雅，气闲神定。

吕不韦献上天下至宝——随侯珠，并精彩地介绍了此珠的来历和奇妙之处。高陵夫人听了，咽了一阵口水，瞪着眼睛盯着这随侯珠，羡慕得不得了。

“先生远道而来，听说要劝说本宫收养义子。本宫自觉在此生活尚好，未有不妥之处，不知先生怎会有如此想法?”华阳夫人把玩摩挲着随侯珠，满心欢喜。

“夫人现在过得尊贵，难道夫人没有为自己以后着想么？俗语说：王宫之中处处春。实际说的是王宫之中的主人天天过着有美人相伴的日子。夫人您现在尚年轻，难保再过几年就不逐渐衰老。人老珠黄，色衰则爱弛，您能寄希望于安国君一如现在这样宠爱您么？况且安国君已是四十多岁了，立嗣之事已迫在眉睫。如今夫人爱幸而无子。子傒为人强悍，其母吴夫人能歌善舞，颇有心机。向使子傒为嗣，子傒母子能容您么?”

“即使夫人您不为自己着想，您能不为自家人着想么？您的姐姐和弟弟均因您而富贵至极，安国君的二十多个儿子没有人能比得上，他们能不记恨么？一旦夫人您失势，他们的富贵甚至性命能无忧么?”

“即使夫人您不为自己家人着想，您能不为楚国着想么？您与楚王共一个祖先，您的血脉里流着与楚王相同的血，所以您能帮助楚王安全逃离秦国。楚国曾经衰弱到不堪一击，这些年来全赖夫人您的庇护才得以喘息。如果夫人您失宠，未来的新王必然迁怒于楚，到时恐怕连您芈姓的宗祀也保不住了。”

吕不韦一气说下来，说得华阳夫人思绪万千，面色泛起了红晕。但她毕竟在宫中见过大世面，比高陵夫人更镇静，道：“先生说的也不无道理。看来收养义子也是一个不错的选择。只是先生提出收养异人，让本宫有些不解。如果从年幼之中择一人养之岂不更妥当么？”

吕不韦知道华阳夫人已动心愿意收养义子，只是对收养异人为子还心存顾虑，于是道：“择年长者而立之，则难于驾驭。择年幼者而立，则难于扶持。安国君年事已高，且好酒色，身体大不如前。如夫人择幼而立，难道想重蹈当年出子母子的覆辙么？”

秦屈公为秦惠公之子，生于秦惠公十四年（前388年）。两岁时，惠公去世，出公继位，由太后主持朝政。太后重用宦官，贤臣心中不悦纷纷隐居，百姓忧郁埋怨，流亡在魏国的秦献公得知消息后，与随从想方设法回到秦国。太后派军队捉拿秦献公，但军队哗变倒向秦献公。次年，秦国群臣发动政变，将太后和屈公杀死沉入河中，迎立秦献公继位。

出子母子之事虽然过去一百多年了，但是，秦宫中都熟知这段过往。

吕不韦又继续道：“异人贤名远扬。如立异人为嗣，诸侯皆知异人贤能，能担大任，可使秦国稳定，夫人您诸事无忧。如今秦攻赵急，异人处境危急，随时有性命之忧。夫人您能立异人为嗣，救其性命，异人必思恩图报，对您不会有任何异心。听异人说，他的母亲夏姬多病，他从小孤苦，而夫人您最为仁慈，经常照顾呵护他，他一直铭记在心。异人最重情义，一提到您就泪如雨下，思念不已，把您看得比他亲生母亲还亲。”

“夫人您知道，我吕不韦一向最喜与天下英雄贤能之人结交。正是因为看到异人重情重义，我才会不辞辛苦，与他结为莫逆，甘冒风险为其奔波。要是薄情寡义之人，我吕不韦岂愿为其效劳？”

说完，吕不韦从怀中掏出一块锦帛递给华阳夫人。这是异人写给华人夫人的信，上面写道：“华阳慈母在上：别来无恙。儿异人离开您五年，却无时无刻不想着您曾经对儿点点滴滴之关怀，无时无刻不思念您之音容笑貌。儿日思夜盼望能够回到母亲您之膝下，以好好孝敬您。如儿不幸葬骨他乡，下辈子一定含草以报。唯愿您安康。”

华阳夫人边看边想起从前的事：这异人从小确实可怜，经常受兄弟的欺负。生母夏姬多病无力顾照，自己觉得这孩子也乖巧，就常常照顾他。不想这孩子却一直记念在心。

华阳夫人看着看着，禁不住流下了眼泪。她掏出手帕，擦了擦眼泪，笑着道：

“这孩子倒是懂事了，难得有这份孝心。”

阳泉君见华阳夫人已有收养异人之心，于是道：“吕公子慷慨大度，纵横天下，都是如此看重异人，看来这异人是最合适的人选。姐姐须赶早将这事定下来，迟则生变。”

高陵夫人也应和道：“宫中之事比春天的天气变化还快，事不宜迟，还需妹妹从速定夺。”

“你看你们，一看见云就以为会下雨。这事可不是本宫说了算的。还需安国君，甚至需要大王决定。夏姬那里也需要去与她说一下。每一个环节我们需要细细考虑，才能将此事做成。”华阳夫人虑事颇有大将之风。

“夫人虑事周密，令在下敬佩，将来必定母仪天下。”吕不韦真诚地赞叹道。

与长宁宫相比，长林宫显得格外的冷清。

夏姬在这长林宫一住就是二十多年，曾经的青春年华也成追忆。她一直抱病在身，脸色苍白，瘦骨伶仃，仿如风中之烛。刚过四十岁，面相看起来显老。

华阳夫人一看见夏姬，心里就涌起无限的怜悯。

“姐姐，华阳来看你了。身体可好些么？”

“姐这身体，也是吃一天算一天的人了，还让你经常操心。”夏姬对华阳不时来看望她非常感动。自从生下异人后就病了，安国君再也没有来看过夏姬，宫中其他人也很势利，只有华阳夫人还时常惦记着她。

“生点病还经得起熬些。你看这二十年了，你这病虽然没好，也没见坏。说不定还能再熬上三十年四十年。听御医说，许多平常身体好的人，一生病就没得救了。”

“妹妹又来安慰我了。”夏姬显得虚弱，苦笑道，“我自己的身体自己最清楚，能再熬上三五年就不错了。”

“姐姐要我打听异人的消息，我一直在想办法。”华阳夫人道。

“异人可有消息？他人怎么样？没病吧？”夏姬两眼放光，急切问道。

“异人在邯郸过得很艰难。你想我秦国经常进攻赵国，这异人的日子能好过么？”华阳夫人叹了口气，道，“现在秦军正在大举进攻长平，长平一破，秦军就会兵临邯郸，我担心异人随时有性命之虞。”

“我这苦命的儿啊，也不知在邯郸过什么样的日子啊。”夏姬闻讯，泪如雨下，哭道，“要是能让异人平安回来，让娘死了也心甘啊。”

华阳夫人看夏姬哭得伤心，也陪着流眼泪。

过了一会儿，华阳夫人擦干眼泪，道：“姐姐不必伤心，我已安排人在邯郸照顾异人。只是要让异人回国还需要费许多周折。”

夏姬听说还有希望救异人回来，突然跪在地上，叩头道："只要妹妹能想办法救异人回来，姐姐天天为你祈福，来世为你当牛做马。"

华阳夫人急忙扶起夏姬，夏姬却不肯起来。华阳夫人只好道："妹妹答应你就是了。"

夏姬这才起来，却拉着华阳夫人的手不肯放，流着泪哽咽道："妹妹你人好办法多，一定可以救异人回来，对吧！你需要我做什么尽管吩咐，你要我的性命我也随时给你。你一定要帮姐姐把异人救回来。"

华阳夫人握着夏姬的手，道："异人这孩子打小就看着可怜，这些年也吃尽了苦头。我想现在唯一的办法就是将他收为我的养子，立他为嗣，这样赵国会更加看重他，不会轻易伤他性命。只要不伤他性命，再好想办法救他回来。"

夏姬一听，激动起来，紧紧地拽着华阳夫人的手，道："异人有你做他的养母，真是他的造化，这是他几辈子修来的福！是不是需要姐姐再不与他相认了？只要妹妹照顾他，让他平平安安，你现在让我去死也行。"

华阳夫人用帕子帮夏姬擦了擦眼泪，道："妹妹是看着异人长大的，知道他是重情重义的人。妹妹把他救回来，既是为他，也是为我们姊妹后半辈子的幸福。妹妹知道你一直过得很苦，也想让异人回来好好孝敬你，让你过上好日子。"

夏姬听了，眼泪又涌了出来，道："姐姐这么多年一直熬下来了，就是牵挂着异人，为他活着。异人如果有意外，姐姐也不会活了。妹妹宅心仁厚，救了我们母子。妹妹将异人救回来后，姐姐会知道怎么处事。妹妹请放心，姐一定不会忘恩负义，一定会要异人好好孝顺妹妹。"

离开时，看着夏姬那羸弱的身子，华阳夫人想道，要不是这份母爱的支撑，夏姬恐怕早已不在人世了。

安国君嬴柱年轻时从来没有想到过有朝一日会成为太子。六年前，太子哥哥突然在魏国病故了，让嬴柱白捡了太子当。

以前没当太子时，羡慕当太子的许多荣耀与特权。只有当上太子后，安国君才知道，当太子有当太子的烦恼。

从前妻妾少，现在后宫佳丽多，自己的精力毕竟有限，哪能照顾得过来。这女人一多，矛盾也多，相互钩心斗角，争风吃醋，也让人烦。

从前对国事可以充耳不闻，现在却不得不关心国事。但是，关心国事又不能太有自己的主张，不能让大王感觉到权力受到点点侵犯。有时憋着难受。

好在有华阳夫人，安国君的日子才过得舒适些。

对于国事，华阳夫人常常将大王的心思揣摩得很透彻，为安国君出谋划策，使安国君与父亲之间关系十分融洽。

对于后宫的管理，华阳夫人善于化繁为简，长袖善舞，使后宫一片安宁。

生活上，华阳夫人更是体贴入微。安国君兴趣好时，华阳夫人会与他一同欣赏宫中美女图像，为他临幸哪个美女当参谋，从来没有显现出任何嫉妒之意。华阳夫人知道安国君的口味和种种兴趣爱好，能将安国君侍候舒舒服服。

在安国君的心目中，华阳夫人有时像精明的祖母宣太后，有时又像慈祥的母亲唐八子，有时像温情缥渺的女神，有时像天真可爱的女儿。安国君有时在想，上天送给他最好的礼物，就是这最迷情、最温存、最让他依恋的女人。

然而，这天晚上，尽管华阳夫人面带笑容，笑容里却有些生硬；虽然款款细语，语言里却感受不到温暖。安国君觉得有些奇怪，是生病了，还是哪里不舒服呢？安国君问华阳，华阳却说没事。

夜深时，安国君一觉醒来，却见华阳夫人背对着他在暗地抽泣。

"华阳，你怎么啦？什么事让你伤心？"安国君将华阳的身子转过来，关切地问道。

华阳将头埋在安国君的怀里，哭得更伤心了。

安国君抚摸着华阳的玉肩，道："爱妃，你别哭了。天大的事儿我都替你做主。"

华阳抬起头，望着安国君道："妾能侍候夫君，被夫君所宠爱，也是几辈子修来的福分。可是，妾的肚子不争气，没能为夫君生下一男半女。一想到下半辈子年老色衰无人照顾，甚至还要受人耻笑，妾心如刀割，悲从中来。"

安国君安慰道："爱妃，你原来是为这事烦恼。你想想看，你虽然没有生育，可为夫却生了众多儿女，这些也就是你的儿女。父王已垂老。父王去后，夫为王，你为王后。这些儿女谁敢不孝顺你？夫百年之后，子傒为王，你便是太后，谁又敢对你不敬？况且你为人宽厚仁慈，人所共知。这些儿女后辈会打心里敬你爱你，你又何必为以后的事担心呢？"

华阳依然悲悲切切，道："夫君所言，亦是妾平素所想，所以妾虽没有生育，却一直视这众多儿女为己出，处之以公，爱护有加。可是，昨天下午，吴姬、子傒、士仓三人在一起议事，竟说妾许多不是。他们说妾宠任外族，夫君知道，妾外族受封受宠，都是先辈积功所致，都是他们自己一刀一枪拼杀出来的，妾何曾宠任过他们？他们说妾打压排挤他子傒母子，妾平日里除了对宫中孤弱之人有所厚爱之外，何曾偏向过谁？子傒想早日立为嗣子，妾以前提议缓缓，就是想多考察他的人品才学，谁知他们竟是怀恨在心。他们商议说，现在妾受宠，所以即使内心讨厌，也必须表面上亲热，要千方百计讨好妾，不能让妾成为他们的绊脚石。他们以前对妾不冷不热，突然对妾尊敬起来。妾原以为他们是真心实意，却没想他们竟是装出来的。妾一想到万一夫君先妾而去，留下妾在世老病交加，受人冷眼，妾就不寒而栗。"

安国君闻言，怒道："这畜生竟敢对爱妃这么无礼！明天一早叫他们过来，要好好教训他们。"

第二天一早，安国君招来吴姬、子傒和士仓三人，将他们痛骂了一顿。安国君所说的正是他们昨日所议之事，他们无法辩解，只好诚惶诚恐向安国君和华阳夫人认错。

只是他们百思不得其解的是，为何私下商议的事情会这么快让安国君知道，是不是安国君在自己身边安了眼线？还是华阳夫人安的眼线？这眼线到底是谁？

原来，这事竟是吕不韦的主意。

华阳与吕不韦、阳泉君、高陵夫人商议时，华阳有许多忧虑，她认为要想立异人为嗣，首先必须打消安国君立子傒的念头。要让安国君改变主意，不能仅靠安国君对自己的宠爱，还必须要有更充足可信的理由。

阳泉君曾随武安君白起伐过韩，相信武力，提议派人刺杀子傒。华阳一听，连忙摇头，道："不可。我不希望宫中有血腥之气。否则我一辈子不得安生。"

吕不韦想了想，道："鬼谷子云：谋于阴，谓之神；成于阳，谓之明。这句话既适应于我们，也适应于对方。我们要打消子傒为嗣的梦想，就要拿出上得台面的理由。士仓他们肯定在背后也有所谋。我们只要探知对方所谋，从中寻找破绽，必能致敌于死命。我们现在要想办法如何收买子傒身边的近侍，神不知鬼不觉地探知对方的底细。"

如何才能收买对方的近侍呢？华阳夫人以前可从没有想过。

华阳夫人突然想到一个人，道："本宫倒有一个宦者，叫做魏过，人虽小，却聪明伶俐。让他来做这事最合适。"

华阳夫人叫来一男孩，十一二岁的年纪，却显得几分成熟与机灵。

"魏过，这是吕公子。这几天你就听从吕公子的吩咐。"华阳夫人道。

"是，夫人。"魏过对宫中礼仪十分娴熟，转而对吕不韦道，"吕公子有事尽管吩咐，小人一定尽力。"

吕不韦嘱魏过如何如何做，这魏过一听就心领神会。在吕不韦的安排下，魏过与子傒近侍秋白交为好友。在子傒母子议事时，秋白从屏风后暗中听到了这一切。

吕不韦明白，去掉子傒这个绊脚石，还仅仅是一个开始。下一步是如何让安国君接受异人为嗣。

这一切都只有依靠华阳夫人了。

安国君重责子傒，替华阳夫人出了口气，华阳夫人似乎更温情了。

"夫人，你现在是越来越丰韵迷人了。"安国君捧着华阳的脸，注视着。

"夫君，你是妾的天。有夫君的阳光雨露，妾才会娇艳。"华阳含情脉脉地道。

“夫人是我心中的神，我会好好呵护你一辈子的。”安国君郑重地道。

华阳激动得在安国君脸上亲了一口，然后满脸幸福地依偎在安国君的怀里。

“不过，我们都会要老的，我也四十多岁的人了，立嗣之事恐怕不能再拖了。”安国君道。

华阳夫人抬起头，凝望着安国君，深情地道：“夫君，对于立嗣之事，妾也一直在观察诸公子。妾是想在诸公子中择一良贤者而立之。妾的想法，这嗣子首先是要孝顺。百事孝为先。历朝历代，诸侯之中不孝之嗣甚多，他们什么事都做得出来，或弑君，或兄弟相残，或欺负寡小，引起内乱，甚至导致国家灭亡。夫君你想，这齐桓公多强大，因为儿子不孝，互相争立，最后落得个病饿而死。赵武灵王多强悍，因为儿子不孝，最后壮志未酬，中年丧命沙丘宫。这些历史惨剧不能再在我秦宫中上演了。”

“夫人真是明理之人。”安国君感叹不已，对华阳的话深表赞同。他不知道，这些道理都是与吕不韦商议的结果。

“其次就是要气量大，能容人，能从贤如流。如果嫉贤妒能，胸心狭窄，亲亲疏疏，意气用事，为所欲为，不但家人会深受其害，这大臣，这国家也会遭殃。譬如商纣王，据说是一个绝顶聪明的人，也是一个非常有才华的人，就是因为刚愎自用，杀害贤良，放纵私欲，最后走投无路，自焚而死，国家也亡了。这样的例子太多了。”

安国君非常专注地看着华阳，道：“夫人继续说下去。”

“再则就是要有才能，要经过历练，要吃过苦。不吃苦中苦，难为人上人。从小娇生惯养的人，常常以自我为中心，不会考虑他人的感受，也不具备卓越的才能。从古到今，凡能成大事的人，都是吃过苦经历过许多磨难的人。周文王吃过多少苦，晋文公吃过多少苦，齐桓公吃过多少苦，这些例子不说夫君也知道。夫君你想想看，父王要不是在燕国为质，历经磨难，能有今日的成就？所以说，能吃苦，能经历磨难之人，必是有才干能成大事之人。选这样的嗣子，也是我大秦之福。”

安国君捧着华阳的脸，揉了揉，道：“我看夫人简直祖母宣太后再世。我大秦有你这样的女人掌着舵，统一六国是大有希望了。我相信你的眼光，你选谁就定谁。”

华阳态度坚定地道：“妾基于上述想法，在众公子中反复观察比较，认为异人最合适。这孩子从小就乖巧听话，重情重义。即使在邯郸那么艰苦那么危险的环境里，他也能够广交朋友，贤名远扬，而且还经常记念我们，真是难得的人才。”

“行，就听你的。”安国君没有理由不相信华阳的智慧和判断力，转而又道：“不过，这事还需征得父王的同意。”

就在秦宫内斗争不断的时候，秦、赵长平之战也是愈演愈激烈，秦军攻得猛烈，赵军守得顽强。阵地经常互相变换。在对抗之中，秦军只是略占上风，却也好不到哪里。赵军在老将廉颇的指挥下，十分英勇。廉颇时守时攻，守时如磐石，坚不可摧；攻时如狂风暴雨，气势磅礴。

长平之战，双方物质资源也是消耗巨大，而赵国更是不堪负重。赵孝成王终于熬不住了，后悔没有听从平阳君的劝告，接受了上党之地。

“圣人甚祸无故之利。”平阳君之言，时刻敲打着孝成王的心，使孝成王日夜不得安生。

赵孝成王五年（公元前261年）冬，天气异常的寒冷。赵王宫殿中加了炭火，大家还是感到凉意逼人。

“众爱卿，我赵丹举措失当，使赵国遭此大难。赵国处此危难之际，是征集兵力增援还是与秦媾和，还请众爱卿献智献策，以救民于水火之中。”赵孝成王心情非常沉重。

众人沉默不语，只见下卿赵括挺身而出，道：“大王不必自责。我赵国能征善战的将士甚众。只要择一良将，必将大破秦军，扬我国威。”

大臣楼昌道：“战争岂是逞匹夫之勇？最近我军伤亡很大，连荣都尉都阵亡了，岂可轻易言战？我看不如派重臣去秦国媾和为上。”

上卿虞卿道：“楼昌之言谬矣。现在不是我们想不想媾和，而是秦国愿不愿意与我媾和，主动权全在于秦。大王试想一想，秦军的目的是想攻破我赵军，还是不想攻破我赵军呢？”

赵孝成王道：“从目前的局势来看，秦军是下了死决心不遗余力要攻破我赵军。”

虞卿道：“显然，秦军欲破赵军，志在必得，我赵国欲和而不可得。如果我赵国舍得财货，甚至割让些土地向魏、楚、齐求救，魏、楚、齐必然会接受我赵国的使者。秦国听说魏、楚、齐与赵国联合，必然恐惧。那个时候再与秦媾和，方能成功。如果现在派重臣去秦，诸侯使者都在秦都，秦必以此显重，使诸侯以为赵必附秦，那诸侯谁还愿意救赵？没有诸侯相救，赵军必破矣！”

大臣楼缓道：“都是一个和字，与其向魏、楚、齐救援后再去媾和，不如直接向秦媾和。秦王性贪，向使我献上党之地，再割六城与秦，以补秦之贪心，秦国也已精疲力竭，必然与我媾和。”

赵孝成王听了点了点头，道：“众爱卿，这场战争我们再也拖不起了。再拖下去，国库已空，百姓也不堪重负，不被打垮，也被拖垮了。所以，寡人决定与秦媾和。按照楼爱卿的提议行事。着平阳君主持媾和事宜，派大臣郑朱出使秦国。”

虞卿见赵孝成王主意已定，叹息道：“我赵国危矣！”

秦昭襄王一听说赵国派重臣郑朱来秦媾和，阴险地笑了。他不但答应与赵议和，还派相邦范雎隆重地率各国使者去咸阳城外迎接。

范雎引着郑朱骑着高头大马，前呼后拥，从咸阳街头走过，两边街道上百姓都惊奇得窃窃私语，不知秦王为何会如此礼遇一个交战国的使者。

秦昭襄王在大殿里接见了郑朱，态度十分友好。

他说，秦、赵都是嬴氏，同一个祖先，秦国一直将赵国视为兄弟，订立盟约，互派人质，以为可以长久友好下去。可是，赵王太不珍惜这份情谊了。韩国本身是将上党十七城献给秦国的，赵国却故意从中作梗，横刀夺爱，将上党抢去。这不只是十七座城池的问题，而是影响秦国国威的问题，这样一来，诸侯各国如何看待秦国？秦国子民如何看待我秦王？所以，我秦国不得不与赵国开战。两国打了两年了，死了许多人，弄得国库也空了，这是我秦王最不愿意看到的。只要赵王有诚意，让我秦国收回点面子，两国罢兵，和平相处，这是皆大欢喜的事。

郑朱转达了赵王的歉意，表示愿意将上党十七城归还给秦国，同时作为补偿，另割六城与秦，希望与秦和解，早日罢兵。

秦昭襄王表现得十分高兴，说赵王如果早有此诚意，何必耗时两年，弄得两败俱伤。

这时，大臣蒙骜站出来说话。他说，秦国损兵折将，赵国只割六城如何能弥补秦国的损失，责怪赵国没有诚心议和。要议和，起码也得割二十城。

群臣于是纷纷附和蒙骜的说法，弄得郑朱面红耳赤。

秦昭襄王表示无奈，说他愿意赵国的和议，可是群臣心里不服。要郑朱再回去与赵王商议，实在割不出二十城，起码也得割十五城，以平复群臣之心。

郑朱说他不能表态，只好回国向赵王禀报再作答复。

晚上，秦昭襄王设家宴款待郑朱，太子安国君、华阳夫人、范雎作陪。

“今晚请郑大人相聚，不谈国事，只是饮酒作乐，不醉不归。”秦王举杯一饮而尽。

“郑朱敬大王。”郑朱见秦王不谈国事，心里一下轻松了许多，急忙端杯还礼。

“听说郑大人世代辅赵，在赵国上下极有人缘，令范雎钦佩之至。”范雎恭维道。

“哪里哪里。相邦文治武功，诸侯侧目，真是人中之杰。”郑朱道。

范雎于是问了许多赵国宫中之事、群臣之事，当他听说马服君赵奢之子赵括精通兵法，感叹道：“唉，生子当如马服子。如我秦国有赵括为将，赵国将不复存矣。”

郑朱与赵括一向交好，对其才能也深信不疑。

安国君则问起异人在赵国的情况，郑朱对异人大加赞赏，道：“到底是秦王的血脉，与众不同。王孙为人谦和，礼贤下士，广交朋友，慷慨大度，真是有大国之风范十分难得。”

秦昭襄王大为吃惊，高兴地道：“本王已记不起这个孙子是什么样子了。本王曾在燕国为质，深知在外处处不易，何况这两年秦赵交恶。这异人在这样的环境里犹能应付自如，贤名远播，倒是有过人的才能。本王到时要好好奖赏他。”

华阳夫人见秦王高兴，给安国君使眼色。安国君趁机道：“父王明鉴。从父王与异人的经历来看，儿臣才体会到什么叫危难时期方显英雄本色。儿臣思虑再三，决定将异人立为嗣子，请父王定夺。”

“好，择贤而立，乃我大秦之福。”秦昭襄王高兴地答应了。

郑朱、范雎等人急忙举杯祝贺。

宴会罢，送走郑朱，秦昭襄王与范雎、安国君、华阳夫人一起议事。

范雎面露喜色，道：“恭喜大王，赵国可破矣。”

秦王道：“喜从何来，相国说来看看。”

范雎道：“以秦之强，目前能与秦抗衡者，除非赵与魏、楚、齐合纵。大王善待郑朱以疑天下诸侯，合纵必不成。以赵一国之力，必难与我强秦相抗衡。大王善待郑朱，以间诸侯，赵必无助，岂不可破！”

秦王道：“然而，依目前形势来看，两军长期相持下去，终不是办法。相邦有何良策？”

范雎胸有成竹道：“臣已思得一计，曰：易将，使敌我双方都易将。廉颇，赵之良将，如其为将，秦国难有作为。然赵王已对其有所不满。请大王派人带重金至邯郸，赂亲我秦国之大臣，如赵郝、楼缓等人，使其离间赵王与廉颇。最好让赵王换上年轻气盛徒有虚名的赵括为将。我方之将王龁将军善带兵，作战勇猛，但是少奇谋。而赵最惧武安君白起。可暗中起白起为将，王龁为副。敌我双方易将，赵军必破。”

秦王大喜，道：“必如相邦之言，真是大功一件。”

华阳夫人闻言，心中一惊，欲言又止。看来秦、赵必有一场恶战。依范雎之谋，可一旦开战，赵国兵败。赵兵败，异人必有性命之忧。华阳夫人不敢多想，一回到长宁宫，立即与安国君刻书为文，刻玉符为信，立异人为嫡嗣。

第二天一早，安国君与华阳夫人召见吕不韦，宣布了立嗣决定，并拜吕不韦为异人之傅，赐以财宝，要他迅速赶回邯郸，千方百计保护安异人的安全。

吕不韦与司空马一行来不及相互庆贺，立即起程回赵。

吕不韦尽管知道以后的道路仍然异常凶险，可毕竟初战告捷，心里满是高兴。他带着喜悦的心情，与司空马有说有笑，在万水千山之间飞驰。

第十章 忍痛割爱

Biography
About Lü Buwei

吕不韦赶回邯郸时，已是年关。

虽然战争给邯郸城里的人们带来物质上的困难，可过年是大事。沿街可以看到家家户户都在为过年而忙碌。

天空飘起了雪花，炊烟使天空变得更加缥渺，间或响起鞭炮声，过年的味道便显得触手可及。

吕不韦顾不上在邯郸与二妮团聚，而是直达聊城。

当他们到达嬴异人的馆舍时，个个都变成了雪人。

“你们终于回来了，太好了。一定有好消息了？”嬴异人一见吕不韦一行，大喜。

“我们今天还没吃东西，快要饿坏了，先吃点东西填饱肚子再说吧。”吕不韦突然感到头晕，肚子咕咕叫，有些站立不稳。

司空马急忙扶着吕不韦，对公孙乾道：“我们一直赶路，风餐露宿，实在是累坏了。你赶紧准备些吃的再说。”

公孙乾立即吩咐下人尽快拿吃的来，并将火烧旺，烧些热汤。

好在都准备了些过年吃的，便拿了上来。

吕不韦津津有味地吃着，不再吱声。

嬴异人搓着手，瞪着眼看着他们吃，心里像猫抓似的。

公孙乾则安慰道：“慢慢吃，别急。”

过了好一会儿，吕不韦摸着肚子打着嗝，道：“好久没有这么安心吃过了。”

“这么说，事情成了。”嬴异人急于知道结果。

吕不韦盯着嬴异人，看了一会儿，看得嬴异人心里一紧。

突然吕不韦开心笑道：“成了！”

嬴异人紧握着吕不韦双手，道：“真的成了？”

“真的成了！”吕不韦松开手，从怀里掏出玉符，捧着送给异人，道，“王孙看看这玉符就知道了。”

这玉符透着绿光，呈凹凸状，上面刻着“立异人为嗣”的几个字。

“真的成了！”嬴异人惊喜不已，捧着玉符，不断地摩挲亲吻着。

“这真是奇迹。”公孙乾也是异常的高兴，道，“你们是怎样做成的？”

吕不韦要司空马将咸阳之行说说。司空马便将如何说动阳泉君、高陵夫人、华阳夫人，如何说动夏姬，如何拉下子傒，如何说服安国君，如何让秦昭襄王认可，如何拜吕不韦为傅，如何剖符为证，一路上如何艰辛，等等，娓娓道来，听得嬴异人心情时紧时松，时悲时喜，简直入了迷。

“也只有吕先生这般旷世奇才，才能成就这千古奇事！”公孙乾不无钦佩地道。

“先生在上，请受异人一拜。”嬴异人向吕不韦行大礼，跪地一拜，道：“先生大恩大德，我异人永世难忘！先生即为我傅，异人愚顽，还望先生多多教诲。”

吕不韦还了一礼，道：“我吕不韦受安国君和华阳夫人之托，自当为王孙尽心竭力，在所不辞。”

异人欢喜道：“今日大喜，我们摆酒为贺，大醉三日如何！”

吕不韦道：“目前还不是高兴的时候。秦、赵交恶，王孙身处险境，随时仍有生命危险。我们现在要做的，就是如何保平安，如何想方设法安全回到秦国。这也是一场战争，是一场力量相差悬殊的硬战。我们必须小心行事，依靠我们的智慧、耐力、勇气甚至金钱来战胜一切困难，决不能有任何差池，否则就会前功尽弃！”

嬴异人收敛了刚才的兴奋，点了点头，严肃地道：“异人一定听从先生的教导，一切按先生的吩咐行事！”

吕不韦安排两个随从屠岸树和祖泰给嬴异人当护卫。这两人都是武艺高强身怀绝技之人。

回到邯郸别院，二妮十分欣喜，抱着吕不韦，流出了幸福的眼泪。

久别胜新婚，道不尽的浓情厚谊。

浓情过后，二妮非要听吕不韦细说咸阳之行。二妮饶有兴趣听着，特别是听到华阳夫人之事，格外兴奋，不停地问道：“华阳夫人有多美？比我漂亮么？有多高贵？”

吕不韦也没答理，说着说着就睡去了。

或许是一路劳累，或许是昨夜辛苦，吕不韦睡得很香很沉，直到第二天中午才醒来。

“好久没有这么安稳舒服地睡过觉了。”吕不韦觉得四体通畅，神清气爽。

“相公一路辛苦了，晚上连故事都没讲完就睡着了。今日要好好将华阳夫人的故事讲给妾听。”二妮娇柔地道。

“你这小妮子志向还不小，莫非你还想学华阳夫人？”吕不韦亲昵地在二妮鼻子上刮了一下，道：“快去准备吃的，我的肚子在造反了。”

窗外飘着雪花，空中不时传来鞭炮声。

刚吃过中饭，司空马带着武乙满身风雪从外回来。

“给吕公子拜年，祝吕公子新年大吉大利。”司空马拱手道。

“祝吕公子百福呈祥，万事顺意。”武乙也拱手道。

“哦，今天是春节了么？我倒忘了。今年是我在外过的第一个年。新年新气象，给大家发红包，祝大家新年都吉祥如意。”吕不韦显得高兴，转而又问道：“你俩这么早就出去了？”

“我们到外面转了一趟。邯郸城里今天特别热闹。赵王率文武大臣和宗室正在祖庙里举行大型祭祀活动，祈求祖宗保佑早日打败秦军。”司空马道。

吕不韦摇了摇头，道：“目前赵军对抗秦军，也只能坚守，无力反击。实力代表尊严。祭祀一下祖宗也未尝不可，但是，想靠祖宗的庇护就能打胜仗，那些兵家的书都该焚烧了。”

“我们还打探到，孝成王给廉颇下令，要求他主动出击，春节过后必须向秦军发动攻击。”司空马道，“根据这些情况来分析，目前我们想要孝成王下令将嬴异人放回去的希望是很渺茫。”

吕不韦沉思片刻，自信地道：“天生我吕不韦，就是要办成别人难以办到的事。办法总比困难多。我们要盯住孝成王身边的人，一定会有办法让孝成王松口的。”

“这点我们会按公子的要求做的。”司空马又道，“另外，前向濮阳来信，说梦萦公主病了，病得比较严重。”

“你们准备一下，我们马上回濮阳。”吕不韦一听，心里焦急，立即吩咐道。

“不行。你要走也等过完春节再回濮阳。”二妮拉着吕不韦的手，撒娇道。

“二妮乖。等我把公主的病治好了就回来陪你。”吕不韦安抚道。

“不嘛。你昨天才回来，被子都还没捂热。你歇两天再走，行么？”二妮抱着吕不韦道。

“救人如救火。这事片刻都耽搁不得。”吕不韦决断地道。

“你心里就只有梦萦，没有我。你不知道这阵子我为你日夜担惊受怕，在这里多难熬！”二妮哭泣着，仍不肯松手。

“你和公主都是我所爱。公主为我操持家务，孝敬长辈，抚养儿女，吃了不少的苦。我吕不韦决不能有负于公主。”吕不韦掰开二妮的手，决然地说道。

司空马已准备就绪，吕不韦一行冒着风雪，策马而去。

“吕不韦，我恨你。”二妮望着远去的背影，跺着脚说道。

濮阳城里吕家大院，梦萦公主卧病在床，不时地咳嗽。

厨房里正煎熬着药，药味丝丝缕缕地缥渺着，散发到屋里的每一个角落。

吕不韦赶回濮阳家里，在院子里就听到咳嗽声，一身的雪花来不及拍落，急匆匆往里走。

听说吕不韦回来了，父亲吕鑫、母亲赵媚娘早在堂上等着，儿子吕文、二女太平、三女永平都跟在祖父祖母身边。

吕不韦见过父母，问候后，就急着去看望梦萦公主。

梦萦公主躺在床上，脸色有些憔悴，不时地掩袖咳嗽。长女安平已是一个十二岁的大姑娘了，在一旁替母亲送药递茶。

吕不韦三步两脚来到床前，握着梦萦的手道："身体哪里不舒服？请了郎中没有？"

"就是咳嗽，气喘，胸闷，头昏，目眩，困倦，厌食。请了郎中，都是濮阳城有名的。郎中说是偶感风寒所致，没有大碍。"梦萦说完，又忍不住轻咳。

安平道："父亲这一去就几个月，从来没有离家这么久过。母亲太想念父亲了。晚上经常突然醒来，有时还不时张望等待，以为父亲就会回来了。郎中说，母亲这病就是焦虑、着凉所致。"

"你这丫头胡说些什么。母亲是这么脆弱的人么？这人哪有不生病的？"梦萦嗔责着女儿。

吕不韦心里非常愧疚，梦萦是他一生的挚爱，他却没有照顾好，让她日夜思念，生出病来。吕不韦噙着泪，对梦萦说道："我没在家好好照顾你，让你受苦了。明天我去请最好的郎中来，一定要早日让你安复。我们还有好日子在后面，你一定要健健康康快快乐乐。"

梦萦又咳着几声，脸上起了红晕，笑着道："妾知道相公的心意。郎中说了，这咳嗽上了身，不是一时三刻就会好，少则半个月，多则一二个月。相公不必担心。"

"父亲回来了，娘这病就好了一大半了。"安平开心地笑着道。

"你这丫头，人小鬼大。"梦萦咳了咳，笑着道："这阵子倒也多亏了这丫头，她也不要佣人护理我，非要自己给娘服药送水。难得有这份孝心。"

吕不韦爱怜地抚摸着安平的头，说道："安平长大了，知道疼娘了，为父十分欣慰。江南王家可是一个好人家，听说王陵这孩子十分忠厚、勤奋、会疼人。将来安平嫁过去一定会幸福的。"

"女儿还小，父亲就想把女儿嫁出去了。女儿不理父亲了。"安平娇羞地离开了。

"你看，这女儿人大心大了。"吕不韦和梦萦都笑了。

吕不韦请来濮阳城里最有名的郎中姜桂子。

姜桂子为梦萦把过脉后，捋着胡须，道："公主的病是积寒所致。咳嗽不止于肺，而亦不离于肺。外感以驱邪宣肺为主，内伤以调理脏腑、气血为主。只要公主放松心情，开窗户多通风，多喝水，兼以药疗，慢慢疗理，少则半个月，多则一个月便可痊愈。"

姜桂子又提笔开着方子：苏子六钱，当归七钱，半夏六钱，肉桂三钱，前胡三钱，厚朴五钱，桔梗七钱，炙甘草三钱，生姜六钱。

姜桂子将药方子递给吕不韦，道："请公子按此方捡药。每天服一剂，一日两次，用文火煎，每次煮沸后一刻钟多点即可。连服七天后，我再来看看。"

吕不韦礼送走郎中后，即吩咐佣人去抓药。

经过几天的服药疗理，梦萦的咳嗽缓和多了，人也精神了许多。

一家人都为梦萦逐渐康复而高兴。

吕不韦虽人在濮阳，但时刻关注着邯郸的形势。

司空马不断地在两地之间来回往返。带回的消息让吕不韦越来越不安。

吕不韦从邯郸回来后，给父亲吕鑫讲过秦国之行，脸上有得意之色，而父亲并没有改变自己的看法。

"你以为赵王会轻易放异人回秦国么？即使你想方设法帮异人回国，秦王已老，可安国君还是中年，按秦王年纪计算，再活二三十年，这其中多少变数？如果二十年后异人能顺利继位，到时你也老了，恐怕心有余而力不足了。再说异人继位后，难保他不发生变化，还能安心听你的。一旦君臣之间发生矛盾，自古以来，有几个权臣能得善终？你现在回头还来得及。以你的才智，即使天下大乱，我吕家自保还是没问题。"

吕不韦知道无法说服父亲，也就不再争辩。

从邯郸传来的消息让吕不韦越来越忧心如焚。

赵王几次下令，要廉颇主动出击，廉颇却抗命，拒不执行。邯郸城里议论纷纷，或说廉颇老了，不敢与秦军打了，或说廉颇在为自己留退路，或说廉颇暗地里在与秦商议，准备投降秦军。众说纷纭，扰得人心大乱。

赵王心神不定，越来越没有耐心了。他一直想将廉颇换掉，但在人选上却拿不定主意。

越来越多的人传言，昔日秦军唯独败在马服君赵奢的手中，现在最怕马服子赵括。

唯有赵括的母亲最不相信这种传信，甚至跑到赵王那里，告知赵王，说赵奢在时就认为赵括言过其实，不堪重用。

括母的话让赵王好生烦恼。

不过，赵王对嬴异人倒是越来越看得紧了，加派了人手进行看管。

看来想要让赵王放异人回秦国是越来越难了。

但是，让吕不韦担心的还不只是嬴异人回秦这件事。

赵王虽然对嬴异人看管得紧，但并没有完全限制他的自由。吕不韦从秦国带回的黄金也足够让嬴异人过得体面。

嬴异人年轻，血气方刚，耐不住寂寞，经常在酒楼歌舞场地出入。

如果仅仅如此，也就罢了，但想不到这异人竟看上了赵二妮，而且爱得如痴如狂，不能自拔。

原来，嬴异人在邯郸城里路过吕不韦的别院时，一时心血来潮，要去看一看。公孙乾和屠岸树、祖泰也只有随他一起进去。

武丁接待了嬴异人一行。吕不韦回濮阳时，把武丁留在邯郸别院，以加强护卫。

吕不韦离开邯郸时，曾吩咐过，他不在时，二妮不得出来接待客人。

嬴异人曾听说过吕不韦的侍妾二妮非常漂亮，坚持要拜见嫂子。

武丁没办法，只好进里屋向二妮禀报。二妮在里间听到了嬴异人的说话声，也想看看这王孙是什么样子，于是答应了。

武乙向嬴异人回复，主母答应出来一见，嬴异人听了满心欢喜。

不一会儿，赵二妮身着红裳，光彩夺目，纤纤细步，袅袅婷婷，姗姗而来，看得嬴异人目瞪口呆，整个身子都酥了。

“二妮见过王孙。”赵二妮给嬴异人行礼道。

嬴异人揉了揉眼睛，道：“你难道是神仙下凡么？”

赵二妮嫣然一笑，道：“王孙说笑了。”

赵二妮这一颦一笑，将嬴异人的魂儿都迷到九天云外去了。

从此，这嬴异人茶不思，饭不想，满脑子全是赵二妮的影子，每天都想着要往吕不韦的别院里跑。每次一见到二妮，就兴奋得不得了，有说不完的话。要不是公孙乾和武丁他们在场，保不定这嬴异人什么事都做得出来。

吕不韦听到嬴异人与赵二妮二人迷情的消息时，气不打一处。俗语说，朋友妻，不可欺。更何况我吕不韦还是你的恩人。这个嬴异人也太不是东西了。要不是我吕不韦，你嬴异人穷困潦倒不说，还能成为安国君的嗣子么？要不是我吕不韦的保护，你嬴异人随时有性命之虞。你嬴异人想离开邯郸回秦，如果没有我吕不韦的帮助，你能有办法么？

司空马在一边静静地看着吕不韦发脾气。等吕不韦气消了，司空马才缓缓地道：“吕公子真的喜欢二妮么？和公主相比，公子更喜欢谁呢？和公子的远大志向相比，是二妮重要，还是公子的志向重要？”

吕不韦用奇怪的眼神看着司空马，问道："我不明白你这话什么意思？"

司空马道："当局者迷，旁观者清。我曾经以为二妮是那么钟情于你，现在看来，那只是她少女时的一个梦想。现在看到更年轻的王孙后，心思就动了。而公子内心真正挚爱的女人却是公主。除了这份挚爱，公子内心最渴望的是什么呢？是想有朝一日为大秦之相，在自己的手里，按照自己设计的理想来实现诸侯国的统一。如果嬴异人自我克制力极强，不贪恋女色，他日为君，那公子又如何去驾驭他？公子还记得鲁仲连说的那句谶语么？'两口子，异于人。'二妮先遇公子，再遇嬴异人，这岂不是应了谶语么？看来万般皆由命，命中注定，不相信都不行。"

吕不韦向来不信命，只是扪心自问，我曾爱过二妮吗？是她投怀送抱，是她风情万种，是她妨忌公主想独占自己，这样的女子今后会对自己好一辈子吗？如果嬴异人贪恋于她，而我从中阻拦，虽然从道义上讲得过去，可嬴异人不记恨么？以后帮他回国，立他为君，他会对我怎么样？如果将二妮送给异人，可我这男子汉颜面何存？

吕不韦在书房里不停地徘徊，大脑里急剧思考着，内心矛盾极了。他在考虑问题时，喜欢将各种最好、中等、最坏的情况都进行比较权衡。

司空马道："公子曾经拜访过陶朱公的后人，对陶朱公之事最是清楚。当年范蠡与西施十分恩爱，为了越国，可以忍辱负重将西施献给吴王夫差。现在公子与赵二妮的感情比不得范蠡与西施之情。范蠡犹能忍痛割爱，公子难道做不到么？吴起可以杀妻求将，公子要成就一番大事，非得忍常人之所不能忍才行。"

自古英雄气短，儿女情长。更何况我吕不韦要成就一番顶天立地的大事，舍去一个二妮又何妨。只是这二妮毕竟与自己有一段肌肤之亲，割舍出去，心里还是异常难受。

经过反复权衡比较，吕不韦下定决心道："也罢，要是寻常人敢对二妮有想法，我早就将他脑袋砍下来了。天要下雨，娘要嫁人。既然嬴异人这么喜欢，就成全他们吧。"

"公子真是有过人的襟怀。但此事宜早不宜迟。早有早的好处，一则可让王孙与二妮早成好事，二则也可让赵王放松对王孙的看管。迟恐生变。"司空马道。

"不能让异人轻易得到二妮，否则到时不懂得珍惜。你明天就去邯郸安排此事，我将家里的事情处理好再去。你去邯郸告诉异人，先让他与二妮隔离一个月，让二妮静养一段时间，大家也好冷静冷静。一个月后，我吕不韦回来再做决定。"吕不韦一旦下定决心，内心就轻松了，办事十分果决。

"一定按公子吩咐办。"司空马执行吕不韦的决定从来不打半点折扣。

梦萦的病情，经过一个月的细心疗养，已经痊愈了。脸上恢复了以往的美丽、端庄，让吕不韦格外的依恋。

从邯郸传来消息，赵孝成王已对廉颇失去了信任和耐心，不顾赵括母亲的反对，坚持要任赵括为将，以替换廉颇。

赵国人似乎对赵括充满了期待，期望他再现其父马服君赵奢昔日的辉煌。

但是，吕不韦一直不看好赵括，他似乎从空气中嗅到越来越危险的信息。

吕不韦给嬴异人一个月的约期也越来越近了。

吕不韦与梦萦夫妻夜话。

"赵括为将，赵国危矣。赵国一旦失败，嬴异人便有性命之忧。我必须尽快赶到邯郸去，尽可能及早想办法让赵王放掉嬴异人。可是，邯郸之行太危险，我又不能带你前去。你大病初愈，我却不能在你身边照顾你，我这于心不安。"吕不韦搂着梦萦道。

"相公要做顶天立地的大事，只要心里时刻记得妾，又何必这般儿女情长。救异人回国是件大事，凶险得很，相公可要思虑妥当，不可贸然行事。妾不允许相公有任何损伤。"梦萦依偎在吕不韦的怀里，轻言慢语。

"有妻如君，夫复何求？只是我这一去，家里上有老下有小，够你操心了。"吕不韦心里十分感激，心想再不能对任何女人动情了。

"相公要经常给家里报平安，免得让家人牵挂担忧。君若安好，便是晴天。妾只要相公平平安安就好。"梦萦眼里噙着泪，情意绵绵。

"吉人自有天相，夫人尽管放心。我会经常报平安的。等我到秦国安居时，再接夫人一同团聚。"吕不韦轻轻地抚拍着梦萦背，安慰道。

第二天清晨，吕不韦辞别家人，赶往邯郸。

听说吕不韦回到邯郸，嬴异人立马赶了过来。

"你这王孙也是的。常言道，朋友妻不可欺。你竟然趁我不在，看上二妮了。你可知道，要是没有我吕不韦，你的日子能过得这么舒畅？恐怕早就见阎王去了。"吕不韦不无恼怒地训斥道。

"我异人知道吕傅对我恩重如山。无奈自从见了二妮之后，异人竟然茶不思，饭不香，整天脑子里都是想着二妮，已是无法自拔了。异人知道吕傅钟情于梦萦公主，才敢有此念想。还望吕傅成全。"嬴异人给吕不韦下跪行大礼恳求道。

"我吕不韦阅人无数，之所以破家舍命为你嬴异人奔波，就是看中你嬴异人是一个重情重义的人。可你竟连我的侍妾都敢要，也不知今后帮助你回秦之后对我会怎么样？"吕不韦沉重地叹息道。

嬴异人一听，立即起誓道："吕傅有经天纬地之才，对我异人有再造之恩。今后我异人回国之后，国事家事但凭恩公做主。如违此誓，天诛地灭。"

吕不韦神色严峻，似乎在思考，又似乎不太相信异人的话。嬴异人按捺不住吕不韦的眼神，立即吩咐公孙乾道："拿笔墨布帛来，我写书为证，决不食言。"

公孙乾拿来笔墨和布帛，嬴异人立即在布帛上写道："吕傅于我异人有再造之恩，自今以后，国事家事但凭做主。如违此言，天诛地灭。"

吕不韦接过布帛，看了一眼，道："也罢。看在你一片诚意的份上，也就成全你。我等会儿给二妮说说，也让她有个思想准备。你先回去准备准备，明天派车来接她过去。"

"异人多谢恩公成全。"嬴异人行过礼，高兴地离去。

吕不韦进入内室。二妮见面扑向吕不韦怀里，道："相公你就狠心不要我了么？"

"二妮，我俩缘分已尽。这王孙对你情深意浓，日后必然不会亏待你，这也是你的造化。这也应了你的谶中所言：两口子，异于人。你先遇我吕不韦，再嫁与这嬴异人。我吕不韦一向不信命，可这回又不得不信命。你日后一心一意好好服侍王孙，自有享不尽的荣华富贵。"吕不韦语气缓和，如同兄长般地嘱咐道。

二妮抬头看着吕不韦，眼睛有些红肿，看得吕不韦有些心疼。二妮道："妾知道你心中只有梦萦公主，只有你的王侯将相梦想。可你知道，你曾经是妾年少时最向往的如意郎君。妾也知道这王孙喜欢妾，可妾又不能冷脸相待，拒之门外，这样会影响相公与他的关系。相公要知道妾心中只有相公，别无他想。"

二妮娓娓道来，说得吕不韦有些心动。可是，手下人亲眼所见，你与异人眉来眼去，情意绵绵，难道会有假么？你过去钟情于我，不等于一辈子会钟情于我。这妇人淫念一动，便是无可挽回，迟早都会见异思迁的。更何况我已应承了异人。

"你对异人热情，我并没有责怪于你。这人的一生最讲究的是缘分。遇上一个喜欢你并且为你所喜欢的人，是非常难得的机缘，就一定要好好珍惜。你看我这心里还装着梦萦公主，而公子异人心里却只有你，这就是区别。我相信公子异人一定不会亏待你的。"

"既然相公心意已决，妾也无话可说，应承就是。只是以后妾遇到艰难困苦时，还望相公顾怜，切莫将妾彻底抛弃了。要知道，在妾心里，相公永远是顶天立地的伟丈夫，是妾的主心骨。"二妮哽咽着，眼里含泪，望着吕不韦软软细语道："二妮今生有幸遇到相公，夫妻一场，也是缘分。今晚就让二妮好好服侍相公，留下一段美好的记忆吧。"

"以后你就把不韦当做你的亲哥哥吧。哥哥会一辈子照顾你的！"吕不韦应诺道。这一诺就成了他一辈子的责任和负担。

"我要哥哥好好抱抱我，好好亲亲我，好好疼我！"二妮抱着吕不韦，扭动了水蛇一般的身躯，在不韦的脸上、脖子上狂吻着。

吕不韦情不自禁捧起二妮红扑扑的脸蛋，望着那水汪汪的眼睛，心醉了，神迷了。

第二天清晨，嬴异人赶着豪华的马车来接二妮。

望着嬴异人与二妮远去的背影，吕不韦心里异常的惆怅。

赵括赴长平之后，完全改变了廉颇的治军和用兵方略，更换将佐，改变军中制度，讲究等级尊卑，高高在上，对将佐动则呵责，将士从心理上感觉到非常大的落差。赵括还改变廉颇坚壁高垒的战略防御策略，积极筹划战略进攻。为了集中兵力，赵括甚至将坚守粮道的大部分兵力都抽了出来。

秦将王龁在长平与廉颇僵持了两年零六个月时间，两军一直以丹河为界。长时间的相持，王龁倍感身心疲惫。赵军走马换将之后，王龁打起精神，准备与赵军一战，然而，秦王却暗中下令，以白起为将，王龁为副，而且在白起未到之前，只可假败，不可进攻。王龁只好执行秦王之令。

赵括调整兵力，派一军从北佯攻，大军则渡过丹河，以骑兵强弩强攻空仓岭。秦军稍作抵抗，便节节败退。赵括站在空仓岭城垛上，意气风发，似乎秦军已不堪一击，心中暗笑廉颇无能。

消息传到邯郸，举城为之欢腾。赵孝成王亲率王公大臣到马服君府向赵括母亲道贺，然而，赵括母亲却毫无喜色，要赵王写一个赦免令，日后赵括失败绝不可牵连家人。

王公大臣之中，蔺相如卧病在床，无法上朝。廉颇以病为由，在家闲居。虞卿去拜访过廉颇和蔺相如，他们对赵括用兵非常担心。虞卿将他们的担心告知平原君赵胜、平阳君赵豹，赵胜、赵豹也不知兵。虞卿向赵孝成王禀报，赵王哈哈大笑，认为廉、蔺等人都老了，都是迂腐之见。

吕不韦见赵军取胜，认为这是赵王释放嬴异人的最佳时期，于是策动大臣赵郝、楼缓、郭开等人向赵王进言，以释放嬴异人换回公子牟。赵王心情很好，说是只要赵军将秦军击退回秦国，便可释放嬴异人。

要全面战胜秦军，这可能吗？吕不韦心里更忐忑不安了。

嬴异人与吕不韦心境大不一样。自从得到二妮之后，两人如胶似漆，有说不完的恩爱，道不尽的缠绵，日子过得有滋有味，乐不思秦了。

久经沙场的武安君白起，曾经在伊阙之战中斩杀韩、魏联军二十四万人。如今面临赵国四十多万大军，武安君激起了更大的雄心，筹划着更大的阴谋。

他对秦昭襄王说道：“如果大王能全力以赴，我白起必能全歼赵军。”

赵军是四十多万，要全歼赵军谈何容易。

可秦昭襄王被更大的雄心所鼓舞：此役若全歼赵军，从此六国无可抗之力矣！

白起确定了诱敌入伏、分割包围、务求全歼的作战方略，预设主阵地于长壁，利用长壁构筑袋形阵地。对诱敌深入、穿插包围、突击、切断粮道等战略战术进行全面部署和精心的准备。

而此时，赵括对秦军的战略调整茫然无知。

秦昭襄王四十七年（前 260 年）八月，白起命原先的第一线部队为诱敌部队，向空仓岭赵军发动佯攻，赵括即率主力进攻秦军。秦军稍作抵抗，便纷纷撤退。赵括不问虚实，立即率军实施追击。当赵军前进到长壁后，只见秦军中树起了武安君的大旗，秦军喊杀连天，将赵军主力阻于坚壁之下。

当赵括看到武安君的大旗时，才知道上了当。然而，悔之已晚。欲退兵时，预先埋伏于两翼的两万五千多名秦军奇兵迅速出击，及时穿插到赵军进攻部队的侧后，抢占了西壁垒，截断了赵军主力与空仓岭之间的联系，形成了包围。另有五千秦军精骑兵迅速穿插到赵军营垒之后，牵制、监视留守营垒的那部分赵军，并切断赵军的所有粮道。

与此同时，白起又下令轻装锐勇的突击部队不断地出击被围困的赵军。

赵军四十多万大军被困，整个邯郸一片恐慌。赵孝成王这才意识到事态的严重性，大为焦急，欲派兵增援，可国内已无可用之兵，如从东线调兵，则担心燕国趁火打劫。向齐国求援，齐君王后搪塞着，不愿发兵。想再度起用廉颇，又拉不下面子。只好在心里祈祷，盼着赵括能转危为安。

秦军在士兵的数量上仅仅比赵军多几万人，在兵力上并没有绝对优势，只有利用地形优势，不断地围困，穿插攻击，并且与赵军进行心理战，使赵军形成心理恐慌。

秦昭襄王接到白起的信息后，不顾年长，亲赴河内，把当地十五岁以上的男丁全部编组成军，并普赐民爵一级，全力支援长平战场。这支部队开进到长平以北的丹朱岭及其以东一带高地，进一步断绝了赵国的援军和后勤补给。

被围困的赵军，对主将赵括怨恨不已，军心动摇。天气炎热，饥饿难耐，赵军互相残杀为食。赵括组织了四支突击部队，轮番冲击秦军阵地，都未能奏效。华阳君冯亭亦在突击中战死。死亡的阴影时刻笼罩着整支部队。

到了九月，赵军断粮已达四十六天。绝望之中，赵括孤注一掷，亲率赵军精锐部队强行突围，结果惨败，赵括本人丧生于秦军的箭镞之下。四十余万失去主将饥疲至极的赵军，遂不复再作抵抗，全部向秦军解甲投降。

然而，白起并没有善待这四十余万降军，除释放幼小的二百四十人回邯郸报讯之外，全部残忍地坑杀了。

长平大败，整个邯郸城陷入悲痛之中。愤怒的赵民将嬴异人的住所围起来，欲将嬴异人杀掉以解心头之恨。嬴异人吓得缩在房里发抖。倒是二妮还镇定些，腆着六个多月的大肚子，不停地安慰异人。

一直关注秦、赵大战的吕不韦，最担心嬴异人出事。吕不韦急忙向平原君求援，说是赵民即使杀掉嬴异人，只能授秦军以口实，有百害而无一利。平原君向赵孝成王禀报，经孝成王同意，才加派人手去保护嬴异人，并劝说赵民，使事态有所缓和。

长平一战，赵国家家出殡、户户发丧，一片哀伤，赵民对白起恨得咬牙切齿。

秦军也损失不少，六十万大军死亡过半。然而，杀得性起的武安君白起，似乎看到了赵国已是十分虚弱，欲一鼓作气，征服赵国。休整三个月后，即分兵三路大举攻赵。白起则是自率大军向邯郸进军。

赵孝成王急得六神无主，连日召集群臣商议。群臣商议来商议去，均无良策。

赵孝成王于是亲赴蔺相如府上讨计。蔺相如曾经强力反对赵括为将，可自从听说赵军四十五万大军全部战死长平之后，气晕过好几次，如今已是气息奄奄，不省人事了。

面对垂死之人，赵孝成王异常地内疚，泪流满面。

秦军围困邯郸，嬴异人的日子更加不好过了，赵孝成王几次动念想杀他以解恨。

这天深夜，吕不韦来到平原君府上。

"相邦为国操劳，殚精竭虑，头发又白了许多。"吕不韦感叹道。

"我赵国处于多事之秋危亡之际，为相者却上不能为君分忧，下不能为民解难，日穷计短，徒添白发，让王孙傅见笑了。"赵胜苦笑道。

"以不韦之见，目前解邯郸之危并不难，难的是如何让赵国在短时期恢复元气，抵抗秦军以后更强大的进攻。"吕不韦道。

赵胜眼睛一亮，问道："吕傅之母为赵人，算是与我赵国也是血脉相连。吕傅有何良策，本相邦一定洗耳恭听。"

吕不韦缓了缓神，道："依目前秦、赵两国实力来看，赵国已是十分虚弱，又无外援，似乎不堪一击。但是，赵国自武灵王胡服骑射以来，士民均有尚武之习，且对秦军恨之入骨，民心可用。而秦军自长平一战，损伤过半，远道而来，也是强弩之末，并不可惧。赵国现在唯一的出路在于解除邯郸之围，赢得喘息的机会，才可以重整旗鼓。然而，要解邯郸之围，全在武安君白起一人身上。"

"吕傅有办法让武安君白起撤军？"赵胜心存疑惑地问道。

"在下想请问一句，相邦当日为何撤回老将廉颇而以赵括为将？"吕不韦反问道。

"此事让老夫悔之莫及。当时，众人均毁谤廉颇，廉颇平日常顶撞老夫，老夫对他没有太多好感，也就顺着大家的意，将廉颇撤了，换上黄口小儿赵括。真是一念之差，误国误民！"赵胜一提及此事，便痛心疾首。

"相邦谬矣！世人常说，当局者迷，旁观者清。此言不虚。相邦与众人均中秦反间计尚不自知，犹自怨恨，岂不自寻烦恼！"吕不韦道。

"反间计？"赵胜突然大悟，道，"对啊。廉颇以前多次战胜强秦。长平之战，廉颇与秦军相持两年零六个月，秦军无奈我赵军。如果继续相持，最吃亏的应是秦军。可是，邯郸却突然风传廉颇要叛国，岂不谬哉！赵郝等人为何会百般诋毁廉颇，肯定是被秦所收买了。现在想来，我们确实是中了秦国的反间计了。不是吕傅提醒，我等至死都不会明白，真是愧对列祖列宗！"

赵胜大悟之后，真是百感交集，痛心疾首。

"相邦明白就好。只是相邦在此非常时期，却不是去追究谁是谁非的时候，当务之急是解邯郸之围。"吕不韦心里暗想，点醒了赵胜，也不知那些亲秦的人以后日子会如何过。

"吕傅言之有理。吕傅必有良策，还望不吝相教。"赵胜对吕不韦拱手行礼，诚恳地说道。

吕不韦略为思考，向前倾身压低声音道："赵国可以以其人之道，还治其人之身。学秦之法，行反间计于秦，令白起退兵。"

"秦王对白起甚是信任，以举国之兵授之，如何能行反间计？"赵胜尚不明白吕不韦之计，困惑地问道。

"不韦曾游历秦国，对秦国之事有所耳闻。"吕不韦低声道，"白起自领兵以来，百战百胜，为秦立下无人能比的功勋。然而，此人极为孤傲，受穰侯魏冉之提携，而与应侯范雎不合，有时连秦王的话也敢不听。而应侯范雎虽然有才，却是气量狭隘之人。如果白起灭赵，直接影响范雎的地位。如果相邦派一能说之士，行反间于秦，必能让秦军撤离邯郸。"

"此计甚好。可是派谁去合适呢？"赵胜心里高兴，又不无担心地问道。

"行反间之计，犹如蜜中放毒，让人食之而不觉。"吕不韦显得沉稳地道，"不韦思得一人可当此任。"

"谁呢？"

"苏代。"

"苏代现在韩国为仕，受韩派遣出使魏国。如何去说动他？"

"苏代为当今策士，与范雎交谊很深。苏代现在魏，信陵君待之如上宾。只要相邦修书与信陵君，信陵君乃仗义之人，必能说动苏代赴秦。"

"吕傅之计甚妙。策士一出，胜过千军万马。"赵胜高兴起来，转而又问道："但不知吕傅为本相邦献计有何要求？"

“相邦真是直爽之人。”吕不韦道:“不韦最重信诺。既然答应为嬴异人之傅,当倾力救王孙回国。到时还望相邦成全。”

赵胜显得很为难,道:“秦国弃信,使我赵国举国皆怨。如本相一力放王孙回国,则为众矢之的。本相只能尽力保王孙平安。”

吕不韦知道赵胜的苦衷,道:“相邦能保王孙平安已非易事。以后有机会,还望相邦多周全。”

赵胜慷慨地道:“吕傅此计如若成功,则有大功于赵。我赵国君臣当不忘吕傅之恩。”

吕不韦听了自然高兴,但又担心计策泄密,遂郑重地嘱咐道:“世间上再好的计策,只有成功了才是良策。当年我叔祖吕礼入齐为相,所献之计不可谓不宏伟,结果却未能实施就夭折了。故此,在下认为,行此反间计要做到三点:第一,知道的人越少越好。最好只有赵王和相邦二人知道就行,不要让第三人知道。第二,该花费的一定不要吝啬。第三,即使成功了也不要宣扬。不知相邦意下如何?”

赵胜点头道:“吕傅所虑甚是。吕傅腹藏万机,行事机密,有经天纬地之才。如若改弦换辙,本相一定向赵王鼎力推荐,他日成就决不在本相之下。”

吕不韦自然不敢应承,可又不能让平原君作他想,于是拱手一拜,道:“承蒙相邦抬爱,在下受宠若惊。在下世代经商,懒散惯了,无意于仕宦。只是游秦曾遇到过凶险,全靠华阳夫人的帮助才转危为安。为报华阳夫人恩德,在下承诺一定要将其质子异人平安带回秦国去。他日完成此使命,在下仍然做一商贾,自由自在,到时可还要来叨扰相邦。”

赵胜颔额道:“吕傅重诺守信,真是难得。以吕傅之才,治商自是游刃有余。本相门客数千,能有吕傅之才识者鲜矣。待邯郸解围后,本相一定设宴款待,与吕傅好好畅叙一番。”

秦昭襄王四十七年(前260年)十二月,武安君白起连下赵国十七城,挥军直指赵都邯郸,将邯郸团团围住,情势十分危急。

平原君赵胜建议赵孝成王再度起用老将廉颇。廉颇组织邯郸兵民进行顽强抵抗。迫不得已时,甚至将嬴异人押到阵前做挡箭牌。

与此同时,受赵、韩、魏之托,苏代带着厚礼急赴咸阳,拜见应侯范雎。

“故人拜见相国,不忍见相国倾危矣。”苏代对范雎道。

“代兄多时不见,何以如此说雎?”范雎本身为策士出身,深知策士好危言耸听。

“秦国之制,最重军功。武安君长平一战,完胜赵国,屠赵兵四十余万,功勋卓著。现在又围困邯郸。邯郸一破,环视天下,有谁能与武安君比功?”

“论武功,确实没有谁能与武安君相比。”

“武安君破赵之后，秦王何以赏之？必以相位。武安君回师之日，必是替代相国之时。武安君孤傲自大的性情想必相国是非常清楚的。一旦武安君为相，不知兄长何以处世？苏代与相国为至交，深为相国忧虑。”

应侯沉默不语。他平时也想过此事，对武安君一直看不惯，可又无可奈何。现在看来，在秦王左右，能够危及我范雎的权位的只有这白起了。过了好一会儿，才问道：“兄长远道而来，想必有良策教我？”

“相国之才识远在苏代之上，只是长期为国事所累，而忘记了自身安危而已。相国如果不早做准备，一旦武安君为相，相国必然后悔莫及。”苏代道，“苏代并没有什么良策。试想长平一役，赵国在短时间很难恢复元气，天下已没有哪个国家可以抵抗秦军了。然而，秦军亦损失巨大，劳师远征，必不利于秦国，想必秦王对此更加清楚。更重要的是，武安君一向自大，如果破赵之后，据赵称王，谁人能挡？相国以此说秦王暂时同意和议，让秦国休养生息，以利再战，想必秦王会尊重相国之议。只要秦王同意撤兵，武安君便没有了兵权，既可让秦王安心，您的地位也稳如泰山了。”

范雎听后，立即面奏秦昭襄王，将苏代之意添油加醋，说与秦王。秦王最为担心的是武安君白起拥兵自重，当即宣谕息兵。

秦、赵两国议和。秦国使者提出让质子异人归国，可赵国愿意献出六城而留异人为质。秦王在孙子与六城之间比较，选择了接受六城。

班师回国，对秦兵而言是一件大喜事。秦兵多年在外征战，极难得与家人一起过年。现在则可以与家人好好团聚了。

可最懊恼的是武安君白起。如果秦王一如长平之役支持他，则邯郸指日可破。如此旷世之奇功，却与自己擦肩而过。白起百般无奈，只好应命回国，心里对范雎怨恨极了，在归国的路上就气病了。

秦兵撤退后，邯郸人有了短暂的安宁。

平原君履行承诺宴请了吕不韦，两人开怀畅饮，相聚甚欢。

日夜惊恐不安的王孙嬴异人终于可以抱着大肚子二妮睡上一个安稳觉了。

但是，嬴异人并不知道，他犹如在广袤无际的大海上漂着的一叶小舟，平静海面下面正在孕育着更大的风暴，随时有可能将这叶小舟击得粉碎。

第十一章 逃离邯郸

Biography
About Lü Buwei

又是年关将至，秦军虽退，邯郸城里仍笼罩着肃杀悲凉之气，看不到过大年的喜景，到处都可听到悲哭声。

吕不韦估计赵王不可能轻易放掉嬴异人。他觉得邯郸的气氛太过压抑，加之又思念妻儿，于是安排司空马留在邯郸照顾嬴异人和即将临盆的二妮，自己带着武乙、丁巴一道回濮阳与家人过年。

濮阳城依然是车水马龙，洋溢着从容、祥和与喜庆。

回到家里，父母慈爱，妻子贤惠，儿女绕膝，吕不韦在这份温馨中全身心都放松下来，竟然好几天都是酣睡到中午。

一家人欢欢喜喜地过了一个热闹年。

大年初三，屠岸树从邯郸来报讯，说是二妮初一顺利地生下了一个大胖小子，王孙高兴得不得了，想好好庆祝一番，并盼着吕不韦前去给这小孩取名。

吕不韦叫屠岸树好生休息两天，同时安排武乙等人去采购些食物、礼品。

“你这个王孙傅可不好当，又添了一口，开支又大了。你担着性命之忧，侍候着大人还得侍候小孩，也不知何时是出头之日?”父亲吕鑫胡须已白，一直替吕不韦忧心着。

“您老常说，付出的是什么，得到的就会是什么。我现在付出得越多，将来得到的就会越多。您就放心吧。”吕不韦笑着道，语气中透着坚毅。

初六日，吕不韦告别家人，一行人带着两车货物向邯郸进发。

耗时三年的长平之战，使邯郸人的物资极为匮乏，许多人家粮食紧缺，经常有人跑到野外寻找野菜充饥。

在这种艰难的环境中，嬴异人最清楚，要不是吕不韦的不离不弃，他早就像伯父悼太子一样客死他乡了。

只要吕不韦能保我回秦国，我一定尽我所能会好好报答他的。嬴异人心中感念道。

吕不韦的到来，让嬴异人一家人平添了无限的喜庆。

“来，让伯伯看看这个孩子长得什么样子。”吕不韦道。

二妮斜靠在床上，脸上写着幸福的笑容，显得更加娇艳。嬴异人连忙从她怀里将襁褓接过来递给吕不韦。襁褓中的婴儿睁亮着眼睛，看着吕不韦，一点也不认生。

“额头隆起，脸盆大，下巴长，像他父亲。眼睛大，鼻子挺拔，带着钩儿，像他母亲。”吕不韦不停地端详着，道：“这孩子长得大气，非寻常之人。”

“吕傅是我一家的恩人。我与异人商量，由恩人给这小孩取名。”二妮道。

“我一路思考，这孩子正月初一生，谓之正。将来若能继承大统，必能当政于天下。政者，正也。就取名为政吧。”吕不韦沉吟道。

“好，就叫政儿，嬴政。”嬴异人满心欢喜道。

“不过。”吕不韦打断嬴异人的思路，沉思道：“目前王孙处境非常危险。要想保护好小公子，最好暂时别让赵人知道是你的骨肉。我看让他先姓赵。嬴赵同宗。等回到秦国后再改姓嬴吧。”

“还是吕傅考虑得周全。”异人道。

“不让赵人知道是一回事。但是，这是秦王宗室的一件大喜事。”吕不韦转身对司空马道：“辛苦你去一趟秦国，将这个喜讯告诉华阳夫人。她现在做祖母了，应该让她高兴高兴。”

“对，对。”异人喜道，“我马上修书一封，让司空兄带去。”

过了元宵节，秦昭襄王即派使者到邯郸来索取六城。赵孝成王急召几位重臣商议。

“秦王派使者前来追索六城，众爱卿有何良策？”赵孝成王显得很忧虑。

群臣一阵沉默，相邦平原君道：“目前我赵国势危，不割六城，秦国以我违约，必复攻。如割六城，我赵国国土日削，更是无力与秦对抗。此为两难之事，实难定夺。”

赵郝振声道：“前大王已承诺秦国，秦才得以退兵。如今我赵国违约，则秦必复攻。以我赵国之力，已无力抗秦。到时恐怕不是割六城之事，而是宗祀能否续存之事了。”

上卿虞卿对赵王道：“请问大王，前向秦国攻赵，是倦而归，还是因为怜悯大王而放弃进攻了呢？”

赵孝成王道：“秦之于我，攻之不遗余力，这次退兵必定是困倦而归。”

虞卿道：“既然大王知道秦是困倦而归，那么，秦国就没有能力来得到六城。如果我们再割六城与秦，则是资助秦国。秦得六城，实力更强，而赵国更弱。秦再攻赵国，大王再拿什么给秦国呢？”

赵郝反驳道："虞大人怎知秦国已力疲而归呢？即使秦国一时力疲不能攻，我赵国舍不得这六城弹丸之地不给秦，秦复攻时，赵国理亏，到时又凭什么再与秦议和呢？"

赵孝成王对赵郝道："如果听从你的意见将六城割与秦国，你能让秦国不再攻赵么？"

赵郝道："这不是臣所敢担保的事。昔日，我三晋与秦友善，而今秦国与韩、魏交好，而独攻我赵国，这说明我赵国在与秦国的交往中不如韩、魏。臣以为我赵国应当学习韩、魏，与秦交好，则秦不至于独攻我赵国。"

虞卿道："秦国吞并天下之心何日停止过？韩、魏事秦，秦国何曾放弃过进攻韩、魏？秦之于我三晋，向来分化瓦解，各个击破。如果我赵国今日割六城，明日割六城，这与自尽有何区别呢？赵之土地有限，而秦之索求无度，其势赵必无存也。"

赵王听了，觉得虞卿之言确实有理。正在这时，寺人来报，出使秦国的使者楼缓归来。赵孝成王立即宣召楼缓，并将赵郝与虞卿之争告诉了楼缓。

赵孝成王对楼缓道："爱卿自秦来，知秦之势。到底是割地予秦好，还是不割地与秦好，请爱卿说说你的意见。"

楼缓推辞道："这一点臣不好说。"

赵孝成王道："卿不必顾虑，但说无妨。"

楼缓道："大王听说过公甫文伯母亲的事吗？公甫文伯在鲁国为官，不幸病死了，两个侍妾为他自杀于房中。他的母亲却没有为他伤心痛哭。别人就说她：'哪有儿子死了不哭的人？'这个母亲就对人说：'孔子是圣人，被鲁君所逐后，许多弟子都不追随他。我的儿子死了，这两个妇人却为他自杀，由此可见，我的儿子平日对我老母不够孝顺而对妇人却非常好。这样的儿子值得做母亲去哭泣么？'从母亲的角度来看，儿子不孝，不哭是对的，但是从因为嫉妒两个妇人则又不对了。这说明看问题角度不一样，做人很难。今臣新从秦来，如果说不割地予秦，则不利于我赵国；如果说割地予秦，则恐大王怀疑臣在为秦国讲话。因此，臣不敢说。但是，臣为大王考虑，还是予秦为妥。以地予秦，则可慰秦之心，秦不再以赵为敌。不予，则秦复攻赵，诸侯乘弱亦相攻赵，趁机瓜分赵国，赵国不复存矣。"

虞卿气愤极了，大声道："楼大人之言，纯属亡国之言。"

赵孝成王忙制止道："虞爱卿缓动气。以虞爱卿之见，不予秦地，又何以图存？"

虞卿道："赵国图存，首先在于上下齐心，其次在于联合五国抗秦。与其割六城与秦，不如割六城赂齐。齐、赵并力攻秦，则我赵国失地于齐而得之于秦。舍重宝结好韩、魏，割灵邱与楚春申君。如齐、赵、楚、韩、魏五国齐力，则秦必败。这为图存之计。"

赵郝、楼缓齐声道："虞大人之言谈何容易。"

正在这时，蔺相如的长子蔺仪披麻戴孝来报，蔺相如已经去世了。

众人一时心情格外沉重，平原君闻讯泪如雨下。

赵孝成王流着泪问道："蔺相邦忠贞为国，一生所虑，计无不中，寡人多有所负。想我赵国处此多事之际，蔺相邦不知临终时有何遗言？"

蔺仪奏道："家父临终前，要臣禀报大王：合纵抗秦。"

赵孝成王决然道："寡人心意已定，就按蔺相邦遗言办，群臣不得再有异议。平原君负责合纵事宜，尽快实施。蔺相邦于我赵国有大智大功，一定要厚葬，以励民志。"

邯郸之民闻知蔺相如去世，如丧考妣，满城痛哭。

许多赵民还围攻嬴异人的住所，怒吼声震耳欲聋，吓得嬴异人一家人心惊胆战，日夜不安。

蔺相如出殡之日，更是满城出动，人山人海。到达墓地后，送殡者如堵。突然人群中有人高呼："誓与暴秦血战到底！""血债血偿！"

群情激愤，呼声震天动地。多年来压抑在赵民心中的仇恨与怨气一下子爆发了。众人一路游行回到邯郸，整个邯郸到处都充塞着强烈的复仇情绪。

面对愈来愈激愤的赵民，吕不韦日夜为嬴异人的安危焦虑。

赵孝成王同时派出几路使者，出使齐、楚、魏、韩、燕五国。使者们带去的都是重礼，有黄金，还有土地交割契约。

唇齿相依，唇亡齿寒，诸侯国君深刻地意识到了这个道理。他们摒弃前嫌，都答应与赵为盟，共同抵抗强秦。

秦昭襄王见六国结成联盟，大惊，急忙与相国范雎商议应对之策。

"六国真正结成联盟，则我秦国难以图之。相国有何良策？"昭襄王问道。

"长平之战使诸侯国自危，故而能结成同盟。然而，这种同盟并不是坚不可摧的。"范雎思虑道，"臣以为仍以'远交近攻、各个击破'为我秦国之国策。"

"从何处寻找突破口？"

"从魏国入手。魏安釐王胆小，相邦魏齐颇有治才，然而也是欺善畏强之人。臣在魏为中大夫须贾门客时，几致死于魏齐之手。大王可借为臣报仇的名义，向魏安釐王索取魏齐人头，并将我之家眷送回秦国，否则兵戎相见。如此，则名正言顺。以臣度之，魏必屈服。魏服，则六国联盟不攻自破。"

秦昭襄王一听大喜，立即修书一封，派使者出使魏国。

魏安釐王见秦昭襄王书，大惊，不知所措，急相邦魏齐商议。

魏齐一时并无良策，于是弃了相印，连夜逃往赵国，依平原君去了。

秦昭襄王闻知魏齐逃到平原君处，遣人送一书给平原君，略曰："寡人闻君之高义，愿与君为布衣之交，君幸过寡人，寡人愿与君为十日之饮。"

赵孝成王召大臣商议。秦王相邀，平原君是去还是不去呢？不去，秦强，则授以口实；去吧，秦一向言而无信，平原君以身犯险，必危。孝成王好生为难。

平原君慷慨道："老臣在赵为相，当以国事为重。为相多年，然而，赵国却频遭不幸，老臣心里愧疚不已。臣已垂老，除了一腔热血，无以报国。请大王准臣赴秦，以报效赵国子民。"

赵孝成王洒泪相送平原君出关，着虞卿代为相国。

秦昭襄王闻平原君至，派使者远道相迎，并亲自到城外迎接。

见面之后，一番寒暄，秦王直奔主题，道："昔日，周文王得吕尚以为太公，齐桓公得管夷吾以为仲父，今日范君亦是寡人之太公、仲父。范君之仇魏齐，托在君家，君可使人归取其头，以毕范君之恨，即寡人受君之赐。"

平原君平静地道："臣听说，'贵而为友者，为贱时也；富而为友者，为贫时也。'魏齐与臣相交多年，是臣之友也。即使真在臣所，臣亦不忍出之，况不在乎？"

秦昭襄王变色怒道："君必不出魏齐，寡人不会放君回赵。"

平原君笑道："臣已老，回不回赵，全在大王。只是大王以饮相召，而以威劫之，天下尽知曲直之所在矣。"

秦昭襄王知平原君不肯负魏齐，遂与之俱至咸阳，留于馆舍，使人遣赵孝成王书，云："王子弟平原君在秦，范君之仇魏齐在平原君之家。魏齐头旦至，平原君夕返。不然，寡人且举兵临赵，亲讨魏齐，又不出平原君于关，惟王谅之。"

赵孝成王见书后，踌躇不知所为。欲交魏齐，为代相虞卿所阻。

代相虞卿与魏齐交厚，且认为交出魏齐，为赵之耻辱，见赵王为难，即解相印，为书以谢赵王，与魏齐共变服为贫民，逃出赵国，到大梁投奔信陵君。

信陵君对魏齐为人并无好感，闻魏齐至，初不欲见。后经门客劝说，才答应接纳魏齐。然而，魏齐已是身心疲惫，自杀身亡。

虞卿将魏齐尸体交给信陵君，悄然归隐，乃著书立说，上采春秋，下观近世，曰节义、称号、揣摩、政谋，凡八篇，以讥国家得失，世传之曰虞氏春秋。

魏安釐王将魏齐尸首送交赵国，赵国转送秦国，秦王才将平原君放回。

平原君不在赵国的时间里，嬴异人的日子更加艰难。赵王已下定决心，只要平原君在秦国有丝毫闪失，立即处斩嬴异人。

平原君安全归来，让吕不韦松了一口气。

太平的日子并没有过多久，战争又爆发了。

这年九月，秦昭襄王以赵国未践约割六城为由，派大军伐赵。秦王初欲以武安君白起为将，正赶上白起病重，不能走动。

秦将王龁伐赵武安、皮牢，拔之。司马梗定太原。

十月，五大夫王陵攻邯郸。

面对秦军强大的攻势，廉颇采取全面收缩的战略，坚壁清野，固守邯郸。赵国上下同仇敌忾，对秦军进行坚决的抵抗。平原君更是毁家纾难，将家产全部捐献出来。

赵孝成王急忙派使者向魏、韩、楚、齐、燕求救。五国都同意发兵，但是却迟迟不至。秦军强行攻城，赵军顽强抵抗，使秦军累累失利。

外面的战争正烈，赵国全民皆兵，均为战争奔忙。

嬴异人缩在院子里，不敢外出半步。好在有二妮相伴，还不至于太过寂寞。

赵政已长到一岁了，虎头虎脑的，特别惹人喜爱。吕不韦经常送食物来。每次来，都要逗赵政玩耍。

最让吕不韦操心的是嬴异人的安危。每当战争激烈时，孝成王都命人将嬴异人押到城墙去，使秦军有所顾忌。然而，战乱之时，几次都有箭射到王孙身旁，吓得异人魂都飞了，似乎秦军并不太在意这个王孙的安危。

吕不韦现在最希望的是赵军能够战胜秦军，这样，嬴异人才有归国的机会。

转眼到了秦昭襄王四十九年(前 258 年)正月，王陵攻邯郸不顺。

秦昭襄王此次对邯郸志在必得，又增发重兵支援，嬴异人的处境更为艰难。

吕不韦登门拜访平原君。

“相邦日夜为国操劳，十分憔悴。还望相邦多保重身体。”吕不韦道。

“国家被难，我赵胜当万死不辞，不敢言苦。”平原君苦笑道。

“如今强秦当前，赵国上下全力以赴，勇战秦军，实在令不韦钦佩之至。然而，以相邦度之，凭赵国一己之力，能胜秦么?”不韦问道。

“赵国不经长平之败，尚能独自与秦对抗。如今确实是凭坚毅之志和必死的决心与秦抗争，两方力量不可同日而语。大王已派使者赴五国救援，只要五国兵至，邯郸可救。”平原君道。

“长平之战，赵军乏食，向齐求粮，而齐拒之。如今秦围邯郸，救人如救火，五国之兵如急于救赵，则朝发夕至，相邦可知他们为何迟迟未至?”吕不韦反问道。

“以本相度之，必是畏秦。吕傅以为还有其他么?”平原君道。

“以秦之力，专攻一国，天下莫不畏之。然而，集六国之力，秦何可畏也? 救赵亦是救他们自己，这个道理谁都明白。他们之所以不急于救赵，更重要的是赵之诚心不足。”吕不韦细心分析道，“这就好比我们商贾之事。你有好东西，人人都想要，但是，良贾就善于让别人掏腰包把它买下来。诸侯救赵，赵国必须得想方设法让诸侯真正愿意来救。”

“上次依吕傅之计解了邯郸之围。这次还请吕傅于献奇策，以退秦兵。”平原君道。

“相邦言重了。在下一商贾，有何良策可言？”吕不韦道，“以在下之见，无非是动之以情、送之以礼。遍视诸侯各国，最有能力救赵者，为信陵君魏无忌和春申君黄歇，此二君一出，赵国必能得救。信陵君有奇才，礼贤下士，仗义敢为，其姊为相邦之妻，相邦可以情劝之。春申君明智忠信，好持高节，自秦归楚五年，楚国大治，相邦须亲自前去游说，并割灵邱以扩其封地。齐、韩、燕三国，或送重礼，或割地，只要魏、楚齐心，这三国也会相应。另外，需派间谍去秦国离间武安君与秦王，秦军只要不是武安君为将，赵国尚无大碍。联军一出，秦必败。”

吕不韦娓娓道来，说得平原君大为感动，道：“本相平日一心在于激励赵军抗秦，竟没有如此思考过。吕傅以商理通于政理，点醒了本相邦，真乃奇士矣。当此赵国危亡之际，得遇吕傅赐教，赵国幸矣！”

吕不韦笑道：“不韦雕虫小技，让相邦见笑了。不韦本为商贾，凡事总以商贾之理度之，权衡利弊，趋利避害。两利相权，取其重；两害相权，取其轻。如此而已，何奇之有？”

平原君道：“吕傅过谦了。此次必如君言，本相邦必永尊吕傅为上宾！”

平原君与赵孝成王商议后，按照吕不韦的计策奔赴各国展开外交求援。

赵王以廉颇为统帅，授权他全权指挥抗战，又令乐间从北方组织新军，袭击秦军。经过五个多月的争战，秦军不但没有取得进展，还损失了五校（一校约为 8 000 人）兵力，令秦昭襄王十分失望。

武安君白起已病愈，苏代再次游秦，将前事与白起说起，白起对范雎愤恨不已。

秦昭襄王见前线受损，思虑再三，欲以白起为将攻邯郸，派使者去请白起。白起以病为由拒绝为将，并要使者转告大王：“邯郸实非易攻，且诸侯若援救，发兵一日即到。诸侯怨秦已久，今秦虽破赵军于长平，但伤亡者过半，国内空虚。我军远隔河山争他人国都，若赵国从内应战，诸侯在外策应，必定能破秦军。因此不可以兵攻赵。”

昭襄王又派范雎去请，白起始终拒绝，称病不起。无奈之下，昭襄王只好改派王龁替王陵为大将。

这年八月初，王龁到前线后，组织秦军对邯郸发动了几次攻击，仍没有占到半点便宜。

赵国的顽强抵抗，增强了诸侯各国的信心，平原君的外交也有了明显的效应。齐国答应出粮出兵。经过信陵君多次劝说，魏安釐王终于派晋鄙带十万兵前去救援。平原君带着二十门客游说楚国，楚考烈王、春申君尚是犹豫，门客毛遂挺身而出，晓以利害，使楚国君臣同意派大军救援。燕、韩等小国见大国行动起来了，也附和派兵响应。

秦昭襄王闻知前线秦军损兵折将，而诸侯联合派大军救赵，又气又恨，急派使者奔赴各诸侯国，送信威吓各国国君。书云："吾攻赵旦暮且下，而诸侯敢救者，已拔赵，必移兵先击之。"

魏安釐王接信后，心里发慌，急令晋鄙停止进军，驻扎邺上，构垒以待。春申君接秦王信后，见魏军停止不前，亦留在边境观望。

平原君见诸侯援军都作壁上观，急得不得了，连忙派使者给信陵君送去一封信，责备信陵君道："胜所以自附为婚姻者，以公子之高义，为能急人之困。今邯郸旦暮降秦而魏救不至，安在公子能急人之困也！且公子纵轻胜，弃之降秦，独不怜公子姊邪？"

信陵君本是性情中人，读罢信后，心里焦急万分。我魏无忌一生以急危救困为己任，怎么可以无视赵国危亡呢？姐姐从小就待我非常好，如果赵国灭亡了，姐姐可就惨了，心里一定会怨恨我这个做弟弟的见死不救。

信陵君不敢多想，当即就去朝见安釐王。可无论怎么劝说，安釐王都不肯答应令晋鄙出击。

无奈之下，信陵君准备率众门客以身赴赵。这时，曾经受信陵君尊重的隐士侯嬴献出"窃符救赵"之策。信陵君依计行事，靠安釐王的宠妃如姬窃取了兵符，带着勇士朱亥赶赴邺地魏军军营。晋鄙合符以后，心生疑问，不肯交出军权，朱亥当即从袖中抽出铁锤将晋鄙椎杀。

十二月，信陵君率十万大军赴邯郸。诸侯见信陵君率大军赴赵，亦率兵响应，数十万大军云集邯郸。

赵孝成王闻诸侯大军至，大喜，大会诸侯将领。诸侯将军众推信陵君为主帅。

信陵君熟悉兵略，首战大破秦军，联军士气大振。

消息传到咸阳，白起听到后叹息道："当初秦王不听我的计谋，现在如何？"

秦昭襄王闻讯大怒，亲至白府，对白起说："你就是躺在担架上也要为寡人出战。"强令白起出兵。熟知兵家之道的白起已看出残局无法收拾，白起以病重为由推辞，并坦诚劝秦昭王撤兵，等待新战机。

昭襄王悻悻而归。

范雎见昭襄王怏怏不乐，又自告奋勇去白府请求，白起仍称病不起。

"武安君居功至伟，然而居功自傲，连大王也不放在眼里，未免太过分了。"范雎感叹道。

昭襄王皱了皱眉头，没有答言。

诸侯联军节节胜利，倒给嬴异人一家带来了安宁。吕不韦常去看望他们，给他们带去食物，和各方面的消息。空闲之余，也陪陪赵政。赵政已两岁多了，最爱缠着吕不韦讲故事。

“上次给政儿讲了什么故事?”吕不韦抱着赵政问道。

“是‘夸父追日’吧。”异人在旁笑道。

“不是，是‘后羿射日’。”赵政回答道。

“今天给政儿讲‘嫦娥奔月’，好不好?”吕不韦爱抚地说道。

“好。吕傅要讲很多故事给政儿听。”赵政认真地说。

“上次说到这后羿是一个非常了不起的英雄，他登上昆仑山顶，运足神力，拉开神弓，一口气射下九个多余的太阳，救了老百姓。老百姓对他非常尊敬和爱戴，不少志士慕名前来投师学艺。”

“政儿也要去学艺，将来好射太阳。”赵政从吕不韦身上跳下来，站在地上对着太阳做了一个拉弓状。异人和二妮在旁对望了一眼，会心地笑了。

“前来学艺的人当中，大多数都是正直的人，他们学艺是想驱虎擒狼，为民除害。可也有人心术不正，学艺是为了好欺压别人。其中有一个奸诈刁钻的人叫做蓬蒙也混了进来。”

赵政睁着眼睛看着吕不韦，似乎感到奇怪。

“不久，后羿娶了个美丽善良的妻子，名叫嫦娥。后羿除传艺狩猎外，终日和妻子在一起，人们都羡慕这对郎才女貌的恩爱夫妻。”

“一天，后羿到昆仑山访友求道，巧遇由此经过的王母娘娘。王母娘娘很喜欢正直勇敢的后羿，便送给他一颗不死药。据说，服下此药，能即刻升天成仙。”

“哪里有不死药? 政儿也要不死药，给父亲母亲和政儿吃。”赵政道。

“难得政儿还有这份孝心，会记得父亲母亲。”二妮慈祥地道。

“这只是传说。世上从来没有不死药。”吕不韦摇了摇头，继续说道，“这后羿得了这颗不死药，回到了家里，将不死药交给嫦娥，并对嫦娥说，等他将平地里的虎豹驱回山林后，就与嫦娥分食这不死药，一起登仙。

“嫦娥将药藏进梳妆台的百宝匣里，不料被蓬蒙看到了。

三天后，后羿率众徒外出狩猎，心怀鬼胎的蓬蒙假装生病，留了下来。”

“难道蓬蒙这坏家伙要偷不死药? 政儿要杀掉他。”赵政气愤地说道。

“政儿真勇敢!”异人夸奖道。

“待后羿率众人走后不久，蓬蒙手持宝剑闯入内宅后院，威逼嫦娥交出不死药。嫦娥知道自己不是蓬蒙的对手，危急之时她当机立断，转身打开百宝匣，拿出不死药一口吞了下去。嫦娥吞下药，身子立时飘离地面、冲出窗口，向天上飞去。由于嫦娥牵挂着丈夫，便飞落到离人间最近的月亮上成了仙。”

“嫦娥飞走了，嫦娥不要她儿子了。”赵政急得哭了。

“嫦娥与后羿成婚还不久，还没有儿子。”吕不韦笑道，“傍晚，后羿回到家，侍女们哭诉了白天发生的事。后羿既惊又怒，抽剑去杀恶徒，蓬蒙早逃走了。后羿气得捶胸顿足哇哇大叫。悲痛欲绝的后羿，仰望着夜空呼唤爱妻的名字。这时他惊奇地发现，今天的月亮格外皎洁明亮，里面有个晃动的身影酷似嫦娥。”

“可是，后羿没有不死药，怎么到月亮里去？”赵政问道。

“这后羿知道没有不死药就飞不到月亮里去，只好派人到嫦娥喜爱的后花园里，摆上香案，放上她平时最爱吃的蜜食鲜果，遥祭在月宫里眷恋着自己的嫦娥。百姓们闻知嫦娥奔月成仙的消息后，纷纷在月下摆设香案，向善良的嫦娥祈求吉祥平安。从此，中秋节拜月的风俗在民间传开了。”

“政儿也要拜月。”赵政道。

吕不韦、嬴异人和赵二妮听了，都开怀大笑。

秦将王龁到底是一位身经百战的老将，稳住了败势，与联军互有胜负。

秦军与诸侯联军相比，从兵力上并没有太大的劣势。

更重要的是，秦军崇尚首功，军士多次征战，甚为凶狠。

昭襄王又不断地调汾城兵卒往前线助阵。

让王龁头疼难以应付不是来自正面战场，而是新征服地里的原魏、韩、赵民对秦兵的仇视，他们纷纷起来反抗，四处出击，让人防不胜防。

王龁给秦昭襄王禀报前线情况，建议退兵保存实力，待以后时机成熟再战。

秦昭襄王与范雎商议，范雎献策道：“即使我秦军退兵，也要退得体面些。可派使者至魏，责魏以负义，然后讽魏喻三晋尊秦为帝，可以为和。”

秦昭襄王五十年(前257年)八月，秦派使者赴魏。

魏安釐王对信陵君窃符救赵十分恼怒，突见秦使者前来责难，连忙道歉不已。

“秦王本想移兵攻魏，然而，探知魏王本忠厚之人，一向与秦友善，魏军救赵，实乃信陵君所为，非魏王之意，因此，秦王不想过分地责难魏王。”使者道。

“秦王宽宏大量，本王一定对无忌严加惩罚。”安釐王道。

“秦国并非要与三晋为敌。秦王一向仁慈，只是这赵孝成王意气用事，前受上党，使秦蒙辱，秦不得不以牙还牙，进行长平之战，兵临邯郸。秦军本可以一举踏平赵国，念为同宗，答应和解而退兵。然赵孝成王竟然出尔反尔，不践约割六城与秦，反而还与诸侯约相攻秦。是可忍，孰不可忍。秦王迫不得已才出兵惩赵。六国虽然联合与秦对抗，然而，秦国一旦倾力而出，六国谁能挡之？之所以没有这样，实为秦王不忍生灵涂炭。三晋如能奉秦为帝，互通关市，和气相处，秦军自退。”使者言谈十分雄健，说得安釐王直点头。

“秦王雄才大略，我魏与韩这几年一直服膺于秦王，百姓才得以安居乐业。我魏国一定奉秦为帝，以后不敢对秦有半点相违。”安釐王立即表态。

“魏王实为仁厚长者。如果赵孝成王能如大王这般明理，又何以会起干戈？”使者感叹道。

“请秦王放心，本王会派使者前去赵国说服赵王。”安釐王道。

秦使者去后，安釐王急派大臣辛垣衍出使赵国。

赵孝成王与平原君闻知辛垣衍的来意后，倒有点心动。

赵国与秦国连年争战，已是兵疲民穷。如今五国联军前来救援，然而军需之用十分巨大。秦国如果真的倾力而为，联军也无法抵抗。尊秦为帝，不过一个虚号而已。不如早日给秦王一个体面的台阶。

这时，齐国著名的策士鲁仲连正在赵国游历，闻知此事后，分别拜见了平原君和辛垣衍，晓以利害，使他们放弃了尊秦为帝的想法。

在信陵君的指挥下，联军不断取胜，秦军在前线的日子越来越艰难，不得不节节退却。

秦昭襄王十分恼火，却又不得不面对现实，暗令秦军退兵。

前线败绩，使秦王大失面子，心里对武安君白起怨恨不已。十月，昭襄王免去白起官职，降为士兵，迁居阴密(今甘肃灵台县西)。由于白起生病，未能成行。

信陵君指挥联军乘胜攻击秦军。秦军一路向河西退却，顺路拔掉了赵国新中城。

但是，信陵君组织了一支精锐部队，迅速穿插，包围秦将郑安平的部队。郑安平孤立无援，只好率两万军士投降。联军一举收复河东六百里地。

此次耗时三年的攻赵战争，以秦军大败而告终。秦昭襄王从未遭此大败，将一腔怒火发在白起身上。派人遣送白起，令他不得留在咸阳。白起离开咸阳，到了杜邮。

白起被贬出咸阳，心中怏怏不服，有怨言。昭襄王闻言，派使者送去宝剑，令白起自裁。

“我白起一生共斩首九十六万，拔城八十六座，血债太多。如今却落得如此下场，也是罪有应得！我本楚人，现在只能身首异处，葬骨他乡，成了孤魂野鬼，无以为祀！”白起仰天长叹，说罢，挥剑自刎。

白起死讯传到东方六国，诸侯皆酌酒相贺。白起之名如同瘟神一般，诸侯莫不闻其名而色变。如今白起自杀而死，诸侯心里似乎轻松了许多。

秦民却怜其死非其罪，纷纷为祀。

诸侯联军大胜，白起自杀，好消息接二连三，让邯郸为之沸腾。百姓为之奔之相告，多年来的艰辛、流血终于有了回报。

赵国取得空前的胜利，全国上下似乎没有人太在意嬴异人的存在。

吕不韦与司空马、公孙乾在密室里谋划。

“秦军败退，正是王孙归国的大好时机。”吕不韦道。

“吕傅一定要尽早想办法让我回秦去，这地方实在无法待下去了。”秦赵大战，让嬴异人几次都是濒临生死边缘，在这里担惊受怕，不知道何时是尽头。

“赵国虽然得胜，把王孙看得松了一些。可是秦军虽败，秦王也不会放赵质子公子牟回国，赵王会放王孙回国么？”公孙乾疑惑不解。

“你说对了。经过这么些年周旋，得出一个结论：无论赵国胜与败，王孙都是一颗棋子。我们要想让赵王改变主意放王孙回国都是不可能的。”吕不韦胸有成竹地道，“我反复思索，现在只有一个办法，那就是逃。”

“逃？且不说赵兵在邯郸严加看守，单是西去秦国的路上关卡重重，到处都是赵兵，能逃得出去吗？”公孙乾紧锁着眉头道。

“逃？对啊。昔日孟尝君以鸡鸣狗盗之术逃出秦国，黄竭助楚考烈王以金蝉脱壳之术逃离秦国。我们过去老是寄希望于赵王放王孙回国，却没有想到逃。”司空马对吕不韦是由衷地佩服，道：“看来吕傅已有成算。说说你的计谋，我们考虑周详后再行动。”

“这次逃亡，有三个重要环节：第一环节就是必须花重金买通看守王孙的士兵和邯郸城门的守卫；第二环节就是必须避开西路，选择往南逃入韩国境内，由韩转入秦国；第三环节必须要有秦军在韩国边境接应。”吕不韦道：“这每一个环节都十分凶险，不能有丝毫疏忽。”

“如果我们带着王孙一家人，目标这么大，能够顺利逃得出去么？”公孙乾虽然赞成逃走，可是一想到路途遥远凶险，心里就充满忧虑。

“你所讲的，吕公子肯定都考虑到了，我们听听吕公子的部署。”司空马比公孙乾对吕不韦更有信心。

“公孙大人所虑不无道理。逃亡不是做客游历，拖家带口，慢悠悠的，而是要轻车简乘，快如闪电。”吕不韦果决地道：“二妮母子必须留在赵国。我们事先要将二妮母子安置好，这件事由我来做。还有贿赂邯郸城门守卫的事，也由我负责。公孙大人负责麻痹看守，要天天与看守的士兵饮酒作乐，让他们放松警惕。祖泰负责沿途安排快马等候。司空兄迅速前往秦国，知会王龁将军接应。”

“秦军新败，会来接应么？”这下轮到司空马疑惑了。

“六国联军已散去。秦军虽败，但是实力并没受到多大的损伤。也恰恰是新败，秦军更需要打几场胜仗来振奋士气。你只要告诉王龁将军，要他从韩边境来接应，他就会明白了。”吕不韦说道，但心里似有一些愧疚之意。韩国毕竟是故国，引秦兵侵韩，心里自是过意不去。

“好吧。我们都按吕傅之谋去做。”公孙乾两眼放光。这么些年来在邯郸陪着嬴异人，担惊受怕，吃尽了苦头。如果能逃回秦国，便可以过上优越的生活。想到这些，公孙乾心里就十分兴奋。

“吕傅放心，只要能让我嬴异人逃离这魔窟，你让我做什么都可以。”嬴异人听说能逃出赵国，心里特别急迫。

“这可是你说的，大家可以作证，决不能食言。”吕不韦调侃道：“到咸阳后，我要你每天背两个时辰的书，这个不难吧。”

“这、这，吕傅为难我了。除了读书，做任何事都行。”嬴异人最怕读书背书。

“哈哈哈。刚才还说让你做什么事都可以，现在就食言了。”吕不韦笑道。

“哈哈哈。”大家开心大笑。

司空马第二日就启程去了秦国。

公孙乾每天都买来好酒好菜，与看守的赵兵卒饮酒作乐，海阔天空。

二妮和赵政被吕不韦接走了。吕不韦将这母子二人交给赵子羽，要表哥好生安排。

吕不韦与邯郸城南门吏惠普称兄道弟，打得火热。

“我等行伍之人，流血流汗不说，还没有几个俸禄，家都养不起。吕兄富可敌国，自由自在，令人羡慕。”喝酒喝到高处，惠普感叹道。

“惠兄为城门之吏，实权在握，要发财有何难？”吕不韦边敬酒，边轻松地说道。

“吕兄真是见笑了。平日也偶从行商身上敲得一两个钱，能发什么财？我上有双亲，下有妻儿。兄弟都打仗死了，双亲和侄子们全靠我照顾。我如果能发财，何以让他们忍饥挨饿。”惠普说得动情处，眼中含泪。

“我有一当大生意，可让惠兄一家子一辈子吃穿不愁，不知惠兄意下如何？”吕不韦端着酒杯，两眼盯着惠普问道。

“真有这等事？”惠普似乎酒也醒了不少。

“最近我想同几个伙计带一批重宝出城。只要惠兄放过我们，我给惠兄五百金为谢，并且另给一百金给惠兄去照顾手下的弟兄们。”吕不韦说道。

“五百金？我干一辈子也积不了五十金。”惠普不太相信似的。

“难道惠兄不相信么？我吕不韦纵横天下，从未失信于人。”吕不韦道。

“吕兄一诺千金，我信我信。”惠普连忙应道，“吕兄之事，我一定尽力。就是吕兄将王宫搬走，我惠普也一力担待，放吕兄出城。”

“惠兄真是爽快人。来，为我们合作愉快痛饮一杯。”吕不韦端杯一饮而尽。

“吕兄豪气冲天，我惠普最为敬重。”惠普举杯也是一口干了。

入夜，公孙乾又与士卒饮酒作乐。

“今天运气真好，得了一坛上等的女儿红。”公孙乾抱来一坛子酒。

士卒都围了过来，打开酒封，酒香四溢，着人垂涎不已。

公孙乾又命佣人上了丰盛的菜肴。

这一如往常的欢宴让士卒胃口大开。过了一会儿，这些士卒却个个烂醉如泥，不省人事。身着寻常人衣着的嬴异人在公孙乾、屠岸树、武乙的陪同下，顺利地走了出来。他们疾步快走，一时三刻，来到了城南门。吕不韦与钟雄、丁巴正牵头马在南门口等候，见嬴异人到来，迅速接他们骑上马。惠普见吕不韦一行上了马，立即着人将城门打开。

吕不韦一行飞驰而去。

嬴异人平日养尊处优惯了，一路上颠簸下来，骨头都散架了。但是，他们不敢歇息，一路上换乘，连夜到了韩国境内。

赵孝成王第二天才接到禀报，得知嬴异人与吕不韦等人已逃走了。赵王大怒，将看守的士卒全部处斩，派人四处围堵，却丝毫没有嬴异人的消息。

正在赵王为嬴异人失踪而发怒时，忽然接到边报，说是秦将王龁与王离率大军同时攻韩、赵，来势十分凶猛。平原君深知吕不韦行事周密，再去追查也会劳而无功，于是劝说赵王将追查搜捕嬴异人的事放到一边，以调兵遣将抵抗秦军入侵为重。

王离所率秦军，想必是为雪邯郸失败之耻，急攻赵，取二十余县，斩首虏九万。赵孝成王令老将廉颇奔赴前线，才抵挡住秦军的进攻。

王龁率大军攻韩，令韩国感到突然。王龁率军长驱直入，取阳城、负黍，斩首四万，陈兵韩边境，韩王吓得连忙向秦王求和。

嬴异人顺利通过韩境，投入王龁军营，由王龁率军护送回咸阳。

一别八年，嬴异人苦尽甘来，回到了魂牵梦萦的咸阳。

吕不韦艰辛的努力和付出终于有了回报。

秦昭襄王重赏吕不韦，赐给他府第和锦衣玉食。

吕不韦开始了全新的生活，他所面对的是陌生的环境、权力的诱惑和各种新的挑战。

第十二章 精心护嗣

Biography
About Lü Buwei

秦昭襄王五十年(前257年)十二月,咸阳城里连日大雪,整个城市变成了一个银装素裹的世界。

清晨,兰池宫里灯火通明,一片繁忙,大家都在为嬴异人晋见安国君和华阳夫人而作准备。

嬴异人身材中等偏高,着秦服显得成熟稳健。

“换上楚服试试。”吕不韦在旁指挥着。

异人换上楚服后,变得英俊挺拔。

“首次见面,关键是要让华阳夫人欢心。就着楚服觐见。”吕不韦一言既定,随即道,“昨天已练习了礼仪,再演习一下。”

异人按照要求演习了一番。

吕不韦叮嘱嬴异人熟记各种应对之语。

一行人准备就绪,前往太子宫。

一路上,嬴异人显得有些紧张,仿佛可以听到自己的心跳声。

吕不韦则显得士气高昂,精神抖擞。嬴异人看到吕不韦气闲神定的样子,心里安静踏实了许多。

安国君住在咸阳宫,离兰池宫不远。

“子异人觐见父亲母亲!”嬴异人一见面,行过大礼,即泪如雨下。

华阳夫人也跟着流泪。

“起来说话,走近些让我们好生看看。”安国君慈祥地说道。

嬴异人起来走近安国君和华阳夫人,跪在华阳夫人的膝下,哭道:“孩儿一别八年,远在邯郸,无时无刻不思念父亲母亲。却不能在眼前尽孝,孩儿罪深。”说罢,想起邯郸所受的种种苦难更是大哭不止。

华阳夫人流着泪,抚摸异人的头,道:“我儿曾经是一个懵懂少年,现在长成一个大男子汉了。这些年秦、赵一直开仗,我儿可吃了不少苦了。"

嬴异人便将在赵国的艰难与辛酸一一道来,边说边流泪,道:"这些年要不是吕傅上下周全庇护,孩儿早就葬骨他乡,再也见不到双亲了。"

安国君道:"为父曾在邯郸为质,知道这赵人十分剽悍。何况这些年,秦累攻赵,杀人无数。我儿能从邯郸苟存下来,并且能够安全归来,实为奇迹。看来吕傅确有异于常人之才,我儿须终生感恩,好生善待。"

嬴异人连忙道:"孩儿知道感恩,一定会谨记父亲的教导。"

嬴异人转身对着吕不韦行大礼,道:"吕傅受异人一拜。吕傅之恩,异人刻骨铭心,终生不忘。"

吕不韦连忙还礼,道:"公子言重了。"

安国君道:"吕傅智勇双全。以后有劳吕傅好生教导辅助异人。"

吕不韦应道:"公子天资聪颖,宅心仁厚。能够辅佐公子是臣的福分。臣虽才疏学浅,一定会用心辅佐,不负太子所托。"

华阳夫人破涕为笑,道:"好啦。今天我们母子团聚应该高兴才是。我儿过去吃尽了苦头,如今苦尽甘来了。这阵子,你先好好调养休息,熟悉熟悉这宫里的规矩。以后须用心学习治国安邦之道,莫辜负你父亲的期望。"

嬴异人恭敬地说道:"孩儿异人谨记母亲的教诲。"

华阳夫人沉吟片刻道:"我儿现在完全告别了过去那种朝不保夕的生活,应当尽可能忘记那些不愉快的过往。我看你穿这身楚服,显得特别精神。我儿就改名叫子楚吧。"

异人连忙道:"子楚敬谢母亲赐名。"

当子楚走出咸阳宫,长长地松了一口气。但他不敢说话,只有昂着头走路。因为吕不韦叮嘱过,在宫里行走,到处都有眼线。

回到兰池宫,子楚一下子瘫倒在榻上,道:"拜见父亲比逃出邯郸城还辛苦,我手心里现在还全是汗。要不是吕傅事先演习,真不知如何是好。"

吕不韦严肃地道:"以后还有更多的考验等着,公子可丝毫疏忽不得。"

子楚叹了口气道:"与其在王宫里活得这么累,还不如在邯郸自由自在。"

"公子别好了伤疤忘了痛。"吕不韦认真地道,"现在才刚刚开始。在百姓看来,这王宫里生活十分光鲜,可公子心里要明白,还有二十多个兄弟和他们的母亲以及他们的亲族等人都盯着你。本傅心里甚至揣想,为什么秦军不顾公子安危,连年攻伐赵国,是不是与子傒他们怂恿有关。不是本傅吓公子,在邯郸,本傅要保公子性命还容易些,要是在这宫中稍有不慎,不但公子性命难保,恐怕连本傅也要受牵连。"

子楚一听,吓出了一身冷汗,突然翻身起来,瞪着眼睛道:"真有这么恐怖?!"

回秦没几天就过年了。

子楚在兰池宫里过着舒适优雅的生活，与邯郸简直是天壤之别。

可是，子楚觉得宫里的日子过得并不轻松。

过去在邯郸，只要是在赵国士卒的监视范围内，他便可以到处交朋处友，到伎院听歌观舞，喝酒赌博。现在在宫里，规矩很多，一言一行都受到约束。

他每天都要去向父亲安国君和养母华阳夫人请安，最怕他们考问自己。好在安国君一向疏散惯了，每天喜欢与妃子们饮酒作乐，并不太在意他。

他去看望过亲生母亲夏姬。夏姬见到久别的儿子归来，高兴得泪流满面。可子楚按照吕不韦的嘱咐，不敢多与母亲亲近。见母亲孤独羸弱的样子，忍不住流出了热泪。但是，这事儿很快就让华阳夫人知道了。他才真正体会到，这宫里到处都有眼睛盯着自己。

子楚过去最讨厌读书。但现在，吕不韦给他搬来了大堆的书简，并且规定他每天必须读多少书。这事儿让他头都大了。

子楚真的怀念在邯郸的日子，觉得那时虽不自由，却也蛮惬意的。

正月初三清晨，子楚正想去咸阳宫请过安后好好补上一觉，忽然接到寺人魏过来报，说是大王要召见子楚和吕不韦。

子楚和吕不韦赶紧到了咸阳宫，安国君与华阳夫人早已在等待。

安国君带着子楚往章台宫。

章台宫在渭南，依山傍水，西北有梁山宫，正北有甘泉宫，三宫互相呼应。这是秦昭襄王最喜欢居住的地方。

走进章台宫，宫里非常安静，众人都放轻了脚步，屏声静气，仿佛听得到彼此心跳声。

走入内宫，里面几盆木炭在熊熊燃烧着，室内非常暖和。

秦昭襄王坐在榻上，须发皆白，面容祥和，却隐含着不怒自威的威严。这是一个令天下诸侯敬畏得不敢仰视的老人，是一个在秦宫里说一不二有着至高无上权威的老人。

安国君与华阳夫人趋前行礼道："儿臣携孙儿子楚和傅吕不韦前来拜见父王。"

子楚随后也行礼，颤声道："臣孙子楚拜见大王祖父。"说罢，眼泪就流出来。

吕不韦随后行礼，中气充沛，道："臣不韦拜见大王。"

"众人都坐吧。今天是年头年节，算是家人相聚，不必拘礼了。"秦昭襄王语气中透着随和，端详了一会儿，道："这孙儿倒是长得一表人才，不愧是我嬴氏血脉。祖父我在燕都住了三年，你父亲在邯郸只住了两年，而孙儿在邯郸待了八年，确实不容易。"

"孙儿在外，借着祖父神威，并不惧怕任何险恶。最难熬的就是日夜想念祖父、父亲、母亲，这种思念之情最折磨人。"子楚流着泪道。

"这小子倒也勇毅有孝心。"昭襄王笑着道，"人生多些磨炼，这也是一种财富，以后遇到任何困难也就不畏怯。"

"孙儿一定谨记祖父的教诲。"子楚应道。

"最近读过什么书？"昭襄王关切地问道。

"吕傅正在教孙儿读《尚书》。"子楚见问读书之事，心里就开始发虚。

"'人惟求旧，器非求旧，惟新。'此言为何人所说，作何解释？"昭襄王继续问道。

"这是殷商贤人迟任说过的话，意思是说，人是旧的好，用人要注重世家旧族；但是用器物却不要旧的，须新的好。"子楚手心里捏着汗。这一段刚好是昨天吕不韦所说过的。要不然可丢脸了。

"箕子在《洪范》篇中云：'无偏无陂，遵王之义；无有作好，遵王之道；无有作恶，遵王之路。无偏无党，王道荡荡；无党无偏，王道平平；无反无侧，王道正直。会其有极，归其有极。'你对这话怎么理解？"昭襄王温和地问道。

子楚对箕子所说的话从没有听说过，脑子一片空白，突然跪奏道："请大王祖父恕孙儿愚钝。孙儿很小时就到邯郸为质，整天为性命而担忧，又没有师傅教学，所以不习于诵。以后一定发愤读书，不负祖父期望。"

"我嬴氏子孙当担大任，就必须懂治国之道。知耻而后勇。好好努力吧。"昭襄王颔额说着，转而又对吕不韦道："子楚困居邯郸多年，全仗吕先生庇护，得以脱离险境。由此可见吕先生才智非同寻常。本王想厚厚地奖赏先生，不知先生有何要求？"

"臣不韦本商贾之人，偶遇王孙。王孙身处困境，不顾自身安危，仗义曾与赵括力辩，令臣十分感动。与王孙接触，知王孙为重情重义之人。天下分崩离析已久，百姓深受其苦。大王以天下一统为为己任，令天下归心，臣深为敬佩。故臣甘冒性命之忧，舍家与王孙相交。臣侥幸护送王孙归国，全赖大王福荫。臣与王孙患难与共，深知王孙才智过人，只是以前受困，未能静心读书。臣平生所好唯书。臣不敢望报，唯愿尽绵薄之力，陪伴王孙。"吕不韦言辞恳切，毫无居功讨赏之意，令昭襄王非常吃惊。

"自古商贾均以赢利为目的。闻知先生善贾，富可敌国，却甘冒刀矢，抛家弃子，不图回报，为我秦国子孙安危奔忙，十分难得。"昭襄王赞赏道，"以先生观之，我大秦统一天下，乃民心所向？"

"回大王，臣以为，天下非一人之天下，唯有德者居之。昔尧禅让于舜，舜禅让于禹，非不顾子孙也，唯贤能也。商汤伐桀，武王伐纣，非为篡，乃是替天行道，救民于水火。周自平王东迁以来，诸侯相残，民不聊生，已四百余年。秦本黄帝之后，起于西岐。自穆公以来，尊贤敬能，励精图治，国富民强，尤其以大王为著。臣视当今天下，秦已居其半，无人可与抗衡，这已是天下人所共知的事实。假以时日，运筹得当，秦必能一统天下。"吕不韦侃侃而谈。

"本王得祖上余荫，为开疆扩土，一统天下，殚精竭虑，已五十余年了。本王已届古稀之年，来日无多，看不到天下统一的那一天了。这些本王未了事业只有靠子孙去完成。"昭襄王叹息道，"本王为治，攻伐之战数百，然而，这些诸侯虽弱，却负命抵抗。已为秦民，尤怨秦残暴。风吹草动，即为祸乱。不知先生有何良策？"

"以臣观之，天下人闻秦色变，称秦为暴秦，此乃秦尚首功、法太苛之故。攻伐之时，不可能没有杀戮，但却忌一味杀戮。孙子曰：'凡用兵之法，全国为上，破国次之；全军为上，破军次之；全伍为上，破伍次之。是故百战百胜，非善之善者也；不战而屈人之兵，善之善者也。故上兵伐谋，其次伐交，其次伐兵。攻城之法，为不得已。'今大王重攻伐而轻谋取，重杀戮而轻征服。长平之战坑杀赵军四十余万，令天下诸侯自危：战亦死，降亦死，勿如苦战，尚有生望。故秦之攻伐愈烈，诸侯抵抗愈坚。诸侯虽弱，亦难平之。"

昭襄王端坐着，认真地听吕不韦所言。吕不韦见昭襄王听得入神，继续说道："至于说已为秦民而不服，则在于文武之道失措。马上得之，不可马上治之。以武力取天下，不可以武力治天下，需文武兼治。民之畏法，莫如民之服法。抚之以道，则民心必服；民心服，可垂拱而治，王者何忧之有？"

昭襄王陷入了沉思，空气一时为之凝固。过了一会儿，昭襄王道："先生之言不无道理。然我秦国赖卫鞅之法得以强大，不可即废，只可辅以谋攻。至于治平之道，天下诸子百家，众说纷纭，不知先生有何高见？"

吕不韦当即回答道："以臣观之，儒、道、墨、兵、名、法、阴阳等诸子百家，各有各的道理，也各有各的不足。如能集各家所长，为我所用，则是开万代之基业。"

看来这吕不韦确非寻常商贾之人，不但学识渊博，熟知诸子百家，而且志存高远，深知治国之道。要是早生十年，寡人当重用之。昭襄王思索片刻，叹了口气，道："先生可为太平之相矣。先生可集众贤者精研诸子学说，去粗取精，成一家之言。本王已老，来日无多，或在有生之年，得闻一二。"

安国君与华阳夫人齐道："父王一定会百岁齐寿！"

昭襄王显得有些疲倦，摆了摆手，道："本王累了。你们去吧。好好善待吕先生。"

离开章台宫，外面的冷风一吹，子楚打了一个冷战。刚才不知是宫里太热，还是紧张的缘故，身上出了汗，这下子变得冰凉的。

要不是吕不韦事先谋划、演习各种应对之言，后果真的不堪设想。

再不读书，恐怕这嗣子之位难保了。

回到兰池宫，子楚即刻拿出书简，开始诵读。

“公子要想不读书，除非坐上了王位。”吕傅的话在子楚心里不停地敲打着。

昭襄王赐给吕不韦一座府第，非常宽敞。

吕不韦从馆舍搬到府第，真正感觉到自己要在咸阳扎根了。

他安排司空马回濮阳，想把全家人都搬过来。这几年一直在外漂泊，与家人聚少离多，实在是有愧于家人。

一日，吕不韦与子楚、公孙乾商议二妮母子的事。

“二妮与本公子为患难之交，却要因本公子受这么多的苦。请吕傅一定要想办法将她母子二人救回咸阳来。”子楚倒是重情重义。

“二妮母子在本傅表兄家藏匿，尚无性命之忧。只是秦、赵交恶，我们逃出来令赵王非常生气，正在四处搜寻二妮母子。目前我们要想名正言顺地将她们接回来，或者千方百计让她们逃回来，是很难做到的。”吕不韦思索着，叹息道：“再则就是这王宫里能不能认同二妮母子的问题。公子的婚姻常常是一种政治筹码，既是处理国与国之间关系的重要砝码，也是宫内各种力量斗争和平衡砝码。而二妮虽然冰雪聪明，对公子情深义重，可毕竟出身寒微，要让秦宫接受，恐怕还要多做些准备。”

“本公子曾经对二妮立过血誓，定不相违，否则有何面目立于天地之间。”子楚慷慨道，“吕傅计谋百出，一定有办法将她母子二人救回秦国来。”

“公子的情义可以感天动地。本傅一定尽全力而为之。”吕不韦感动地说道。

正在这时，寺人魏过来报，说是太子要见子楚与吕不韦。

子楚与吕不韦来到咸阳宫，安国君与华阳夫人都在。

“今天召你们来，有一件重要的事情告诉你们：奉父王旨意，着子楚与魏国公主成婚。”安国君显得懒慵慵的。

“可儿臣与赵女已成婚生子。”子楚有些急。

“我儿倒是个有情有义的人。”华阳夫人对子楚赞赏道，转而又劝说道：“赵女这事以后再说吧。我秦国公子多娶几个女子也是常事。本宫也曾想将阳泉君的女儿许配给你，只是现在还小。听说这魏国公主知书达理，长得十分标致。再说这可是大王的旨意，违拗不得。我儿还是高高兴兴将这喜事办好吧。”

“儿臣听从母亲的吩咐。”子楚道。子楚非常清楚，祖父有着至高无上的权威，说出来的话是无人敢违。

“恐怕秦国又要对赵、韩开战了。”吕不韦心里想道，但是不敢说出来。这军国大事，不是随便可以说的。军国大事倒还不是吕不韦所担心的，最担心的却是二妮与赵政母子的安危。二妮毕竟曾经钟情过自己，有过一段美好的回忆。尽管后来跟了子楚，可吕不韦有一个心愿，就是要让她能过上好日子。如今秦、赵又起兵戈，赵王必然会加紧派人四处搜捕，子羽一家恐怕也不好保护他们母子。吕不韦替二妮母子捏了一把汗。

子楚与吕不韦回到兰池宫，准备迎娶魏公主事宜。

接二妮母子回秦之事只好放一放。吕不韦还是不太放心，派祖泰去邯郸暗中保护二妮母子。

秦昭襄王非常重视子楚与魏公主的婚事，婚礼办得很隆重，似乎要让诸侯各国都知道，秦、魏联姻，亲如一家。

司空马从濮阳回来，归报吕不韦，说是吕鑫吕老爷子无论如何都不愿意入秦。梦萦公主要代不韦孝顺二老，也不肯来。只是长女安平已长大成人，楚楚动人，到了该出嫁的年龄了，梦萦公主为此有些焦急。

"我曾与安平君田单约为婚姻，已将安平许与田单作孙媳。田大人现在改名叫王夷伯了，隐居在江南，日子过得悠闲。安平嫁过去不会吃亏。辛苦你去操办此事，婚事要办得低调些。安平安平，身处乱世，一生安安平平就够了。"吕不韦身为人父，却不得亲自风风光光地操办女儿的婚事，心中涌起无限的惆怅。

"我来秦的路上，见秦兵调动，估计又要与韩、赵开战了。"司空马说道。

"秦与韩、赵开战已在我意料之中。"吕不韦道："子楚娶魏公主，摆明了就是要离间三晋。西周武公姬共害怕受到秦国攻击，去年派相国御展来秦。御展畏秦，半途而返。后来有人劝他，要他依附于秦，愿意随时向秦国报告三晋的消息，这样秦王就会重视他。今年年初，这个御展果然来秦，向秦王示好。秦王相信他的话，派兵攻韩、赵。"

"西周公如此作为，将来岂不是自取其辱么?"司空马道。

"人多顾眼前，不计身后。西周国蕞尔小邦，秦欲灭之，举手之劳。秦王之所以暂不动西周，是顾及周赧王在洛邑，怕背上篡逆之名引起天下共愤而已。"吕不韦道。

"这个周赧王九十多岁的人了，债台高筑，举步维艰，老而不死，更待何为?"司空马感叹道。

"周赧王现在靠西周武公接济和变卖些老祖宗的宝物过日子，过得确实不容易。"吕不韦转而又问道："其他诸侯国有什么动静没?"

"楚国现在逐渐强大了，已征服了东部诸国。春申君率兵北进，名为援赵，观兵于秦，却在鲁国边境集结，估计会对鲁国有所行动。"司空马道。

"鲁与周同宗，到顷公已历三十四世。顷公在位二十四年，国势日渐衰微。楚春申君归国之后，励精图治，招贤纳士，抚吴越之地，国力日强。齐与鲁本为同盟，然齐君王后只图自保，必不救鲁。楚与鲁战，鲁必败。”吕不韦分析道。

“这春申君也是当世英雄。只是听说考烈王无子，春申君娶李园之妹，怀孕后又送给考烈王，生了个儿子。这李园仗着妹妹之势，在楚国权势日彰。春申君这偷天换日之举也不知是福是祸？”司空马道。

“无论何等盖世英雄，都难敌萧墙之乱。萧墙之乱，祸福转换常在转瞬不经意之间，让人防不胜防。”吕不韦感叹道，“春申君也是我的旧友，我真替他担心。”

这时的吕不韦确实为春申君担心着，不意后来吕不韦在秦宫中也遇到类似的麻烦，也为之伤透了脑筋，最终弄得自己遍体鳞伤。此是后话。

秦昭襄王五十一年（前256年）夏，秦将军摎率大军攻韩，取阳城、负黍，斩首四万。秦军转而攻赵，取二十余县，首虏九万。天下震恐。

洛邑已处于秦国三面包围之中，周赧王埋怨西周武公草率行事，西周武公后悔不已，以赧王之名急约天下诸侯合纵抗秦。西周武公也草草凑了六千余兵。

周赧王发出的声音虽然十分衰弱，但毕竟是天下共主，况且秦兵攻韩、赵，已危及诸侯。于是天下诸侯响应，纷纷出兵。联军出伊阙攻秦，想切断秦与阳城之间的联系。

秦昭襄王对周赧王和西周武公十分恼怒，下令攻击洛邑。秦军全不理会诸侯联军，全力向洛邑推进。

秦军兵临城下，小小的六千兵卒哪是虎狼之秦的对手。周赧王和西周武公慌了神，只好开城投降，尽献其邑三十六，人口三万。

秦军入洛邑，尽收宫中宝货，将九鼎运回咸阳。

秦昭襄王将周赧王贬爵为君，封于梁城，将西周武公贬为家臣，迁之狐地。

九十多岁的周赧王一路颠簸到了梁城，一病不起，死于梁城。

秦军陈兵赵国边境，攻击新中。新中为军事要地，势扼韩、赵、魏。赵王急令平原君向春申君救援。春申君率楚、赵、魏、韩四国大军救新中。秦军见联军来势甚猛，只好退兵。

春申君见秦兵退去，于是率兵回国，转而攻鲁，一举灭掉了鲁国。鲁顷公姬雠逃到下邑，再逃至柯，死于柯。鲁祀绝。

秦与赵、韩、魏、楚、西周公混战，道路阻绝，吕不韦得不到邯郸和濮阳的消息，时常担心。

可担心也没用，该做的事还得去做。

吕不韦最乐于做的事，是开馆招贤纳士。

诸侯各国中，孟尝君纳士最早，然而已成为历史。当今之时，尚有平原君、信陵君和春申君集士最多，名气最大。

而影响吕不韦最大的是平原君。吕不韦曾在邯郸多次与平原君相交过，也与他手下的众贤士交往过。

四君之中，最令吕不韦敬佩的却是信陵君。信陵君最有才，最真心与士人相交。吕不韦闻知信陵君正在与门客编撰一本兵书。这也是一件让他羡慕的事。

吕不韦名气还不够大，招贤尚未形成规模。

当务之急，吕不韦最难做的事，是如何让子楚在安国君和华阳夫人面前做一个孝顺而且知书达理之人。要做一个孝顺的人倒还不难，但要做一个知书达理的人却很难。

子楚娶的那魏公主长得十分标致，还弹得一手好琴，歌唱婉转动人。子楚便着了迷，日日作乐，夜夜合欢，视读书为畏途。

好在过了几个月，这魏公主肚子渐渐大了，子楚才有所收敛。

新婚之时，吕不韦也就让子楚去燕乐，但长此下去，后果却会非常严重。

“公子知道子傒、子伊、子倬、子盈他们在干什么吗?”吕不韦对子楚说道。

“他们肯定也与本公子一样在给自己找快乐。”子楚开心地道。

“本傅不妨告诉公子：他们在给公子掘坟墓。”吕不韦严肃地道。

“吕傅何必危言耸听!”子楚对吕不韦的话有些怀疑。

“公子想想看：二十多个兄弟之中，公子居中，凭什么可以为嗣子？论嫡长，该是子傒；论文才，子伊、子倬文思敏捷，素有辩才；论武功，子盈、子鹄射御皆能。公子自比能赢么？公子本身基础差，依托华阳夫人才立为嗣子，却沉于燕乐，不思进取，而子傒他们时刻盯着嗣位，勤学苦练。一旦华阳夫人失宠，安国君要废去公子嗣位，公子还能安享快乐么?”吕不韦有些恨铁不成钢般恼怒，但又不得不耐心劝说。

“本公子为不为嗣子倒也无所谓，只是负了吕傅一片苦心。”子楚有些气馁。与其自苦去保嗣子位子，还不如快乐一生。

“古人道：无知者无惧。公子即使眼前是万丈深渊，尤不察觉，仍痴迷往前冲，岂不悲哉。”吕不韦心情沉重地道，“公子一旦失去嗣子之位，以为能安乐么？秦王已是垂暮之人，安国君也老了，一旦他人承嗣为王，公子或身首异处，或幽居偏宫，或谪迁荒地，能得善终么？公子要是不信，去翻翻史书，历朝历代，莫不如此。至于本人，如公子执意如此，大不了一走了之，遨游四海，难道还会守着公子自寻死路?”

吕不韦的话吓得子楚出了一身冷汗。子楚拱手道：“本公子一时糊涂，知道错了，还望吕傅悉心教我。”

吕不韦见子楚回心转意，缓了缓口气道：“本傅知道，要公子整天背诵诗书，实在为难。不如这样，公子除了读些书外，本傅隔三差五给公子讲些历史故事，或者讲些谋略，公子再将所思所想禀报给安国君和华阳夫人，让他们认同公子是一个善于学习和思考的人。"

"这样最好。吕傅知道本公子最苦读书了。"子楚高兴地道。

明日，子楚朝见安国君与华阳夫人。

请安完毕，子楚道："孩儿一直在想一件事，百思不得其解，想向父亲母亲请教。"

平日里，子楚请安完后，没有什么话可说就告辞了。安国君只是偶尔考问一下读书事情，并不太与子楚有过多的交流。如今子楚提问，倒让安国君有了兴趣，道："说来听听。"

"孩儿在赵国时，闻知五国伐齐之事。昌国君乐毅率燕、赵、韩、魏、秦五国之兵进攻齐国。齐国以触子为将，在济水边迎战五国军队。齐湣王心浮气躁，急于与五国交战，于是派使者到军营里去辱骂触子，并且威胁说：'如果不开战，就一定杀掉你们这些人，削平你们的祖坟。'触子听了很委屈恼怒，于是想让齐军失败。因此，在与五国军队开战时，刚一交战，触子便命鸣金收兵，仓皇而逃。五国军队乘手追击，齐兵大败。触子乘上一辆战车离开了，没有人知道他的去向，也没有再听到他的音讯。"

"齐将达子又率领剩下的士卒，驻军在秦周，十分困顿，没有东西来赏赐士卒，于是派人向齐湣王请求给金钱。齐湣王怒骂道：'你们这些该杀的家伙，战败了还有脸来伸手向寡人要钱！'齐军与燕军交战，结果又被打得大败，达子也死于战场。齐湣王逃到了莒城，被楚将倬子杀掉了。燕军追逐逃跑的齐军，攻占了齐国国都临淄，将齐国藏金之地美唐抢劫一空。"

子楚叙说完毕，进而又思考道："孩儿一直在想，齐国自桓公以后已十分强大，湣王也曾颇有令名，齐国之兵与五国之兵实力相当，谁胜谁败犹未可知。可齐湣王为何不能安慰信任激励触子，而要辱骂他？触子身为大国之将，国脉所系，为何不能忍辱而以国事为重？达子困穷时，齐湣王为何守着金山银山不肯拿出来救助呢？齐湣王最后被杀也不知道会不会后悔？"

安国君听了后非常高兴，道："国家兴衰系于君王与大将之身，绝不可意气用事，否则会因小失大。楚儿能有如此思考，令为父十分高兴。"

华阳夫人趁机道："楚儿在外受困多年，虽然没有读多少书，但是对国家大事颇用心，这份心思也是难能可贵。"

安国君对子楚道："书是死的，人是活的。不读书不知古之兴衰之道，死读书则近乎迂，不知变化。楚儿还是要勤学多思。"

子楚满心高兴地告辞出来。

或明日，子楚向安国君、华阳夫人请安毕，又说道："孩儿最近读孟子书，对孟子杀人一事困惑不解。孟母对孟子教育可谓严矣，孟子敦厚明理可谓圣矣。母子之间非常信任。有一天，孟母在家织布，一个邻居慌张地跑来说，孟子杀人了。孟母毫不动声色地继续织布，根本不信地道：‘我儿不会杀人的。’过了一会儿，又有一个邻居跑来说，孟子杀人，已经被抓进监狱了，您不要被连坐，还是赶紧逃走吧。但是，孟母还是不信，依然织布道：‘我了解我儿子，他不会杀人。’又过了一会儿，跑来一帮子邻居，纷纷说道：‘孟子杀人，满城的人都知道了。听说官府正派人到这里来，您还是赶紧逃吧。’孟母见众人都如此说，惊慌失措，赶紧爬墙而逃。后来，孟母才知道，邻居们都听错了，是一个叫孟梓的人杀了人。孩儿不明白的是，孟母对孟子这么信任了解，最后在众人的影响下，还是惊慌而逃？”

安国君道：“这就叫做众口铄金，积毁销骨。”

子楚道：“孩儿想，这为君为长者其实也难。如果众人都去毁谤一个人，说得言之凿凿，让人不由得不信。要明黑白辨真伪还真不容易。”

安国君道：“楚儿能如此思辨，倒也难得。为君之道，想来也就是识人用人，不受蒙蔽。能识人，善用人，必能成为明君。”

又隔几日，子楚对安国君道：“孩儿在邯郸时，有人跑来对孩儿套近乎，他们或说与父亲十分友善，或说与父亲交谊很深，或说曾经对父亲有恩。他们之中有许多人想来投奔您，想求一官半职。有的人甚至还有怨气。孩儿在想，父亲在邯郸为质不过两年，就有如此多的人想攀附，没能如愿则心生怨言。这样对父亲不利。祖父在燕国为质三年，肯定也会有许多人有如此想法。孩儿想，这边关还是加强检查，早闭晚开，免得这些人跑到秦国来对祖父和父亲不利。”

安国君十分欣慰地道：“楚儿识事明理，腹有韬略。明日为父禀明大王，叫边关加强防范。”

华阳夫人在一边也跟着高兴，道：“到底是经过磨难之人，认见不同一般。”

转眼又是一年，已是秦昭襄王五十二年(前 255 年)春。

秦国发生一件大事，河东守王稽坐与诸侯通，被查证后判处死刑，尸体被弃市。

秦相应侯范雎曾受魏相魏齐的迫害，肋折齿断，几至死亡，得到郑安平的帮助化名张禄隐匿起来。当时王稽为秦国谒者出使魏国，见范雎是个贤才，千方百计将范雎带回秦国，并推荐给秦王。范雎为相后，为了报恩，向秦王推荐王稽为河东郡守，享有三年之内可以不向朝廷汇报郡内政治、经济情况的特权。

三年前，秦军围攻邯郸，久攻不下，河东郡处于前线，王稽手下众军官十分辛苦疲惫，颇有怨言。谋士佚庄献策，建议王稽赏赐下级军官，优待下属，平息他们的猜疑。王稽仗着秦王的信任，听不进去。佚庄用三人成虎、十夫楺椎的典故来劝谏，王稽始终不肯采纳。佚庄见王稽固执己见，只得悄然离去。

年前，秦国攻灭西周公，从洛邑运回九鼎，并转告各国前来朝贡祝贺。赵、韩、楚、燕、齐五国都派国相前来祝贺，唯独魏国未来，秦王怒魏安釐王无理，派王稽率兵攻魏。王稽私下收取魏国贿赂，将秦国要攻打魏国的消息透露给魏王。魏王听说秦国要攻打自己，赶紧派太子增为人质求和。王稽下属将其告发，事情败露，被秦昭襄王处死。

按秦国法令，"任人而所任不善者，各以其罪罪之。"前年是郑安平率两万人降赵，现在又是王稽弃市，范雎接连受嫌，心中不是滋味。虽然秦昭襄王不忍追责，可范雎心里日夜忐忑不安。一天，秦昭襄王临朝兴叹："现今武安君既死，郑安平、王稽等或叛或降，外多强敌而内无良将，吾恐楚国铁剑利而将士勇，倡优拙而思虑远，借以图秦，实堪忧虑！"范雎听出弦外之音，且惭且惧，不得不思谋退身之计，借病闲居家中，不肯上朝。

燕客蔡泽闻讯后，劝说范雎隐退，并要范雎将自己推荐给秦王为相。蔡泽其貌不扬，却才华横溢，尤擅辩才。论人事、变安危，语语动人，字字惊心。范雎到底是位智者，心有灵犀，一点即通，忙奏请秦王，盛赞蔡泽之贤，荐其代己为相，自己称病逊去相位。范雎回到封地应城，一代名相不久就病死了。

后世或传云范雎被秦昭襄王赐死于应城，这种可能性不大。郑安平降赵、王稽与魏私通，按秦律范雎都应受连坐，而秦昭襄王都不忍致其罪，何况后来归于封地。

只是这范雎自视才高，平日里居一人之下万人之上，颐指气使，一言一行为天下人所瞩目，突然被冷落，其心里落差之大可想而知。说其忧郁而终倒合乎情理。

让吕不韦深有感触的是，曾经陪同闻名天下的荀夫子拜访范雎，不意受到范雎的冷遇，而信陵君则真心实意以国士待人，两者相比，在待士方面差距实在太大。范雎为人过于精明，胸襟过于狭窄，故权势显赫之时，趋炎附势之徒甚众，一旦失势，则为众矢之的，群起而攻之。范雎被免相后，门庭立即冷冷清清，无人问津。回到封地途中，还不断有人指背，其晚景可谓惨矣。

吕不韦告诫自己，一定要向信陵君学习，诚心纳士，倾心待士，决不能以一时之得势而轻慢天下才俊。

吕不韦时刻关注着朝廷的动静，关注着各派势力的兴衰。但他不敢掺和，只能一心一意守着子楚。

吕不韦为子楚一点一点地精心打造形象，使子楚在安国君心目中越来越受信任。

魏公主如期临盆，生了一个胖胖的小子，令安国君非常高兴。安国君轻捏着孙子团团的脸，左思右想，给他起名叫成峤。峤，指高而陡峭的山峰，后来又特指五岳，谓之峤岳。安国君之意，是希望他成为一个出类拔萃的人。

夏姬自从子楚回秦后，身体逐渐好了起来。听说魏公主替自己生了一个胖孙子，更是高兴，脸色竟有些红润了。

这让华阳夫人颇是不安。天生的嫉妒心告诉她，如果子楚一旦为王，虽然会尊自己为后，也会尊亲生母亲夏姬为后。魏公主与夏姬同为魏人，互为依托，到时自己的势力就单了。阳泉君的女儿还只有十一岁，不到出嫁的年龄。即使就出嫁，也赶不上魏公主能早些生出个公子来。她想来想去，觉得只有将子楚在邯郸娶的妻子和生的儿子平安回国，才能与魏公主相抗衡。

华阳夫人召见吕不韦，闲聊时，不经意问起子楚在邯郸娶的妻子和生的儿子情况，末了叹息道："都是我嬴氏血脉，吕傅一定要想方设法将这母子二人接回秦国来。"

吕不韦自然应承。其实在接赵二妮母子回秦一事，吕不韦比华阳夫人更焦急。

好在秦、赵言和，边境放宽了往来限制。

祖泰终于从邯郸回到咸阳来了。

"这一年来，二妮母子怎么过的？现在怎样？"吕不韦一见面，急切问道。

"二妮母子原躲在娘家子羽家里。后来赵王追查得紧，子羽只好将这母子化装成平民隐藏到一处烧瓦做砖的窑场做事。生活虽然清苦，倒也平安。"祖泰回答道。

"那赵政算来已五岁了，现在长得怎么样？"

"这家伙野性十足，长得一身力气，受不得一点气，经常与人打架，倒不是个善类。"

"那二妮从来没做过重活，想来也吃了不少苦。"

"粗活自然要做些，不然易被人识破。我们常暗中接济，生活倒没问题。只是这二妮天生丽质，即使装成寻常百姓，也掩饰不了姿容，市井里地痞流氓便常来骚扰。特别是一个叫嫪毐的，长得牛高马大的，经常来献殷勤。二妮看起来对他并不反感，俩人时常有说有笑的。"

吕不韦皱紧了眉头，来回走了几步，道："女人最经不起男人献殷勤，尤其是二妮。如果让嫪毐得手了，可就误了大事。你还是尽快赶到邯郸去，劝告二妮，并警告嫪毐。实在不行，你就报官，让赵王将这母子幽禁起来。否则这母子二人就彻底完了。"

第二天清晨，祖泰快马加鞭，急忙往邯郸赶去。

第十三章 韬光养晦

Biography
About Lü Buwei

东线多战事，秦昭襄王虽然年老，仍壮心不已。秦昭襄王五十二年冬，秦王令大将摎率大军攻韩，取南阳。赵国以廉颇为将，勤于练兵，对秦国保持高度警惕。赵有平原君为相，信陵君自从窃符救赵后也留在赵国。秦王对赵国有所忌惮，没有轻易去攻击。秦、赵相安无事。次年春，秦王又令摎率大军伐魏，取吴城。魏安釐王急忙派相国公仲侈入秦，向秦王献忠，表示魏国愿举国听令。收服了魏国，秦王再令摎率大军攻韩，取韩十城。韩桓惠王顾不上国君颜面，带上重礼到咸阳朝拜秦王，表示臣服。

秦昭襄王不断对外用兵，秦国风头正健。吕不韦便把精力用在养士上。自开馆纳贤以来，门下已收养了三百多个士人，而且多是当今名士。

吕不韦的馆舍里人头攒动，大家的眼光都盯着前方的主席台。

主席台上坐着七个人，吕不韦居中，两边各坐了两个名士。他们是子顺、扬子、乐子、尹胜。这些人都是儒、墨、道、名家学派名士。吕不韦还特邀了宗室重臣昌平君和昌文君当嘉宾。

吕不韦最大的乐趣就是召集善言善辩多智之人进行辩论。

"诸位，今天召集大家进行辩论，主题是人性问题。人性本善，还是本恶，抑或是有善有恶？各人都可以畅抒己见。"吕不韦在台上开场道。

站在主席台上。受众人注目的感觉还真是不错。曾经年少时在邯郸平原君府上，自己只是一名名不见经传的旁观者，如今则已是众人的主导者。

吕不韦继续说道："理不辩不明，但是，辩论当以理服人，不可意气用事，不可强词夺理，不可人身攻击，不可囿于门户之见，不可巧言惑众，不可反复纠缠，不可长篇空论。通过辩论，旨在取长补短，互相学习，互相促进，这才是目的所在。下面，请儒家学派名士子顺发言。"

第一个发言的是子顺。子顺为齐鲁名士。

子顺清了清喉，说道："《烝民》之诗：'天生烝民，有物有则，民之秉懿德。'故古之人天性就是善良，而且一脉相承。孔夫子在《论语·阳货》曰：性相近，习相远也。夫子说的是人从生下来，性情都相近，只是后来随着环境和教育不一样而改变。孟子云：人之初，性本善。孟子乃儒家之集大成者。此论有两层意思：其一是说明人类最初是善良的。远古之时，人与人之间不积私产，不贪权势，共产共妻，和平相处，共同对抗洪水猛兽。后来随着人类的增多，财物的增多，才引发氏族与氏族之间的争战，才立官以治民。故古之人将做官当做是一种责任，必以天下为公才能立足，因此有禅让制度，黄帝传少昊，少昊传颛顼，颛顼传帝喾，帝喾传帝挚，帝挚禅位于伊祁姓的尧，帝尧禅位于姚姓的舜，帝舜禅位姒姓的禹。帝禹曾指定皋陶、伯益为传位之人，其子启杀死益而称王，从而废除了禅让制。"

"其二是说明人从出生之初，性情就是善良的。初生的婴儿，只要不饿不病，便是快乐，吃了就睡，无忧无虑。慢慢成长之后，就开始分化了。有的因为有良好的教育，所以能明理，有智慧，渐成圣者；有的则因为未受教育，为周边环境所影响，为恶为盗。昔日孟母为使孟子成才，曾多次搬家，择邻而处。由此可见后天的影响对人性的改变影响非常大。"

"人性与人的智慧是有差别的。或善而智，或恶而智；或善而愚，或恶而愚。或生而知之，或学而知之。人们常看到，有的人天生就很聪明，有的人天生就很愚蠢。如果聪明又善良，这个人就可以成为圣者；如果聪明又自私狡诈，则这个人就会成为大盗。如果愚蠢又善良，这个人则可成为良民；如果愚蠢又贪婪，则这个人必然叛逆，为恶于社会。基于此，夫子将人又分为君子与小人。这种区分就是将人性、才智、品行修养结合起来进行的。"

"人的出身不同，先天秉性不同，所受教育不同。故夫子云：唯上知与下愚不移。意思是说，只有上等人有知识，下等人愚昧这点是不会变的。"

"夫子又云：不知命，不可以为君；不知礼，无以为立也；不知言，不以知人也。君子有三畏：畏天命，畏大人，畏圣人之言。小人不知天命而不畏也，狎大人，侮圣人之言。因此，君子处天地之间，秉持人皆可为尧舜之意，以教化为己任，开启人性向善之心，纠正人性向恶之念。君子的最高修为境界是什么样呢？孟子云：得志与民由之，不得志独行其道。富贵不能淫，贫贱不能移，威武不能屈。此之谓大丈夫。世人能多如孟子所说的大丈夫，则世道太平矣！"

子顺言毕，众人齐声鼓掌。

第二个发言的是扬子。扬子亦是齐鲁名士，信奉道家学说。

扬子捋了捋胡须，道："孔、孟之言，虽然出发点是好的，倡导教化也是对的，但是却难自圆其说。当今大儒莫过于荀卿荀老先生。荀老先生曾为稷下群博士之首，现为楚兰陵令。荀老先生游历天下，识见最广，对儒家之道理解极为透彻。他在兰陵著书立说，写了一篇最著名的文章《性恶篇》，开篇明义云：'人之性恶，其善者，伪也。'荀先生道，今人之性，生而好利，生而疾恶，生而好声色，故有争夺、残贼、淫乱、犯分乱理。故圣人起礼义、制法度、化师法、积文学，以矫饰人性之恶，导之向善。荀子之言，与刚才子顺先生所说的大相径庭。由此可见，儒者之中，孟子与荀子之言针锋相对，人们到底信谁呢？"

"对万事万物的立义与解释，唯道家最为明理。孔夫子曾至洛邑问礼于老子，事后感叹道：'鸟，吾知其能飞；鱼，吾知其能游；兽，吾知其能走。走者可以为罔，游者可以为纶，飞者可以为矰。至于龙，吾不能知其乘风云而上天。吾今日见老子，其犹龙邪！'从孔夫子对老子的敬佩之言中可以看出我道家知识之渊博。"

"对于人性之善与恶，道家早已释义。《道德经》云：道生一，一生二，二生三，三生万物。万物负阴而抱阳，冲气以为和。又云：道大，天大，地大，人亦大。人法地，地法天，天法道，道法自然。"

"以道家之理观之，人之性，或善或恶，均源于自然。人或生而性善，生而性恶，不可一概而论。'天之道，利而不害；人之道，为而不争。'圣人之道，在于无为，在于不争，在于清静，在于顺其自然。"

"人或有为善为恶，何以驭之？老子云：'祸兮，福之所倚；福兮，祸之所伏。孰知其极？其无正也。正复为奇，善复为妖，其日固久。'可见，祸福转换，天道轮回，善恶自有天道平之。"

……

诸人互相攻击，自强其说，从早到晚，兴致很高，持久不衰。

吕不韦见天色已晚，最后总结道："诸位辩论，都是循理而行，想必互有启发，互有收获。以本傅观之，诸子所言，各有所长，各有所短。如今天下纷乱，诸子众说不一，则天下之民茫然无措，无所遵循。我等当以天下立心为己任，采百家之长，成一家之言，以正天下之视听。"

"从诸位所言，以公心而论，人之性，最初无所谓善与恶，但是，人的欲望却是与生俱来的。饿了就想吃，困了就想睡，听到好的音乐就手舞足蹈，见到好看的东西就想要。可见，天生人而使有贪有欲。只是欲须有情，情须有节。圣人修节以止欲，故不过行其情也。"

"世人多只知其欲，不知有情，不知有节，不计利害。故不可听而听之，不可视而视之，不可食而食之，不可言而言之，不可为而为之，世道纷纷，难以平也。"

"圣人之所以异者，得其情也，持其节也。天下纷纷，为其利也，为其欲也。圣人当以利导之，以义节之。如此，则天下可平也。"

吕不韦歇了歇，看着诸位认真倾听的样子，心中油然而生出自豪感来。昔日在邯郸平原君处犹如一发蒙者，现在则可以主导众人的思想，这岂不比平原君更伟大。

最后，吕不韦慷慨激昂地对众人道："诸位，古之圣者，以立德、立功、立言为三不朽。今之时，人们对于治国之道、修身之道、处世之道，众说纷纭。在座各位当摒弃门户之见，集天下诸子百家之长，精研细琢，著成文章，以传后世，必为不朽。"

众人听了，为吕不韦的话所感染，掌声雷动，由衷生出一种强烈的使命感来。

众人散去后，吕不韦将子顺、扬子、乐子、尹胜留下。

"诸位贤者，如今天子已死，诸侯争战不断，民不聊生。本傅之所以求贤若渴，非图虚名，乃是寻求拯救天下苍生之道。诸位著书立说，务以天下苍生为念。诸位回去后，把思虑好好理一理，从大处着眼，从小处着手，一个论点一个论点地反复论证，务必简约，务必令人信服。"吕不韦非常诚恳地说道。

"吕傅真是心存仁义，以天下为己任，令我等敬佩。只是诸子百家，学说众多，要集成一家之言，实在是工程浩繁，非常不易。"子顺道。

"我们不是需要搞一个百家大杂烩，而是要集百家之精华为我所用。譬如论兵。古今之兵书多如牛毛，信陵君集众门客之力，精研多年，才成一兵书。如果我等再去注重研究具体的用兵之道，恐怕花再大力气也无法超越他们。对于论兵，诸位的使命在于澄清为什么要用兵，至于选将用士，以及具体战略战术则在其次。我们抓住了根本，就可以忽略细节性的技术操作。这才是我们最需要的东西。"吕不韦道。

"我等原想，如果将诸子百家之言取其精华，再怎么求同存异，也是洋洋数百万言，仍难以周全。吕傅提醒，让我等茅塞顿开。我等明白了。吕傅之意是从关乎天下众生最根本、最关键的地方着手，择其大要而论之。"子顺道。

"本傅正是此意。"吕不韦正说着，门人来报，说司空马从濮阳回来了。吕不韦对子顺他们道："今天就到此为止。你们也辛苦了，早点回去休息。"

"我等先捋出一个头绪再向吕傅禀报。"子顺他们告辞而去。

吕不韦见到司空马，异常高兴。

"司空兄这一去，真想煞我了。"吕不韦热情拥抱着司空马道。

"想我只怕是有一点点，更多的是想梦萦公主了吧！"司空马笑道。

"都想，好不好。你赶紧给我说说家里的情况。"吕不韦显得很急切地道。

"你总不能让我饿着给你说吧。你可不知道，这一路上兵荒马乱的，赶得好辛苦。你得好好招待我一餐，让我酒足饭饱了才好说话。"司空马说道。

吕不韦这才注意到司空马风尘仆仆的，十分疲乏。于是吩咐下人道："你们赶紧弄些好吃的来，越快越好，别把我的大功臣饿坏了。”

司空马洗把脸，酒菜就上桌了。

确实是饿坏了，司空马大口大口地喝酒吃菜。吕不韦在一旁陪着，心里感念他的辛苦，说道：“慢些吃，没人跟你争。”

吃过饭，司空马歇了一会儿，开始细说濮阳之行。

司空马一行穿过战火纷飞的魏、韩，进入濮阳后，吕家人见到司空马都非常高兴。

安平长成了大姑娘，楚楚动人，已是婚嫁的年龄。对于安平的婚约，吕家人早就知道了。吕家便安排人去江南知会王夷伯的孙子王陵来迎娶安平。

王陵到达濮阳。吕家人见王陵长得一表人才，倒也满意。只是这一别不知何时再相见，梦萦公主哭得很伤心。

婚礼办得很低调。司空马亲自护送安平去江南。亲家翁王夷伯身体硬朗，只是右脚患了风湿，行走不太方便。他老人家见了司空马特别高兴，详细询问了关于吕不韦的事情。

在送亲归来的路途上，司空马特意到兰陵看望了荀老夫子。荀老夫子年事已高，已退仕，一门心思开馆授徒。慕名而去求学的人很多，其中最著名的是韩公子非。这位韩公子非非常有才气，荀老夫子特别喜爱，只可惜这位公子口吃。荀夫子另一得意门生叫做李斯，原是上蔡一小吏。此子志向远大，辞官且抛家弃子前来读书，才思敏捷，记忆力非常强，有辩才，为众学子中佼佼者。还有浮丘伯、徐福等人也非常优秀。司空马劝说荀夫子将得意门生都推荐到吕不韦门下，荀夫子高兴地答应了。

司空马回到濮阳后，力劝吕老爷子搬到咸阳来住，吕老爷子一直就反对出仕，特别是听说名相范雎死于应城后，更是坚定了一个信念：官场险恶，祸福难测。所以无论司空马如何劝说，都不肯来。

吕家少爷吕文现已十六岁，长成一个男子汉了。吕文从小就与祖父相处在一起，受他祖父影响很大，不好文武之学，没有扬名天下的大志，却是潜心钻研取财之道，开始接管吕家的经营。卫怀君对这个外孙很是喜爱，但是，吕文却不愿去宫里，一心在商贾之事上。吕家的生意又大有起色了。吕文与祖父感情很深，也反对来咸阳。

只有梦萦公主和太平、永平想来咸阳陪伴吕不韦。梦萦公主身体时常有些小病，对双亲极是孝顺，对子女教育也很严。背地里时常思念不韦，只是顾念这上老下小，加之战火频繁，未能成行。太平、永平也长得很可爱，十分想念父亲。

“安平已嫁到江南王家，也算是了却了为父的一桩心愿。”吕不韦眼中含泪道，

"只是亲家翁王夷伯不能来秦为我筹划，倒是一件憾事。"

"少公子有经商天赋，为人低调稳健，少年老成，对老爷子极为尊重，倒是十分难得。"司空马赞叹道。

"人各有志，就让他去吧。文儿能代父行孝，为父也很欣慰。"吕不韦道。父亲一直不希望自己入仕，这些年来，自己也很少尽过孝。儿子吕文从小与祖父亲热些，自己也未能尽到做父亲的责任。对这爷孙俩，吕不韦总是心存愧疚。

"你这些年吃了不少苦。有少公子孝顺祖父祖母，等天下太平些，我便去将夫人和太平、永平接到咸阳来，让你也享享天伦之乐。"司空马对吕不韦这些年的忍耐、奔波最有体会，也十分敬佩。心里常感叹：天底下能够如此舍得付出者，唯有吕不韦一人。

"天下一定会太平的。"吕不韦也时常想念着家人。

"另外还有一件重要消息要告诉你：子羽从邯郸来信，说赵王不知怎么竟找到了赵政母子，并将她们幽禁起来了。来人要我转告你，说是子羽有负公子所托。"司空马郑重地道。

"幽禁起来好。幽禁起来总比在外躲藏安全。"吕不韦平静地道。

"这难道是公子你安排的么?"司空马见吕不韦一点都不惊奇的样子，不禁问道。

"祖泰曾回咸阳来告诉我，赵政这小儿经常在外打架，二妮又经常受到流氓地痞的骚扰。与其在外出事，还不如让赵王将这母子幽禁起来安全。"吕不韦眼里有些茫然道。

原来如此。赵政喜欢打架，这在男孩子来说也算是寻常见的。想来最让吕不韦担心的是二妮。二妮姿色姣好，心性较淫，在艰难困苦之中最受不得诱惑。一旦与那些流氓地痞行苟且之事，便没有脸面回咸阳了。

"公子真是用心良苦，只是让子羽蒙在鼓里，凭空欠了你一个人情。赵王幽禁了这赵政母子，恐怕一时不会放回咸阳来。"司空马道，"再说，如果以后让二妮知道是公子故意要赵王幽禁她们母子，这二妮恐怕不会理会你一番苦心，会恨你一辈子的。"

"顺其自然吧。"吕不韦无奈地道。

吕不韦与司空马一直说到深夜才睡。

第二天，吕不韦去兰池宫看望子楚。

子楚学业上虽有所长进，但大量的时间却花在与魏公主厮守宴乐上。从邯郸回来后，身体便有些发福。

"二妮母子在赵吃尽了苦头，最近被赵王派人找到了，现在幽禁在邯郸。"吕不韦向子楚禀报道。

“这二妮与本公子也是患难夫妻。还望吕傅想方设法将这母子二人救回来。”子楚一想到邯郸为质的日子里，二妮对他的温存和悉心照顾，心里也是十分感念。

“要救回二妮母子，恐怕不是一时之事，得有一个恰当的时机。只是苦了公子政这孩子，这么小，却要承受这么多苦难。”吕不韦道。

“吕傅常说，欲成大事者，必先劳其筋骨，苦其心志。让政儿从小吃些苦，长大了才能成大器。”子楚道。

从小吃苦就能成大器么？你子楚在邯郸吃了那么多苦，可一回咸阳似乎就忘了，整天寻欢作乐，不思进取。看来把苦难作为磨炼，也是因人而异。

“最近宫里有些什么情况没有？”吕不韦不想再去议论二妮母子，于是转换话题问道。

“也没有什么异样。子傒他们看起来还老实。只是本公子生母身子比以前好多了，华阳夫人倒像不高兴似的。大王身体也不如以前了，前日又生病了，不是很严重。”子楚对宫里的事也不算糊涂。

“嫉妒是女人的天性，公子一定要对华阳夫人好好孝顺，不能有半点差错。对子傒、子倬他们不能放松半点警惕。”吕不韦强调道，转而又问道：“这几天你父亲安国君对公子态度如何？也考问公子读书的事没？”

“本公子对他讲了些邯郸的趣事，父亲对本公子感觉还好。”子楚面有得意之色。

“俚语趣事能令人开心，可与治国还是有区别。公子还是要俗中有雅，杂以治国之理，才能长久。”吕不韦开导道，“《诗经·秦风》中有一篇文章，叫做《蒹葭》，讲的是男女隔水相望互相思念的事儿，意境非常美，让人浮想联翩。公子是个多情种子，读了以后一定爱不释手。公子可以将邯郸的男女趣事融合进来，再归结为人君治国，当如男女之情，要有这份心这份情这份追求，才能够享受到其中的乐趣。”

“这篇文章真的有这么美？本公子倒要好好读读。”子楚立即着人到书房里去找。

不一会儿，寺人捧来一卷竹简，子楚打开诵念道：“蒹葭苍苍，白露为霜。所谓伊人，在水一方。溯洄从之，道阻且长。溯游从之，宛在水中央。”

子楚念了一段，突然拍大腿道：“真是妙文。俗语说什么来着：‘妻不如妾，妾不如偷，偷不如偷不着。’大概就是这种境界吧。你看这男人看到美女，爱上了却又得不到，这种滋味还真是难受。本公子得好好读读，好好琢磨。”

“公子既要从男欢女爱的角度来思考，更要从治国安邦的角度来思考。”对于子楚，吕不韦除了耐心地引导，别无他法，“公子好好想想看，如果将天下诸侯比之如伊人，天下之人是不是无不神往？可一旦为王为君了，才知道并不是那么美好。天下这么多的为王为君者，剔除锦衣玉食、妻妾成群、享有种种特权这些光环外，其实有许多君王都在为国操劳,为保住江山和王位而操心。”

“把王者比之如美人,这倒是新鲜。本公子好好想想,把故事编得精彩些,一定要让父亲和华阳夫人听了大为开心才是。”子楚倒是认真思考起来。

子顺、扬子、乐子、尹胜来向吕不韦禀报这阵子诸门客讨论的结果。

子顺道:“我们将吕傅的想法转告了众人,大家认为这是一件十分艰巨而浩繁的工程。我们分四组分头行动,要大家先就大的方面拟一个提纲出来。众人共拟了五百多条。我们汇集了起来,进行汇总、删节,现在仍有一百五十条。请吕傅过目。”

子顺将竹简递给吕不韦。吕不韦打开一看,曰:本道、天道、地道、君道、臣道、士道、民道、兵道、商道、工道、农道、医道、乐道、学道、师道、节道、分道、义道、行道、欲道、孝道、名道、守道……

吕不韦皱着眉在屋子里来回踱步,沉思了许久,道:“自盘古开天辟地以来,就有人群。有人群,就需立君以治之。最初之立,是出于公,故择贤者而立,择贤者而禅,天下非一人之天下也。夏启之后,建立了世袭制,人们渐渐忘记了本源。然而,当暴君出现,为所欲为,残害天下之时,必有贤者出世,诛民贼,平天下,确立新的朝代。可传承者又以为天下为己所有,以天下奉一人,又再现为暴为虐之事,于是再有贤者出世,开创新的时代。历史就是这样循环反复。”

“观近几百年以来,无论大国小国,其兴衰成败,皆是以天下奉于一人一家,为君者不知天下之本源,不知为君之道,为臣者不知为臣之道,为民者亦渐忘其本,受役受苦,非到不能生存时都不会反抗。”

“近几百年来,人们对天下分崩离析之现象进行了探索,提出了各式各样的观点。诸子百家学说,各有其长,亦各有所短。老聃贵柔,孔子贵仁,墨翟贵廉,关尹贵清,子列子贵虚,陈骈贵齐,阳生贵己,孙膑贵势,王廖贵先,儿良贵后。此十人者,皆天下之豪士也。其从者众矣。”

“战场为什么设金鼓,就是为了统一号令;国家为什么立法令,就是为了规范人们为人为。本傅所以致力集各家之长以成一家之言,就是为了统一天下人的心。人们心统一了,智者不得巧,愚者不得拙,勇者不得先,惧者不得后。故一则治,异则乱;一则安,异则危。”

“当然,要想全面统一天下众人的心是很难的,我们只能就大势就本源就大事进行统一。最核心的就是探求为君之道。君道清,则天下明。”

“为君之道,首先当认知天下为何立君,为何立臣,这样才能认知君主的职责所在,臣子的职责所在。以此为基点,再就大的方面进行讨论,尽量去繁就简,这样才能做到雅俗共享,使之流传千古。”

众人似乎明白了，又似乎抓不住要领，不知从何着手。

过了一会儿，尹胜发言道："吕傅宏论，我等须用心理会。本人有一愚见，不知妥不妥当。吕傅所言，以君道、治道为核心，这为我们指明了方向。但是，要先拿出了纲领来确实有难度。不如这样，我们也不要急于求成，将各家学说一家一家来剖析，凡与君道相关联的内容，我们都将其提出来，不相关联的，我们一概置之不理。我们都要抛弃门户之见，对于每家学说的内容进行讨论，合理的保存下来，不合理的或纠正，或舍弃。这样至少要两年的时间，才能疏理完成。在此基础上，我们再进行归类整理，用一根红线穿起来。我想这件事至少需要三五年时间才能完成。"

子顺道："尹子所言，本人深为赞成。只是这件事事关每家学说的取舍，需要各家学说之中最具权威的人士参与，财力消耗也会十分巨大。"

吕不韦道："尹子所言甚为妥当。这是千秋大事，我们也不急于这一时。至于人才问题，还需各位大力招揽。财力问题，本傅经商出身，最善经营，请你们不必为之担心。"

子顺等人领命告辞而去。

一天早晨，吕不韦正准备去馆舍与门客会面，突然接到诏令，秦昭襄王召见。

一路上吕不韦有些惴惴不安。秦王一天忙于国家大事，极难得召见他吕不韦。今天召见，难道出了什么事情？

吕不韦心里七上八下地赶到宫里。

昭襄王在偏殿里榻上接见他。在座的除了安国君外，还有相国刚成君蔡泽、昌平君、阳泉君等几位大臣。

"吕爱卿，寡人今日召见你，是想让你认识一位重要的客人。"昭襄王指着一位客人介绍道，"这位是魏缭子，从魏国来，曾是信陵君的门客，最善治兵。今日至秦，寡人想听听他的高论。听昌平君他们说，吕爱卿广招贤士，正在著书立说，这是功德无量的苦差事，也是我大秦的大事。寡人请你来，就是想让你与缭子先生结识，这对爱卿著书会有帮助。"

"臣不韦谢大王关心和厚爱。"吕不韦发自内心对昭襄王的重视表示感激。

"寡人在位已五十四年了，开疆拓土，征伐无数，颇有斩获。然而，寡人已是垂暮之人，统一天下的大业只有留待子孙去完成了。对于这未竟的大事，缭子先生不知有何见教？"昭襄王谦和地问道。

缭子正身道："大王自继位以来，胸怀大志，招贤纳士，励精图治，拓地千里，使秦居天下之半，创前无古人的伟业，天下诸侯莫不敬畏。以臣度之，天下必统于秦。然而，秦一统天下，能否长治久安，则仍任重道远。以臣之见，秦当务之急在于止暴、安内。"

“何为止暴?”秦王问道。

“兵者,凶器也;争者,逆德也。事必有本,故王者伐暴乱,本仁义焉。诸侯行不义之事,秦可得而伐之。如无之,则不可轻易以兵加之。挟义而战,师出有名,道之所在。争私结怨,师出无名,则逆民心,谓之暴。此其一。”

“秦尚首功,杀人之父兄,利人之货财,臣妾人之子女,违时而动,令天下诸侯畏而惧之,天下之民切齿恨之,称秦为暴秦。此其二。”

“如是,则秦虽有天下,天下人必怀恨在心。一旦失策,则天下人必群起而叛之攻之,秦能复镇之否?”

“故止暴在于,不攻无过之城,不杀无罪之人。兵之所加者,农不离其田业,贾不离其肆宅,士大夫不离其官府,兵不血刃而天下亲焉。”

缭子之言,如一记重锤敲在昭襄王的心上。一个垂暮之人,一生征伐,以统一天下为己任,拓土千里,杀人在百万以上,从未想过是否过于残暴。平日也只听得众臣歌功颂德。如今听缭子说天下人称秦为暴秦,深为震惊。如果天下人在心里对秦深怀仇恨之心,即使将来得到天下,孰能守之?

昭襄王越想越后怕,不禁出了一身虚汗。静了一会儿,又问缭子道:“何为安内?”

缭子道:“俗云,天时不如地利,地利不如人和。圣人所贵,人事而已。王国富民,霸国富士,仅存之国富大夫,亡国富仓府,是谓上满下漏,患无所救。今秦之民,为战所苦,为役所累,家无余财,食不果腹,朝不保夕,能无怨乎?民生怨,国无危乎?”

“故欲取天下,必先安内。欲安内,必取文武之道。举贤任能,不时日而事利;明法审令,不卜筮而事吉;贵功养劳,不祷祠而得福。民心安,则乡里相劝,死生相救,兵役相从,远人相附,何战不胜?何地不可得?”

又是一阵沉默,众臣不敢轻易言语,眼睛都不敢直视秦王。

过了一会儿,昭襄王道:“人老怀旧。寡人最近一直在回想这几十年的功过得失,颇多困惑之处。听缭先生一席话,如甘露入心,如醍醐灌顶,使寡人茅塞顿开。寡人拟于近日去雍城举行大奠,祷告上帝,以慰天下亡魂。着刚成君筹备奠祀仪式。另,着众将不可轻易开启战争,多抚恤死亡之人。着众大臣审视法令,复审狱情,不可积怨。励民生产,不可违时。”

说完,昭襄王似乎虚脱般地挥挥手,众人退去。

吕不韦回到府上,缭子的话却一直在脑海里回荡。

其实缭子所言,也正是平日吕不韦所想的,并没有奇异之处,只是没有如此明晰。

秦自商鞅以来，尚军功，重攻伐，朝中大臣有几人敢去想这些事儿呢？

不违农时，义兵，文武之道，富民，安内，这些词儿一直在吕不韦脑中萦回，以至吃饭时，将饭都拨到鼻子里去了。

突然，吕不韦的思想一下子明朗了。

吕不韦着人叫来子顺、扬子等人，对他们说道："本傅苦思，有所感悟。这书应本为三部分：第一部分为纪，以四季十二节为序，君王应依时节而动，由此而延伸开来；第二部分为览，叙君王修身治国之道；第三部分为论，叙臣下修身为政之道。纪、览、论三部分限定篇幅，各有分工，不能重复。"

子顺道："吕傅能否说得更明白些。"

吕不韦道："依时节而论，春生万物，君王当劝农稼，休渔猎。万物本生，可从中探讨本源之理。夏时万物正长，君王宜劝学、制乐、校音律、制礼。秋为收割之季，君王宜在秋收之后择贤、选将、练兵、攻伐。冬为藏，君王当表忠节，抚死丧，节用度。"

"君王修身治国之道，凡纪中所论，则不再涉及，须侧重言行、孝行、识度、辨士、节欲、重信等。"

"臣工修身为政之道，则在于察贤、审为、慎行、重义、贵直、审时、忠节。"

"以此为脉络，将诸子各家之中精华提取出来，加以论述，轮廓就明晰了。"

子顺道："吕傅之智，我等莫及。我等一力秉承吕傅之意，发奋为之。"

吕不韦又道："本傅昨日见到魏缭子，此子才识过人。请你们去打听一下，本傅一定亲自登门拜访。如能请到我府中来，更为幸事。"

子顺道："我等早就闻知魏缭子之高才，当去拜访结识。"

正说着，司空马从外面进来，说有要事相告，子顺他们当即告辞。

送走子顺等人，吕不韦急切问道："有什么重要的事？"

"卫怀君被安釐王杀了。"

"怀君对安釐王一向很尊重，怎么会这样？"

"卫国本为魏国附庸，魏王为示宠，将爱女嫁给了怀君。怀君对魏妃表面上十分尊重，内心里却喜欢年轻而又风情万种的泄妃，并且不时在妃子之间耍点心计，挑拨矛盾，弄得魏妃由妒生恨。魏妃暗中派人向其父诉苦。安釐王召见怀君，痛加责备。怀君口服心不服，打算改弦换辙，归附秦国。不料身边人出卖了怀君，将怀君的想法告诉了安釐王。安釐王一怒之下，就将怀君杀掉了。"

吕不韦对这位丈人为人十分清楚。卫怀君是一个有小聪明的人，琴棋书画，样样精通，诸子百家，也说得头头是道，可就是气度太小，容不得有才气的人，而且还喜欢耍点权术心计。所以卫国的人才都跑到别国去了。怀君在位也有三十余年，却毫无政绩可言，卫国国势每况愈下。卫怀君曾经真心要吕不韦去辅佐他，只是吕不韦心里有更大的追求罢了。

“现在的卫君是谁？”

“安釐王立怀君的弟弟姬阏为卫君，改元为卫元君。”

姬阏比吕不韦大一点，为人倒也忠厚，其妻也是安釐王的女儿。

“这个安釐王也是欺软怕硬的主，总有一天我会让他尝尝被欺凌被污辱的滋味。”吕不韦对司空马道，“怀君死于非命，梦萦公主肯定会非常伤心。还是辛苦你去一趟卫国，无论如何也要将梦萦公主接到秦国来。梦萦公主这些年也够辛苦，该让她好好享点福。”

“你们夫妻也是该团聚了。”司空马道。

次日，子顺他们果然将魏缭子请来了。

吕不韦闻知魏缭子至，立即出门相迎。

“不韦昨日闻知先生高论，深以为然，钦佩之至，正想登门拜访，不想先生屈尊至此，实为不韦疏礼怠慢！”吕不韦与魏缭子一见面，就行大礼。

“吕傅客气。”魏缭子急忙还礼道，“吕傅声名远播，令在下仰慕，正要来拜访，恰遇子顺来访，也算机缘巧合，于是就过来了。”

“今日不韦与先生煮酒论道，不醉不归。”吕不韦与魏缭子携手进入府里。

主宾就席，佣人摆上丰盛的酒食。

吕不韦举杯道：“先生居魏，学识过人，且心系天下苍天。不韦先敬先生一杯。”说罢，一饮而尽。

缭子随即喝了杯中之酒，又举杯还礼道：“吕傅经商有方，富比王公。却又心存大志，于邯郸独具慧眼，结识秦王孙，出奇策护之回国为嗣。现广招四方名士贤能，欲著天下奇书，他日成就不可限量，令在下敬佩！在下敬吕傅一杯，以表敬意。”说罢，也是一口干了。

吕不韦也喝尽了杯中酒，道：“不韦曾与荀子一同拜访过信陵君，最敬重信陵君之才华与胸襟。不知信陵君现在是否安好？”

信陵君在天下人心目中是广有贤名，有大功于魏，可惜魏王对他窃符杀将救赵仍记恨在心，信陵君只好一直客居赵国。要是魏王能充分信任信陵君，魏国国势当为另一种情形。

“在下与吕傅深有同感。在下虽不才，却极难得服人，唯有信陵君让在下信服。信陵君现在专心于攻伐之事，正在集众门客编写兵法。不是在下吹捧，当今天下用兵者，无人可与信陵君相比拼。”

从缭子的话中可以体会到这是发自内心的尊重。

“兵为国之大事，民之司命。昨闻先生倡义兵之说，与我大秦尚首功之制截然不同。不韦想请先生详解一二，以廓清我等困惑。”

缭子最喜论义兵，于是将他的思考一一道来，听得子顺、扬子诸人不住地点头赞叹。

“以大秦之制，行义兵之事，目前尚有困难。但是，治国安邦之道又确需行义兵之制。请子顺等人将此论编入书中。”吕不韦又道，“兵者，政之制也。善用兵不如善治政。先生如何看待当今天下大势？”

“善用兵不如善治政。吕傅真知灼见，一语道破天机。可惜天下王者却多不识此理，以为兵强则逞能，兵弱则气馁。”魏缭子神情黯然，“当今诸侯都是以兵势论强弱，其势昭然，不说也罢。”

看来这缭子内心也有许多难言之痛。

“不韦得遇先生，相见恨晚。不韦虽卑微，然向贤之心却很迫切。不韦有一不情之请，相请先生屈就，也好早晚向先生请教。”吕不韦诚心诚意邀请道。

“在下能结识吕傅，深有同感。这次在下受使来秦，略知秦之情形。在下可以断言，他日吕傅必主秦政，成就绝对不在商君、穰侯、应侯之下。”魏缭子说得十分肯定，这让吕不韦十分受用。魏缭子继续道：“至于吕傅盛情，在下却难以如君之愿。缭子在信陵君门下已久，信陵君有恩于在下，对在下十分倚重。在下不能负信陵君，只好让吕傅失望了。”

“先生重情重义，不韦除了敬重，无话可说了。”吕不韦知道无法挽留，于是道，“不韦还想请先生在咸阳多留几日，以便请教。如果信陵君的兵书编出来后，还望能让不韦一睹为快。不韦别无所长，唯嗜书如命。”

魏缭子在秦留了几日，与吕不韦及门客相谈甚欢。归魏之后，与吕不韦仍有书信往来。后来，魏缭子助信陵君编成《魏公子兵法》，凡二十一篇。信陵君去世后，魏缭子开馆授徒，著书立说，因秦王政时任过国尉，后世称之《尉缭子》，凡三十一篇。

秦昭襄王五十五年冬，梦萦公主带着小女儿永平来到了咸阳。

吕不韦听说梦萦公主来咸阳，亲自到城外去迎接。

几年不见，小女儿永平已长成十三四岁的大姑娘了，吕不韦见到她都有些不认识了。

“这就是你日夜思念的父亲，怎么见了面都不叫父亲了？”梦萦公主牵着永平下了车，见永平对父亲有些生分，笑着道。

“父亲。”永平有些羞怯地叫道。

“嗯，我的小乖乖。让父亲好好看看。哟，原来还是个小屁股，现在都有父亲肩膀高了。一路上辛苦么？”吕不韦拉着女儿的手，笑吟吟问道。

“司空伯伯最辛苦，一路上照顾我们。还有母亲也辛苦，一路上老是在问，离咸阳还有多远？是不是快到了？”永平活泼起来，开心地说道。

“就你这丫头最开心，老是拉开帘子往外看新鲜。”梦萦公主亲昵地道。

“这天寒地冻的，也别在这里叙说了。我们都饿了，你父亲肯定准备了很多好吃的东西，我看还是早点回去暖和暖和，让你父亲好好犒劳犒劳我们。”司空马在一旁对永平说道。

“走，回家去。别让我的公主饿坏了。”吕不韦高兴地牵着女儿上了马车。

马车在咸阳城里穿行，永平将帘子掀开，好奇地看着街面。

回到宽敞的府第，看到丰盛的菜肴时，永平高兴得跳了起来，嚷着道：“要知道父亲这里有这么多好东西吃，我们早就应该来了。”

“你这丫头就是知道贪吃，母亲什么时候让你饿过。”梦萦公主嗔怪道。

一家人开开心心地吃着团圆饭。

入夜，永平因一路颠簸辛苦，早早地睡了。

吕不韦与梦萦公主没有睡意。当看到梦萦公主面容憔悴时，吕不韦心都碎了。他温存地抚慰着妻子道：“这些年让你操碎了心，受尽了苦。我吕不韦一生欠你太多。”

梦萦公主扑在吕不韦的怀里，泪流满面，哽咽地道：“相公也不容易。”

“父母年事已高，我却不能在二老眼前尽孝。”

“相公志存高远，不能以寻常人来要求。好在文儿大了，对祖父祖母非常孝顺。”

“听说文儿有经商的天赋，这倒中老爷子的意。”

“俗话说，隔代亲。文儿跟为娘的没什么话说，但只要这爷孙俩在一起，便有说不完的话。这爷俩的事，我们倒不需要担心。”

“安平嫁到江南，也不知怎么样了？”

“上个月听王家来信，说安平生了一个胖小子，取名叫王骏，我们做外公外婆了。”

“几年没看到太平了，也不知长得怎么样？”

“我们的女儿，能长得差么！”

“听说老爷子将太平许给了蔺家。不知蔺家那小子如何？”

太平留在濮阳，准备出嫁给蔺范的小儿子蔺铉。蔺范自其父蔺相如去世后，就举家迁居到磁县。蔺铉经商颇有头脑，经常来濮阳，与吕文十分友好。这门亲事是吕鑫吕老爷子看中的。

“蔺铉的祖父蔺相如也是一代名相，家教很严。太平嫁过去，想来也不会受苦。”

“我们一家人都分成几地，你要是再不到咸阳来，我都成了孤家寡人了。这家都不像家了，我也想弃官回濮阳去了。”

“相公有相公的志向，老爷子有老爷子的想法。各有各的道理。君父之死对我触动很大。这官场也是一个弱肉强食、尔虞我诈、十分凶险的地方，相公可得时刻给自己留退路。”

“天将降大任于我，这么多年的苦难都经历了，我不会轻言放弃。今后有贤妻在身边，我会更加谨慎的。”

“自从跟了相公，我就没有求过大富大贵，只要一家人平安就好。”

“等天下太平了，我就与贤妻一同归隐，一家人安安心心过日子。到时择一处依山傍水的地方，筑几间房子，种些果树，养些鸡狗，含饴弄孙，燕燕而乐，你看可以么？”

“只要相公下决心去做的事，没有做不成的。我等着这一天早点到来。别让我等成了老太婆。”

“你成老太婆，我也成了老头子。执子之手，与子偕老，才别有情趣。”

“白头相守，子孙绕膝，那该多么美好！”梦蒙公主依偎在吕不韦的怀里，呢喃着，渐渐进入了甜甜的梦乡。

第十四章 封侯拜相

Biography
About Lü Buwei

秦昭襄王五十六年(前251年)春,天气特别的寒冷,可谓滴水成冰。整个咸阳城为冰雪笼罩着,青石铺就的街面结着冰,路面闪着寒光,滑滑的。街头上极少看到行人,仿佛成了一座空城古堡似的。

秦昭襄王所住的章台宫,几只大炉子里木炭熊熊地燃烧着,门窗紧闭,室内非常暖和。昭襄王躺在榻上,气息微弱。御医和寺人在旁服侍。安国君率重臣及宗室子弟跪在地毯上,恭听昭襄王临终前的嘱咐。寝宫中死一样的寂静。两个时辰过去了,昭襄王仍处于昏迷之中。

过了许久,昭襄王睁开了眼睛,低声地唤道:“柱儿,柱儿。”

安国君立即起身,踉跄着快步走到昭襄王的榻边,带着哭音道:“父王,柱儿在这。”

昭襄王轻声地说道:“刚才为父看到上帝、宣太后、你母亲唐八子和你哥哥了。上帝要我归去了,上天有你哥哥在,为父也不会寂寞。”

昭襄王有些气喘,停了一会儿,又说道:“为父今年七十有四,在位五十六年,为光大嬴氏江山,一统天下,经历无数艰辛,才有今日辉煌。可惜为父看不到统一六国的那一天了。柱儿可要尊贤任能,完成为父的遗愿。”

歇了一下,昭襄王继续说道:“为父一生杀戮太重,是想为你扫平障碍。为父知柱儿你心存仁慈。只要能治平天下,尽可能少些杀戮,多奠祀亡魂,以安民心,福泽后人。”

安国君应道:“柱儿一定谨记父王教诲。”

昭襄王闭着眼睛,又没有声息了,过了好一会儿,微张着眼,嘱咐道:“你的嗣子子楚宅心仁厚,其傅吕不韦可为太平之相。柱儿你可要好好善待他们。”

“你母亲唐八子生前贤惠,她死后太寂寞,你将她与寡人同葬一墓。”

昭襄王声音越说越小,只听见说“为父一生愧疚于儿人,有母太后、穰侯、高陵君、华阳君、泾阳君、武安君……”后面的话就听不清了。

御医趋身前去探息，昭襄王已停止了呼吸。

“大王仙逝了。”御医沉痛地宣布。

“大王！”整个寝宫一片哭声。

昭襄王去世，储君安国君嬴柱掌秦政，履王事。

在刚成君、昌平君、阳泉君等大臣的辅助下，开始了孝文王时代。

曾经疏散惯了的孝文王，现在不得不花大量的时间来处理国家大事，一天下来头昏脑胀，累得不行，连寻欢作乐的兴趣都没有了。

“天下人只知当王好，有谁能体会这当王的辛苦？”孝文王对华阳王后感叹道。

“这天下之事千头万绪，刚开始会难得理清。等大王熟悉了，理清了，也就举重若轻，没有这么累了。”华阳王后安慰道。

“每天总是有那么多的事儿，老是做不完，太累人了。”孝文王说着说着就睡着了。

华阳王后看着熟睡中的孝文王，心中涌起许多惆怅和不安。

子楚被册立为太子的这一天正好是满三十岁。

吕不韦被任为太子傅，心里自然高兴。但最高兴的则是夏姬和魏姬。

夏姬自子楚归国后，身体竟越来越好了，还可以在宫中行走。与人说话，也是未言先笑，打心眼里透着高兴。魏姬自生了成峤后，又生了一个女儿。一双儿女长得十分可爱，子楚经常抱着他们玩耍逗乐，其乐融融。魏姬经常去看望夏姬。她们都来自魏国王室，有说不完的话。夏姬和魏姬最大的心愿就是成峤能顺利成为子楚的嗣子。这牵涉到她们后半生的幸福。

有人为他人的幸福祝福，有人却视他人的幸福为对自己的威胁。华阳王后将夏姬和魏姬的一切都看在眼里，急在心里。要不是自己将子楚立为继嗣，子楚早已死在赵国了。要是子楚死在赵国，本已羸弱不堪的夏姬也会肝肠寸断，三魂杳杳，更不用说会出现魏姬和成峤了。可以说自己就是他们一家人的救星。

从现在来看，子楚母子对自己还算恭敬。可是，如果子楚为王，自己再也没有权力和资本去约束他了，他完全有权力去好好孝敬自己的亲生母亲。魏姬与夏姬又同为魏国王室来的女子，生了个活泼可爱的成峤。即使自己再给子楚找一个妃子，生个儿子，也可能无法超越他们之间的关系。今后秦宫变成他们一家人的天下，自己只有在冷宫里哀怨了。

想到这些，华阳王后便十分的难受，不敢再往更坏处去想。现在唯一能对魏姬母子抗衡并牵制夏姬的，只有赵国那对母子了。如果将赵氏母子从邯郸救回咸阳来，这赵氏母子必然会对自己感恩。立赵氏之子为子楚之嗣也就顺理成章。赵氏母子与魏姬母子互相争斗，最有利的便是我华阳了。

想到这些，华阳王后立即招来吕不韦商议。

“听说吕傅一门心思都用在著书立说上，想必吕傅是想流芳百世了。”华阳王后调侃道。

“王后见笑了。只是这朝中大事均有重臣担待，不韦无事可为，唯有集门客著书为乐，不敢奢望流芳百世。”吕不韦一听说华阳王后找自己来，肯定有要事相商。只是华阳王后说话一向较含蓄，自己便不好直接请命，于是来个以退为进的说辞。

“朝中发生翻天覆地的变化，当今王上日夜为国事操劳，累得连走路都打瞌睡，才高八斗的吕傅却在一边歇凉。是无事可做，还是不愿意去做呢？”华阳王后说得轻，落得重。

吕不韦是聪明人，一听华阳王后话里有话，急忙道：“不韦虽然才疏学浅，却绝不是偷懒耍滑之人。王后但有吩咐，不韦一定全力以赴，绝不敢有半点推辞。”

“本宫很久没做梦了，昨晚竟然作了一个可笑的梦，梦到从未谋面的孙子政儿拉着我衣裙上的玉佩，哭着说：‘我想祖母了，我想祖母了，祖母别不要政儿。’弄得这做祖母的心都酸了。”华阳王后以手巾擦了一下眼睛，似乎是一片纯真之情。“或许是本宫老了，也许是昨日看了成峤在祖母面前撒娇，也许是这政儿真是在想祖母，祖孙心里有感应罢，竟然作出这么个梦来。”

“梦由心生。肯定是孙子想祖母，祖母也想孙子，祖孙心意相通，才有如此梦想。”吕不韦突然明白了华阳王后召自己来的用意了，“屈指算来，这个王孙也快九岁了，小小年纪就吃尽了苦，也该回咸阳了。当今王上仁慈，赵国必然感恩。不韦明日即安排人去邯郸，无论如何都要将王孙接回来，以慰王后长想。”

“九岁了，应该有祖母这里高了吧。你将这玉佩托人交给这孙子，说祖母想他了。”华阳王后从腰间解下玉佩交给吕不韦。

“有王后这份心，王孙一定会平安归来的。”吕不韦坚定地表态道。

如果说以前诸侯都生活在强秦的高压和恐惧之中的话，那么，从秦昭襄王去世前三年开始，诸侯真正感受到秦国已经变得温和，再也没有强硬的举动了。诸侯在喘息中似乎可以安享太平了。然而，当猛虎静下来后，群兽之中就会有不安分的家伙开始挑起争战。

燕王喜曾在邯郸为质，受过赵孝成王的冷遇，一直怀恨在心。归国执政四年，燕国渐渐强大起来，燕王喜开始起了雄心。

这年秋，燕王喜派相国栗腹为使者前往赵国，为赵孝成王贺寿，送上礼金五百。在邯郸城和赵境内，栗腹真正感受到赵国因受秦国连年攻伐后的一片萧条景象。

栗腹回国后，向燕王禀报，说：“赵氏壮者皆死长平，其孤未壮，可伐也。”

燕王喜一听大喜，急召群臣商议伐赵之事。

将军乐间和大夫将渠以及朝臣一致反对，尤其是将渠反对最为强烈。

“赵人习兵，文有平原君，武有廉颇，强秦尤无奈其何，我燕国绝不可轻启战事。且天下最强大的敌人为秦国，诸侯争战，是助秦也。”

“此时不伐赵，更待何时？”燕王喜不听，坚持伐赵。

燕起兵两道，车二千乘，计六十万大军攻赵。相国栗腹率主力四十万攻鄗，卿秦率二十万攻代，燕王自率后继部队相随。燕王至书秦国，约秦从西攻赵国。又至书匈奴，约匈奴从北攻赵。燕王部署完毕，似乎胜算在握，只等喝庆功酒了。燕大军压境，赵孝成王急令廉颇率八万人，乐乘率五万人，分兵迎敌。以李牧守雁门，抗击匈奴。

这时，秦太子傅吕不韦禀明孝文王同意后，即派使者自秦送书至，将燕王喜的信告诉了赵王，要赵送赵二妮、赵政母子归国，并派太子偃为质。

赵孝成王大怒，大骂吕不韦，说是乘人之危。

平原君拖着病躯，晋见赵孝成王，“大王息怒。我赵国处此多事之秋。秦国不出兵伐赵，乃是我赵国之大幸。吕不韦此举乃是心存赵国。还望大王忍辱负重，不可四面受敌，尤其在这个时候不可与强秦对抗。”

赵孝成王不得已，只好以国事为重，派太子偃到秦国为质，并送赵氏母子回咸阳，与秦修好。赵国无后顾之忧，全力对付燕国。廉颇率军在宋子（今赵县北）与栗腹大军对阵，大败燕军，阵杀栗腹，乘胜追奔五百里。燕大将乐间奔赵。乐乘率五万兵击败卿秦于代地，卿秦被俘。李牧大胜匈奴。燕王喜没想到燕国六十万大军竟被赵国十三万军打得落花流水，损兵折将。然而，世上没有后悔药可吃。赵军长驱直入，将燕军追亡逐北，直逼燕都蓟城。

就在这一年冬，赵军捷报频传之时，平原君竟一病不起，撒手人寰。

“臣一生做过一些有益于国家之事，也做过一些追悔莫及的错事。要是当初不贪一时之利接受上党，就不会有长平之役。要是不听信谗言阻止大王临阵换将，就会有长平大败。臣虽死，却愧对武灵王。唯望大王选贤任能，远离小人，知进退，赵国振兴才有希望。”平原君对赵孝成王嘱言，心里似乎有许多遗憾。

“当今乱世，寡人当何以处之？”赵孝成王问道。

“羽翼未丰，不可高飞；势单力薄，不可独处。外结好诸侯，内安抚庶民。尤不可授秦国之柄，与秦为敌……”言未毕，合上了双眼。

“叔父弃寡人而去，今后谁能为寡人分忧？”赵孝成王大恸，竟然病了一场。

冬日，咸阳郊外显得有些荒凉萧条。太阳暖洋洋地照着，不时有风吹过，透着些许寒意。吕不韦已率人站在这里差不多有两个时辰了，才隐隐地看到远处有一队马车过来。马车越来越近，走在前面的正是祖泰。祖泰远远地见了吕不韦，立即快马过来拜见。接着策马而来的便是赵公子偃一行。一辆马车停在吕不韦眼前，帘子掀开，赵二妮牵着赵政走了出来。一个粗壮的男子立即上前，将这母子从车上接应下来。

几年不见，这二妮已脱去了稚嫩，虽然旅途劳累，仍显得十分风韵。二妮款款前行，对吕不韦行礼道："二妮拜见吕大人。"吕不韦急忙还礼道："夫人一路辛苦了。"二妮听了有些心酸，忙拉着赵政，道："这就是母亲经常给你提起的恩人吕大人，你两三岁时经常给你讲故事。政儿给吕大人问好。"

这赵政长得差不多有母亲高了，十分健硕，野性十足的样子，眼神中透着羁骜不驯："记得讲过《夸父逐日》、《后羿射日》、《嫦娥奔月》。"

吕不韦拉着赵政的手，端详道："政儿一转眼就长这么大了，快成男子汉了。"

赵政将手一摔，站到母亲身边，一副不可侵犯的样子，道："我本来就是男子汉。"

二妮急着道："政儿不得无理。"

二妮又指着那粗壮男子，对吕不韦道："这是嫪毐，在邯郸对我母子多有照顾。"

嫪毐趋步向前，道："嫪毐拜见吕大人。"

"好，好，这些年你们受苦了，回来就好，回来就好。"吕不韦有些激动，转而又道，"回来了，有些情况给你们说一下。异人现在不叫异人，已改名叫子楚，是太子了。我是太子傅，你们今后叫我吕傅。另外，二妮现在是太子的夫人，便不能叫二妮，应叫赵姬。赵政认祖归宗，应姓嬴，叫嬴政。你们记清楚了吗？"

"我叫嬴政。太子的儿子称作什么？"嬴政问道。

"称作公子。"吕不韦道。

"是不是今后也要当太子当大王？"嬴政又霸气十足地问道。

"如果聪明好学懂事的话，就可以当太子当大王。"吕不韦想压压他的野性。

"你听到吕傅的话没？以后要听吕傅的话，聪明好学懂礼貌，不然什么都当不了。"赵姬对嬴政训道。在邯郸，这孩子到处野，没让做娘的少操心。

"谁说我不聪明？燕国小子姬丹被我打服了，邯郸那么多小子都怕我。我做的弹弓可以打三丈远，弹无虚发。"嬴政神气地说道。

看来这小子真是一匹难驯的野马，吕不韦心里感叹着。

"英雄出少年，公子还真有本事，以后让本傅多见识见识。"吕不韦对嬴政亲切地笑着道，"本傅带你去见你大王祖父和你太子父亲。他们都等着你呢。"

"我不坐车，要乘马。"嬴政道。

吕不韦只好让嬴政骑马，由嫪毐牵着马走。

咸阳宫里，孝文王闻知孙子嬴政自秦国归来，放下国事，召集华阳王后、夏姬、子楚、魏姬、成峤及宗室重臣在殿中等着，想看一看这个从小在外漂泊从未谋面的孙子是什么样子。

对嬴政的归来，在场的人各有各的心思。心事最重的要算魏姬了。

吕不韦陪着赵姬和嬴政来到殿上。

“启奏大王，臣不韦已将赵姬母子平安接回。”吕不韦奏道。

“吕傅辛苦了。叫赵氏母子向前些，让寡人好好看看。”孝文王吩咐道。

赵姬牵着嬴政，走近孝文王，款款而道：“臣赵氏携政儿拜见大王及各位长辈亲人。政儿长年漂流在外，今日前来认祖归宗，有不周之处，还请见谅。”

嬴政则直挺挺地站在那里，眼睛逐个地看着在场的各人。

“到祖父面前来，让祖父好好看看。”孝文王认真端详着，见嬴政长得结实，心里十分欢喜。

嬴政走到孝文王身边，看着孝文王道：“你就是大王祖父，怎么这么老了？要是谁欺负你，政儿给你报仇。”

孝文王哈哈大笑，笑得喘不过气来。华阳王后连忙给孝文王捶了捶背，笑着道：“你们看大王见了孙子，竟高兴得这个样子。”

孝文王歇了一下，道：“这小子有性格，比祖父强。来，你认识一下你祖母、父亲、弟弟他们。”

嬴政逐个与众人见面。

华阳王后和夏姬见了嬴政，都满心的欢喜。华阳王后表现非常亲昵，而夏姬更含蓄些。子楚见面就抱着嬴政，想举却举不起来，道：“政儿长大了，父亲也老了，抱不动你了。”

华阳王后笑着道：“我看你从邯郸回来后胖多了。你呀，平日也要多走一走动一动，练习练习，不要未老先衰。”

“祖母，政儿最能跑，在邯郸时可以跑赢一条狗。”嬴政自豪地道。

“真的有这么厉害？我不相信。”四岁多的成峤在一边撇着嘴，一副不相信的样子。

“你这小屁股竟敢不相信我？你到邯郸去问问，比我大一两岁的人都打我不赢。你要不是我弟弟，看我怎么揍你。”嬴政在成峤面前挥了挥拳头。

成峤吓得扑到魏姬怀里哇哇大哭。

“政儿不得无礼。”赵姬急忙道。

“小孩子闹一闹，没事。”孝文王又看了一会儿嬴政，对众人问道：“你们看看这政儿像谁？”

“额头和脸型像他父亲子楚，嘴唇像他母亲。”华阳王后道。

“寡人看他的形态有点像他曾祖父。”夏姬道。

“依老臣观察，公子与他大曾祖父武王相像。”七十多岁的乐成君道。

在座的人没几个见过武王，但是大多数人对武王扛鼎而死的故事都十分熟稔。

“武王力能扛鼎，可惜死得太早了。”孝文王转而又问道，“政儿告诉祖父，读书识字么？”

“跟着母亲学了一些字。读书没意思，还不如打架好玩。”嬴政回答道。

“你长大了想不想帮帮祖父？”孝文王又问道。

“行。只要祖父开口，任他是谁，我都要揍扁他。”嬴政昂着头道。这家伙像是天不怕地不怕的主儿。

“祖父告诉你，没有人敢打祖父，但是祖父可以叫人去惩罚任何人。你要是想帮祖父的忙，就帮祖父读读奏章。祖父老了累了，看奏章也看不动了，别让人在奏章里蒙了祖父。”孝文王指了指旁边一堆堆竹简对嬴政道。

“这……”嬴政一时答不上来。

“你要快点读书识字，早点帮祖父。要不然，祖父会累坏的。”华阳王后道。

“政儿答应帮祖父就一定能做到。”嬴政坚定地回答道。

“这才是寡人的乖孙子。”孝文王慈祥地笑了。

兰池宫里，到处洋溢着兰香。几只巨大的蜡烛燃烧着，照得纱缦笼罩着的床铺一片锦绣。到处都有宫女服侍，有寺人供使唤。赵姬从来没有见过这么大的床铺，这么锦绣得耀眼的被褥，还有这么多宫人服侍。

久别胜新婚，三十岁的女人更风韵。子楚看着赵姬红彤彤的脸蛋，白里透红的皮肤，饱满的身子，心也醉了，情也迷了，抱着赵姬就是一个劲地亲。

赵姬也是久旱逢甘露，情难自禁，只是醉迷之中有些羞怯，昵语道：“这么多年没亲近了，妾只怕做不好了。”

“我们在邯郸时情深意浓，天天都在欢乐之中，你哪有做不好的？”子楚动作比以前更熟练更缭人。

赵姬很快进入状态，你浓我浓，声浪阵阵，高潮迭起，让子楚畅快无比。

“你真是天生可人，可以颠倒众生。我想那楚王曾与巫山神女相会，也断不会比我们更欢乐。”子楚累得筋疲力尽，抱着赵姬耳语道。

“妾以为太子身边美女如云，妾已是明日黄花，不堪入目了。”赵姬抬起头，用手抚摸着子楚的脸，子楚比以前胖了，白净了。

子楚在赵姬红扑扑的脸上亲了一口，道：“众多女子中没有比你更让我着迷的。只怕以后要多进些补，才能应付得了你。”

赵姬见子楚显得很疲乏，于是道：“太子可要注意身体。早点睡吧。”

子楚侧转身，一下子就进入了梦乡。

赵姬却睁大着眼睛，看着这奢华的寝宫，想着自己的心事。

华阳王后自从封后以后，就从长宁宫搬到了冀阙宫。冀阙宫与咸阳宫、兰池宫都在渭河以北，曾是秦孝公居住的宫殿。

华阳王后现在比以前更忙碌了。秦宫中的大小事务都要她操心，不仅如此，孝文王每天看奏章，累的时候，或者有疑惑的时候，都要将她叫去一起商议。华阳王后倒有其祖母宣太后遗风，办事干净利索，成为孝文王的得力助手。

赵姬母子从邯郸归来，当务之急是将她们安置好，让她们适应新的环境。

华阳王后召太子子楚和太子傅吕不韦商议。

“吕傅近日将赵氏母子顺利从赵国接回来，还将赵公子偃召来为质，这无论是为嬴氏还是为大秦都是一件大好事。本宫和子楚都要感谢你。”华阳王后见面就褒扬吕不韦。

“不韦何德何能，全是借着王上和王后的威仪才能成此事，绝对不敢居功。”吕不韦谦虚地说道。

“本宫从第一次见到你，就知道你是一个能成大事的人。”王后肯定地说道，这话让吕不韦听了十分受用。王后转而又问道：“听说你手下门客已近千人，书编得怎么样了？”

“回王后，门客们几经辩论，已将诸子百家学说中的精华提炼出来了，洋洋洒洒，百多万字，可谓浩大，仍言尤未尽。臣以为还需提炼，最多不超过二十万字，而且务求通俗实用。”吕不韦一说起编书的事，兴致高涨起来。

“文章好坏千古事。要使之开万代基业，更需慎重，急不得。”王后转换话题道：“这书是死的，人的活的。书上许多道理，在现实中常常会碰壁，也常常会从现实中得到进一步的启迪和完善。”

吕不韦对华阳王后的话由衷地敬佩。这个女人真的有着不同凡响的见识。吕不韦从这个女人的言谈处事中感受到传闻中的宣太后的影子。

“王后真知灼见。再好的文章，如果在现实中得不到检验和实施，都是纸上谈兵。”吕不韦心里感觉到王后有事商议，却一直忍而不问。

“昨日在殿上，本宫一直观察赵氏母子。这赵氏长得倒有几分姿色，声音也很甜美，眼神也滴溜溜地转，老是盯着子楚。以本宫看，这赵氏聪明伶俐，最会讨人欢喜，但只怕是个多情种子。这政儿有一副天不怕地不怕的虎劲，倒是秉持了嬴氏祖宗的遗风。这个孩子如果教育不当，长大后就会成为一个独断专行、冷酷无情的主儿。今后政儿长大了，本宫也成了老太婆了，倒是子楚和吕傅要多替自己想想。”

王后缓缓道来，听得子楚和吕不韦心惊肉跳。吕不韦昨日回去后一夜没睡好，脑子里全是嬴政的影子，这小子太野太剽悍太有个性，长大了真不是一个善主儿。子楚昨夜与赵姬欢娱了多次，虽然畅快无比，却也累得腰酸背痛，有点打不起精神。

“这赵姬就安排到长宁宫住，关于宫廷礼仪方面，本宫会安排人去教她。子楚也是过了而立之年，不是贪欢的年龄了，需知道爱惜自己的身体。现在关键问题是对嬴政的培养。本宫先安排寺人魏过去管束一下，另外还选一个幼小点的寺人去陪同。子楚你那里有合适人选吗?”

子楚答道:“禀告母后，早些日子，儿臣到少府准备为峤儿选一个小寺人，相中了一个叫赵高的，与峤儿同岁。据少府主管说，这赵高的母亲曾嫁与赵国王室赵沙，赵沙后来携家眷随公子牟来咸阳为质，因犯事被处以宫刑，其妻子被没为官奴。赵高的母亲耐不住寂寞，与人野合，生下了双胞胎赵高、赵成兄弟。这兄弟俩一生下来不久，就被割宫，送到了少府。赵高这个小寺人，长得虎头虎脑，非常聪明乖巧，记忆力很强，老寺人叫他认字，只要教一遍就记得了。大家都喜欢这兄弟俩。”

“这小寺人太聪明了未必是好事，目前暂时用着，以后再换。”华阳王后道:“至于给嬴政请师傅的事，请吕傅推荐。”

吕不韦思考片刻，道:“臣推荐尹胜老夫子。这老夫子忠厚威严，治学严谨，做事最讲规矩，臣以为最适合做公子政的傅。”

“那就以尹胜做政儿的傅吧。吕傅也不可当甩手掌柜，平时也要过问。”华阳王后做事干脆。接着，王后又道:“最近本宫感觉大王实在是太辛苦太累了，总担心会累坏。子楚现在是太子了，也该熟悉熟悉政事，帮衬一下大王。本宫与大王商议了一下，凡不是军国大事的奏章，多交些给你来处理。你有不懂的地方，可以与吕傅多商议。”

“这……”子楚一时没有准备，也些惊慌失措，“儿臣愿意为父王母后分忧，只是担心做不好。”

“担着太子的名号，就要时刻有这份责任和心理准备。没有做不好的，就怕不用心的。你要好好珍惜。”华阳王后语重心长地说道。

“儿臣遵命，一定全力以赴。”子楚只好表态。但是，从内心而言，他更喜欢过一种安逸、逍遥快活的生活。

“臣愿意辅佐太子，替王上王后分忧。”吕不韦诚恳地说道。对吕不韦而言，这是进入权力中心的开端，是他多年梦寐以求的事。

吕不韦生活规律发生了变化，每天清晨就赶到咸阳宫，在文房里阅读各地奏章。

奏章堆积如山。

不是孝文王不勤勉，而是身体越来越吃不消。刚开始时，孝文王每天还能看十来卷奏章，半年后，每天就只能看三四卷了。现在一拿起奏章，就头昏眼花。一卷奏章都无法看完，只好请相国刚成君念给他听。可听多了，也倦了，听到后头又不记得前面，不胜其烦。御医给孝文王诊治，说是体虚所致，需要好好静心疗养。孝文王看不成奏章，又听不成奏闻，便议不成事。相国刚成君蔡泽急得无计可施，又不能擅自做主，只好让奏章堆着。

吕不韦每看完一篇奏章，就征求刚成君、昌平君等几位重臣的意见，然而归纳起来，向太子子楚禀报，请太子子楚定夺。

太子子楚一向喜欢宴乐嬉戏。秦昭襄王去世后，秦宫在服孝期间禁歌舞，这让子楚郁郁寡欢。好在赵姬回来后，每天唱些小调，讲些趣闻，让他十分开心。父王母后要他来看奏章，实在是强他所难。出于无奈，又不得不到文房里来。可他是不看奏章的，只是听吕不韦奏闻，完了就问这件事是不是军国大事，需不需要向大王禀报。如果需要禀报大王，则与吕不韦一起去；如果不需要，就当即表态，按吕傅的意见去办。

吕不韦也不是每件事都拿得准。每当拿不准，或者想不出好办法来，就将事件放一放，回去召集手下重要门客商议。有时自己半夜突然醒来，好点子就出来了。

吕不韦的好点子、好办法，常常让刚成君他们感到意外，更是让孝文王和太子子楚惊喜。他们完全信赖了吕不韦。

吕不韦将主要精力集中在朝廷忙于公务，这门客的管理和编书的事便以子顺为主。

编书的事越到后面，越艰难，删节一字一句，大家都觉得心痛。

最难的是门客的管理。自从吕不韦为太子傅后，门客越来越多了，知名的门客有王绾、冯劫、王崎、魏辙、范增等人。大多数门客都好管理，最难管理的是新来的门客嫪毐。嫪毐在邯郸照顾过赵姬母子，所以赵姬特意嘱咐吕不韦，要他好好安置。这嫪毐在邯郸吃喝嫖赌惯了，哪里是安分的主。可这咸阳民风不比邯郸，几乎看不到欢乐场所。嫪毐无事可做，便每天聚集些臭味相投的门客讲痞话秽语。

不仅如此，嫪毐还嗜赌如命，一天不赌都安生不得，经常拖着别人赌博。一些低俗的门客便与嫪毐打得火热。

子顺是一大宿儒，最看不得嫪毐的习性，几次去教训他，不但没让他收敛，反而惹了一肚子气。子顺便向吕不韦告状，要求吕不韦将嫪毐开除，或者作其他安排，不能再待在众门客之中。

吕不韦顾着赵姬的面子，不好将嫪毐踢开不管，只好将嫪毐叫来，训斥了一番。

嫪毐当着吕不韦和子顺的面表示悔改，可一转背又是我行我素。吕不韦捏着嫪毐这个宝真是头疼。

吕不韦还有一件重要的事需要经常关注，那就是对嬴政的教育。

尹胜回来禀报，这位公子读书蛮认真，记忆力很强，认得很多字了。悟性很高，能举一反三，观点独到，常有惊人之语。玩起来也很疯，很霸道，常常要与年龄大的寺人比角力，很有蛮力。

吕不韦嘱咐尹胜给嬴政多讲些治国平天下的道理。但是，从内心里，对嬴政这孩子却总是隐隐地有些担忧。尽管政务繁忙，吕不韦还是尽可能抽时间来关注和培养嬴政。

这天，吕不韦到宫里去看嬴政，只见嬴政正在草地上用弹弓弹罐子，罐子在三丈外，一弹一个准，"拍"的一声，瓦罐应声而碎，围观的人大声叫好。

对这个天不怕地不怕的小家伙，看来需要让他见识一下真功夫。

"不错，不错。"吕不韦鼓掌走近嬴政，心里兴起，道："要不要伯父露一手给你看？"

"行，我和伯父比一比，看谁厉害。"嬴政点头道，大有一种不服的劲头。

"我们再退后一丈，你用弹弓，我用飞镖，行么？"吕不韦叫司空马取来飞镖袋子。

嬴政拿着飞镖看了看，用力摔出去，却只有丈来远，且大失准头，于是道："比就比，谁怕谁。"

嬴政退后，毕竟距离远了点，十个罐子打中了六个。吕不韦将衣服扎起来，伸了伸腰腿，突然发力，十个罐子击中了九个。众人齐声叫好。嬴政自尊心极强，听了喝彩声，脸色绯红。

"许久不练，功夫大不如前了。"吕不韦感叹道，"拿剑和弓来，让你见识一下司空大伯箭术和剑术怎样？"

司空马每天坚持练功，功夫自然在吕不韦之上。只见司空马骑马射箭，箭无虚发。司空马剑术精湛，更是让嬴政看得眼花缭乱。这箭射出的距离是弹弓的好几倍，这剑舞起来，寻常几十个人都近不得身，这与邯郸街头野孩子打架子完全是两重天。嬴政看了好生钦佩。

"你看司空大伯多厉害。你可要知道，司空大伯可于千军万马之人中取敌上将之首。你愿不愿意拜司空大伯为师，学些箭术和剑术？"吕不韦抚摸着嬴政的头问道。

"愿意。"嬴政回答得干脆利索。

"学箭术和剑术可非常辛苦，你怕不怕？"吕不韦问道。

"不怕。"嬴政道。

"不过，公子还得多读点书，不然就没办法帮你祖父看奏章了，是不是？"

"知道。"

此后，司空马经常抽空去教嬴政的剑术。

让司空马高兴的是，这嬴政不怕吃苦，人又聪明，一招一式学得认真，进步很快。

转眼到了孝文王元年（前 250 年）五月初，孝文王服孝期已满，朝中忙于筹备孝文王的登基大典。各诸侯纷纷派使者前来道贺，咸阳城里喜气洋洋。

就在这时，孝文王却病倒了，躺在床上，身上不停地出虚汗，心悸心闷，怕风怕光怕噪音。华阳王后整天守在孝文王身边，时不时地替孝文王用热毛巾擦拭，不断地安慰，暗地里不断地抹眼泪。

御医忙得团团转，不断地会诊，开出各种药方来。孝文王厌药，御医便无计可施。

五月二十日，登基仪式如期举行。孝文王由华阳王后和太子子楚搀扶着，虚着步子，强撑着身子，到大殿里参加登基仪式，接受百官和各国使者道贺。登基仪式隆重、庄严而又繁琐。这曾经是孝文王等了多年梦寐以求的仪式，如今却成了一种煎熬。孝文王目光呆滞地坐在王座上，听从摆布。时间一长，孝文王开始出虚汗，身子不停地颤抖。华阳王后坐在孝文王身边，捏着孝文王的手，心里焦急万分。好不容易熬到仪式结束，孝文王几乎要瘫倒下去，由贴身寺人搀扶着回到寝宫。到雍城去祀告宗庙的仪式也只好取消。这病来如山倒，神仙也没办法。第三天，五十三岁的孝文王嬴柱终于没能熬下去，一命呜呼。

秦宫中刚经历一场大喜事，突然成了一场凄风冷雨。

华阳王后哭得非常伤心，毕竟这是一个让她依靠、让她获得尊严的男人。

突如其来的变故，使得太子子楚仓忙上阵继位摄政。子楚后来被秦始皇谥为庄襄王，我们且以庄襄王称之。各诸侯国的使者还未散去。他们从未遇到这种事，只好一面派人回国报讯，一面吊唁。

庄襄王履行的第一道诏令就是任吕不韦为相，封文信侯，食蓝田十二县。吕不韦的全部付出终于到了收获的时候。

吕不韦正式登上秦相国的宝座，面对的是全新的挑战。

首先需要安抚的是王室人员的心。尊华阳王后为华阳太后，尊夏姬为夏太后，以赵姬为王后，立嬴政为太子，封成峤为长安君，魏姬及宗室子弟各有封赏。

大赦天下罪人，减赋税一年，并着各级官吏体察民情，赈灾救恤。

着御史修订大秦律令，减轻刑罚。

鼓励各地办学，设博士官以资政。

将服劳役人员三年一换改为一年一换。

对各级官吏实行察举制，将民间优秀人才吸纳到官吏队伍中来，将官吏中德才兼备卓越者提携到重要岗位上。

表彰忠、孝、节义人士。

与诸侯各国订盟修好。

……

吕不韦的一系列措施，让人眼花缭乱，秦国民心一时大快。

但是，心情不快的也大有人在。最不快的是魏姬。

秦王后宫女人分八级，分别为王后、夫人、美人、良人、八子、七子、长使、少使。

魏姬直接从少使越级晋为良人，比其他女人已快多了。但是，她心里不平衡的是，赵姬为一介民女，横空出世，直接晋封为王后。更让她难受的是，从邯郸跑出来一个野小子嬴政竟然夺去了成峤的太子位子。但她知道，凭她现在的力量无力与吕不韦、赵王后对抗。现在能做的就是忍耐，积蓄力量，等待时机。

“总有一天我会让你们死无葬身之地的。”她时时在心里咬牙切齿。

对吕不韦不满意的还有刚成君蔡泽、子傒、士仓等人，他们都是因为吕不韦的出现，影响了他们的利益，甚至是改变了他们一生的命运。他们因为被私利和妒忌蒙蔽了双眼，所以，吕不韦越是卓越，他们越是忌恨。

心怀不满的还有那些以法家自居的官员、博士和那些急于立功封侯的将军们。

那些持不同政见的官员、博士，认为秦国之所以有今日之强大，就在于苛法严刑，而吕不韦所实行的实际就是一种仁政，违背了秦国历代君主的意愿，不利于秦国的发展。

那些能征善战的将军们堂而皇之的理由是，秦国就是靠征战得以强大起来的。如果强调义兵，就是自缚手脚，统一六国就会遥遥无期。

对于各个方面的议论和动态，吕不韦都及时了解掌握着。他非常冷静地应对着一切，因为只有他自己最清楚长远的目标和眼前需要做的事。

这些年来，吕不韦与门客们深入地探讨了历朝历代的兴衰，让他深刻地感悟到，要开启一个新的时代和万代基业，绝对不能靠感情用事，绝对不可以急于求成，绝对不可以四面树敌。

吕不韦知道还有更多的困难和考验在后面，但是，他充满了必胜之心。他常常想起夸父逐日的故事，从中感悟到：一个成熟的政治家，必须比对手和敌人更有耐心、勇气和智慧，这样才不会轻易被击垮。

第十五章 标本兼治

Biography About Lü Buwei

自从孝文王去世后，华阳太后一直在悲伤之中，于是，赵王后经常过来陪她，给她讲俚语趣事。华阳太后越听越有趣，心情渐渐开朗起来了。

“听说诸侯王宫里也有许多男女故事。我在邯郸时就听说，这苏秦与燕太后私通，后来被燕王发现了，燕王也没有责怪他。只是苏秦自己心里害怕了，才跑到齐国去。听说赵太后与叔子平原君也有隐情，所以平原君对赵王也是尽心竭力。其实，不管是贵为王后，还是普通民妇，在情感需要方面都是相通的。”

华阳太后吃惊地看着赵王后。孝文王刚去世不久，这方面自己倒从未想过。

“听说宣太后是一个非常了不起的女人，太后能不能讲点宣太后的趣事给儿媳听听？”赵王后恳切地说道。

宣太后既是华阳太后的姑祖母，又是祖婆婆。她是一个非常有政治智慧的女人，能够击败强劲的对手扶立儿子嬴稷为王，能够与异父同母弟弟魏冉共同执掌朝政多年，为昭襄王文治武功奠定了坚实的基础。

然而，宣太后的私生活也是人所共知的。她与义渠戎王私通多年，一来是出于政治需要，借以安抚西北狄戎；同时也是个人感情需要，义渠戎王长得高大威猛。宣太后将义渠戎王留在咸阳，情同夫妻，俩人生活多年，还生了两个儿子。后来又出于政治需要，宣太后将义渠戎王诱杀于甘泉宫，并将与义渠戎王所生的两个儿子也杀掉了。之后，秦起兵伐狄戎，占据陇西、北地、上郡，筑长城以拒胡人。

宣太后虽然死去十多年了，但是，秦宫中的人对她的事迹都耳熟能详。

华阳太后对宣太后的智慧和才干十分敬佩，对其风流韵事也看得开，但是，要她自己去找面首，这倒从没有想过。

“本宫累了，以后再说吧。”华阳太后淡淡一笑，托辞道。

赵王后见华阳太后脸色潮红，似有所心动，谦谦地告辞而去。

庄襄王现在每天都要到大殿上与众臣议事，这对他来说是一件难熬的事。

水灾、旱灾、地震、考察官吏、农事、刑事、兵事……天下的事儿太多，似乎永远没有尽头。过去只知当王好，现在方知当王苦。他不想重蹈父亲孝文王的覆辙，因案牍而劳累，索性不看奏章，由着吕不韦和大臣们去处理，将自己当做旁观者一样悠闲着，偶尔当当调解员。更难熬的是，现在在服孝期间，不得享乐近女色。这简直就是一种苦刑。然而，再难熬也要熬下去。

庄襄王享受着这当王的乐趣。当上王之后，前呼后拥，可以呼风唤雨，主宰着无数人的性命、前程，享受着无数人难以企求的生活。与在邯郸为质相比则是天壤之别，即使是昔日为太子，也不能比拟。

"近日从邯郸送来谍报，说是燕王喜割五城与赵言和。赵与燕打了三年，虽然大胜燕军，却也死了十多万人。许多人跑来劝寡人伐赵。请众人议议伐赵之事。"庄襄王提议道。

宿将信梁君王龁性情耿直，首先开言道："我大秦自昭襄王五十三年以来，已是五年未打仗了。大秦能有今日，就是靠一兵一卒一城一地打出来的。再不开战，恐怕我秦国兵卒不知打仗，将领不知带兵，武器都会废掉，商君之策都没用了。臣愿意领兵伐赵。"

武将摎、王陵、王翦等人纷纷请命。刚成君蔡泽也力主伐赵。

阳泉君芈宸因华阳太后的缘故执掌国尉之职。自履职以来，还没有打过仗，也想立不世之功，道："近些年来，我大秦频遭变故，休战也是一种策略。但是长年休战，则诸侯无视我大秦的存在，为所欲为。遍视诸侯，齐、燕居远，与我大秦为盟，楚已南迁钜阳，魏、韩臣服，唯赵国不驯服。臣以为当今之时趁赵国多年被兵之际伐之，最为时宜。"

众人之中，唯有武臣蒙骜一言不发，两眼看着相国吕不韦。

等众人发言完毕，相国吕不韦才清了清喉咙，沉着说来："众大臣所言，本相以为大谬不然。其一，本相以为，凡出兵征伐，必出于义。我大秦往昔只知用兵，而不知为什么用兵。故而或以力胜之，或而败之。虽有攻取，然天下人均视秦为暴秦，逆之、恨之、抗之。本相以为，兵出必于义，必以诛暴君而振苦民为己任，如此，则民必悦之，若孝子之见慈亲也，若饥者之见美食也。故义兵至，则邻国之民归之若流水，诛国之民望之若父母，行地滋远，得民滋众，兵不接刃而民服若化。兵苟义，攻伐亦可，救守亦可。兵不义，攻伐不可，救守不可。如今诸位均言伐赵，无非是趁其弱，然师出何名？赵人何以服之？师出无名，赵人不服，诸侯不服，则秦负不义之名而无胜算，不妥。"

众臣听了，深有感触。过去秦伐诸侯，几乎是不用说道理，全凭意气。秦尚首功，杀人无数，而敌国之兵反抗也愈烈，自己损伤也大，攻占之地数易反复。可是行义兵是不是太书生意气，大家心里没底。

吕不韦继续道："其二，本相以为，凡出兵征伐，必合于时。智者之举事必因时。凡举事必循法以动，变法者因时而化。故人虽智而不遇时，无功。以时令而言，现为春季，一年之计在于春，春为播种季节，出兵必伤农。五谷不丰，民饥兵疲。以现时而言，我大秦尚处于为孝文王服孝之期。孝期之内非出于自卫，不可动兵。"

对于出兵必合于时，众臣心里倒十分认可。

"其三，本相以为，凡出兵征伐，必审于势。审于己，我大秦自李冰父子建都江堰之后，蜀地粮丰，此为优势。然关中已是三年大旱，此为不利。审于诸侯，远交近攻为我大秦国策，楚、齐、燕不可伐，韩、魏膺服，唯赵可伐。本相在赵多年，对赵国情形略有所知。赵国这些年连续用兵，死伤惨重，然而，赵国仍有廉颇、乐乘、李牧等良将，赵兵剽悍。且魏信陵君仍在赵国。攻赵而魏、韩、楚相救，我大秦虽猛将如云，亦得不偿失。故此，以本相度之，我大秦此时不宜伐赵。"

关中三年大旱，众臣自然知道。可秦国过去大旱之年照常征伐，以取粮于敌。倒是信陵君、廉颇、乐乘、李牧等良将让秦国大将们敬重，尤其是这信陵君可曾数败我大秦之兵，不可小觑。但是，吕不韦过于强调敌我双方形势，让王龁等大将认为太过瞻前顾后、谨小慎微、畏首畏尾了。对于诸侯各国，这不可伐，那不可攻，岂不是无仗可打了。

正在众臣狐疑之时，吕不韦继续讲话。

"然而，天下分崩离析已久，统一大业为民心所向，亦为我大秦之使命，不可一日或忘。今后有的是仗让诸位去打。当务之急，是要鼓励农事，训练兵卒，征集好粮草，做好准备。对于征伐，我们大秦要一改过去尚首功之制，不以杀戮为重，当奖励俘敌，奖励谋攻，禁止掳掠，善待被征伐地的民众，以重塑我大秦义兵形象。"

改革军功制度，这可是大秦自商君以来的重大改革。这里面有多少事情要做，特别是军士们已习惯了过去的军功制度，要一下子改过来，非常困难。

这时，不容众人多想，吕不韦宣布道："着蒙骜将军率五万大军驻防洛邑，整肃边关。诸侯闻我大秦兵动，必有所行动。我军须严阵以待，等待时机。今夏，我王孝期已满，即行登基大典。秋收之后，察敌之失，审民心，秉于义，择机而动，诘诛暴慢，以明好恶，扬我国威。本相此议是否可行，请大王定夺。"

吕不韦一席话，说得有理有节，诸大臣不论内心服与不服，都不得不敬佩他的远见卓识和思维缜密。

庄襄王对吕不韦的才能由衷地赞叹，见众人不再言语，手一挥，"就按相国的意见办。"

众大臣遵旨，分头按照吕不韦的意见去落实。众人离去后，吕不韦简单扼要地向庄襄王禀报了登基仪式的准备情况，本身还想就修建陵墓的事进行禀报，见庄襄王打了两个哈欠，只好辞别。

从宫中出来，吕不韦直奔馆舍。这是吕不韦经常做的一件功课：每天从宫殿中处理政务归来，如果不是太晚，或者有其他重要事情，吕不韦通常都会到馆舍里去看望门客，了解编书的进度，探讨一些问题。馆舍里竹简堆积如山。子顺、扬子、乐子在场陪同，自从尹胜去当太子傅后，又提携了青年才俊王绾。

"按照相国的思路，十二纪已成。十二纪按四季十二个月的顺序编辑，每纪十节。请相国过目。"子顺令人捧来第一纪孟春纪，"第一纪凡十节，曰：'孟春、本生、重己、贵公、去私、有始、本味、贵因、执一、精谕。'"

吕不韦打开书简阅读，"一曰孟春之月：日在营室，昏参中，旦尾中。其日甲乙。其帝太皞。其神句芒。其虫鳞。其音角。律中太蔟。其数八。其味酸。其臭羶。其祀户。祭先脾。东风解冻。蛰虫始振。鱼上冰。獭祭鱼。候雁北。天子居青阳左个，乘鸾辂，驾苍龙，载青旂，衣青衣，服青玉，食麦与羊。"

吕不韦逐字逐句轻吟了两遍，道："开篇这一节写得好，文字简约。将正月里的天文、节令、天子衣食住行都写出来了。不过，本相以为文后还要加几个字：'其器疏以达'。天子所用祭器，需庄严大方，不宜太花哨，稍加雕刻就行。"

"'其器疏以达'，好。加进去更完整。"子顺道。

吕不韦继续阅读第二节："二曰始生之者，天也；养成之者，人也。能养天之所生而勿撄之谓天子。天子之动也，以全天为故者也……上为天子而不骄，下为匹夫而不惛；此为全德之人。"

"这一节中，我们汲取了老子、庄子的天道自然学说，兼以阴阳学说和儒家养生修德之道。我们崇尚自然，取法自然，然而，又能顺其自然之理进行取舍。由此而引申到立天子、立百官、修兵之道，在于全天性。"子顺阐述写作之意。

"此节当为全书的引子。老、庄道法自然，此为正理。然老、庄之法太虚太玄。世人尤其是君主，说是顺其自然，则易以为尽可能满足自己的欲望，而不知节制，这其实是害生。所以全性之道在于利于性则取之，害于性则舍之。全德之道在于顺自然之理，包容、接纳万物而无伤生为要。为君者当知全天性以为本。这一节可以写得更生动些。"吕不韦道。

"诺诺。"子顺应道。

吕不韦又阅读第三节："三曰倕，至巧也。人不爱倕之指，而爱己之指，有之利故也……故有道者，不察所召，而察其召之者，则其至常亦然。此论不可不熟。"

"这一节中我们汲取了阴阳学说中关于重视自己的生命的理论，更是将相国之利己观融入其中。众儒对此反响很大，他们认为，'人不为己，天诛地灭'，这是商人自私自利的观点。以儒家看来，人如果都有私心，这个世界就永远不会太平。所以要克制自己的欲望，依照礼节、礼让，才是正道。”子顺捋了捋胡须，道：“老夫也曾对相国的说法感到困惑，后来一想，这人之初确实没有善恶之分，只有是否有利于自己为行为的标准。由此引申开来，天子需认可庶民有私利，并尊重庶民的私利，才是全德之道。”

“夫子能有如此透彻的感悟，也是难得。只是世上君侯及士人常轻言利，以为只有商贾之人言利。实际上，人之本性就是趋利，只是表现的方式不同而已。为君者如果只顾着自己的利益而忽视庶民的利益，则是害生。”吕不韦从小时就经商，对人的趋利性是有着深刻的认识。

吕不韦又继续阅读第四节：“四曰昔先圣之治天下也，必先公，公则天下平矣……天地大矣，生而弗子，成而弗有，万物皆被其泽、得其利，而莫知其所由始，此三皇、五帝之德也。”

“道家、儒家均认为，古之天子治天下，必出以公心。公则平。古之立君主，必然也是出于公。只是后来才有家天下，世袭其位。但是，后来人们的思想也不断地分化，许多人为世袭制辩护。相国之议，究古之立天子之本意，言人之不敢言，让士人乃至庶民都为之振奋。老夫深感敬佩。”子顺道。

“然而，相国在此篇中所言，意天下为公，尤其是‘天下非一人之天下也，天下人之天下也’，这惊人之语，畅快是畅快，但恐怕于相国不利。”王绾插言道，“世之为书者，多已官场失意，退居山野，究天人之际，无所顾忌。相国却不然。大秦之相，一言九鼎，天下瞩目。相国此论，本意是劝告天下人以众生为本，然而，却让王侯将相们失去优越感，必定会遭人忌恨。还望丞相慎之。”

对于这一点，吕不韦不是没有顾虑过。尽管古之立君设官是为民，但是王侯将相，相缘承袭，出身的优越，等级的优越，种姓的优越，都成了共识，谁愿意承认与庶民共有天下？当今天下第一首宰出此惊人之语，是需要巨大的政治勇气的。

“本相编此书之意，在于为天地立心。如果以自身得失为衡，则失其初衷，浪费众人精力，亦遭后人耻笑。功名为一时之事，立言为万世之基。宁毁一时功利，不受千古骂名。”吕不韦态度十分坚决。

“相国不以自身安危为意，然而，诗书传世，亦为王侯将相所推崇。如果王侯将相不推崇，恐也难以传世。”王绾仍然不无担心。

一阵沉默。吕不韦缓缓而道：“先将书编好再说。议下一节。”

“五曰天无私覆也，地无私载也，日月无私烛也，四时无私行也，行其德而万物得遂长焉……”

“此节曰《去私》，乃与《贵公》篇一脉相承。”子顺经刚才一言，心里也添了许多担心，话也简短了。

“还有哪些篇目?”吕不韦问道。

“还有《有始》、《本味》、《贵因》、《执一》、《精谕》五篇。”

吕不韦翻阅了一下，道：“这些篇章放到以后的章节里去。《孟春纪》以《孟春》、《本生》、《重己》、《贵公》、《去私》为构，总揽全书。以后的篇章均要围绕《孟春纪》展现开来，使之更具体。以后的各纪中，都以五节为宜，务求精细，太多了主题就不突出了。下面再议一下《仲春纪》。”

“相国，夜已深了。相国日理万机也该注意休息，夫人催了几次了，我等也肚子饿了，是不是今天就到这里为止?”扬子提议道。

吕不韦意犹未尽，见众人都有倦意，只好道：“好吧，都去歇息。但是，请诸位一定要排除杂念，以天下为念，为天地立心，为万世开太平。编书之事，如果患得患失，那是编不好的。”

众人听了，心中油然生出神圣的使命感来。

秦军调动驻防到洛邑附近，虽然只有五万人，却引起了天下诸侯的关注。洛邑曾是周的故都，居天下腹心，秦昭襄王五十一年(前265年)为秦所灭，现为文信侯的封地。诸侯纷纷派出谍报人员探知秦军动向，均弄不清秦军的意图。秦军引而不发，让诸侯寝食难安。

这时，东周公竟忍不住跳了出来，欲趁秦连丧昭襄、孝文二王之际合纵伐秦。

东周公只是居于巩邑的小国王公。小公国只有七座城，根本没有任何力量与诸侯抗争，更何况是强秦。但是，东周公却以周王室传人自居，派使者奔赴赵、魏、韩、楚、齐、燕、卫各国，四处联络。诸侯各国，多感受到来自秦国的威胁，互派使者，蠢蠢欲动。尤其是三晋之赵、魏、韩三国，竟然派兵向东巩邑集结。

这些消息都源源不断地传到咸阳。

秦庄襄王元年(前249年)七月二十日，秦国为庄襄王举行盛大的登基仪式，诸侯均派使者致贺，唯有东周公未派使者道贺。

文信侯大怒，即派使者赴巩邑送书东周公严厉责备，并要求东周公亲赴咸阳请罪。

东周公气愤极了。想我好歹也是周王室传人，竟要去咸阳请罪，此为极耻大辱。东周公豪气冲天，加紧催促诸侯之兵向洛邑方向集结。

众武将王龁、王翦、张唐等人纷纷向文信侯请命。

“东周公这跳梁小丑竟不自量力，敢与我大秦挑衅。本相亲自出征。着张唐率五万兵随本相前去与蒙骜将军会合。本相有这十万人，足以荡平巩邑。”文信侯信心十足。

赵、魏、韩三国之兵少说也有二十多万，巩邑也有六七千兵。

相国仅率十万大军出征，这在秦国历史上还是第一次。

“相国是不是再多带十万兵去，这样稳妥些。”庄襄王也有些不放心。

自从孝期已满，登基之后，诸侯各国送来了许多美人，尤其是齐女和楚女，多情善舞，让庄襄王日夜欢欣，领略到了当王的快乐。文信侯也常劝庄襄王爱惜身体，并将编写的《孟春纪》送给庄襄王阅读。庄襄王当面说好，一转身又沉到美人堆里去了。

文信侯亲自率兵出征，庄襄王自然高兴，没有人再来监督他了。可是，庄襄王不希望文信侯出征失利，大秦的江山还需要依靠他来治理。

“战不在伐而在义，兵不在多而在精。我大秦义兵一出，天下无人敢挡。”文信侯充满了必胜的信心。

庄襄王率百官到宗庙进行奠祀，然送文信侯到城外。

文信侯挂帅出征，以张唐为为副将，魏辙为谋士。所率五万兵，全是简选出来的精兵。行军路上，文信侯给将士约法三章：必须令行禁止，违者严惩；必须秋毫无犯，不得扰民；必须互保互助，不得欺凌。

文信侯听从魏辙的建议，军队出函谷关后，一路偃旗息鼓，快马疾行。

沿途民众从未见过这样不扰民的军队，也不敢过问，如同平常一样的生活。

不几日，到了洛邑蒙骜的军营。蒙骜见文信侯所率军队如此神速，大为惊叹。

文信侯下马伊始，连日与蒙将军等众将官商议，议定了八条新的军规：服从军令；奖励俘敌；优待俘虏；善待士卒；不取民财；不掠人妻女；缴获归公；互保互助。

八条军规宣示下去，秦军上下议论纷纷。过去秦军尚首功，以砍头为标准，现在却要想办法将敌人俘虏，这样岂不更难了。过去对俘虏全不当人看，任打任罚，现在却要好好对待。过去上级军官对下级经常责罚，现在却不允许。过去攻伐之处，掠取民财与妻女，现在却不行。过去缴获的东西大部分归公，贵重的或送给长官，或者据为己有，现在却全部缴公。

然而，议论过后，众将士觉得气更顺了。众人对这位从未带兵打仗的相国刮目相看。

文信侯突然出现在洛邑，让东周、赵、魏、韩大为吃惊。在他们想来，这位商人出身的相国，实在是运气太好。在邯郸遇上了秦公子异人，是运气好；异人能回国之后，昭襄王和孝文王接连去世，让异人当国秦王，吕不韦当上相国，也是运气好。但是，吕不韦从未从过政，在秦国更没有根基，他这时应该在咸阳城里为处理国内事务而焦头烂额，哪还有精力会亲自率兵出征，而且是神不知鬼不觉就到了洛邑。

这真是一个不可捉摸的人。

东周公、赵孝成王、魏安釐王、韩桓惠王急得团团转，不知所措。

不几日，秦军布告出现在各诸侯面前。布告里历数东周公的种种罪恶，严厉谴责赵、魏、韩三国助纣为虐。

正在东周公和赵、魏、韩三国诸侯惊魂未定之际，蒙骜突然率军出现在联军前面，刚一接仗，赵军率先退走。魏、韩军稍作抵抗，便纷纷溃散。

张唐率军直扫东周军，连下七城，俘虏了东周公。

东周公垂头丧气跪在文信侯面前。

“你不是自称为大周传嗣，欲趁我大秦遭连丧之机，征伐我蛮夷之秦吗?”文信侯轻蔑地质问道。

“罪人不知相国神威，自取其辱。”东周公叹息道。

“你是否明白，我大秦只有十万兵力，而东周、赵、魏、韩四国联军，加起来也有二十来万，为何不经一击?”

“昔日提十万之众，天下莫能挡者，唯有齐桓公；今日提十万之众，天下莫能挡者，唯有相国。相国计谋过人，我等惭愧。”

“你错了，而且是大错特错。得道多助，失道寡助。你也不好好思量一下，昔日周也是商的一个小国，只是因为商纣王为虐天下，文王、武王才吊民伐罪，建立周朝。可见天下非一人之天下，乃有道者居之。如今，周已失道，天下分崩离析数百年，黎民深受其害。你尤不知反省，还以为天下是你周之天下么？还以为天下诸侯是你周的臣下么？还以为天下众生该听你周公的号令么?”

文信侯一席话，说得东周公汗流浃背，不敢抬头。

“你好歹也是一国之主，如今沦为阶下囚，还有什么要求?”

“罪人愧对先人，不敢奢望相国宽恕，唯求相国能延续我周人祭祀。”

“本相念在你有悔过之意，就留你性命。本相当禀明秦王，将阳人地赐予你，以续周祀。今后不管时局如何动荡，你都须谨守本分，反躬自省，才能守住这份祭祀。”

“罪人谢相国大恩，一定会谨记相国之言，绝不敢再有非分之想。”

东周公叩头谢恩而去。

落地的凤凰不如鸡。文信侯望着东周公的背景，心里感叹道。

蒙骜乘胜一路穷追韩军，攻取了成皋、荥阳。韩桓惠王急忙派使者到洛邑，向文信侯赔罪。

文信侯令蒙骜停止进攻韩国，并在成皋、荥阳之地设三川郡，派人前去治理。

蒙骜又率军进攻魏国，直逼魏都大梁。

魏安釐王后悔莫及，派重臣冷携厚礼至洛邑谢罪。

蒙骜与张唐率两路大军攻赵，取太原、榆次、新城、狼孟等三十七城。赵孝成王悔恨不已，只得再次请老将廉颇出山，才抵挡住秦军的凶猛进攻。

赵孝成王自知国力日益衰弱，难以持久抗战下去，只得派楼昌为使谢罪媾和。

“赵国派兵援东周，助纣为虐，其行可耻。我大秦义兵所向披靡，要灭赵国，易如反掌。然我吕不韦与赵国渊源极深，顾念私情，不忍为之。如赵欲媾和，须拿出诚意来，也让本相向秦王有一个交代。”吕不韦语言非常柔和，入情入理。

“吕相仁心，乃我赵国之福。我王诚心求和，绝不敢再与秦起战端。凡吕相所需，我赵国一定倾其所有，尽可能让吕相满意。”楼昌一脸媚相，极力讨好吕不韦。

“唉。本相也非常为难。”吕不韦叹了口气道，“论私情，我母舅一家为赵王宗室，本相与赵国君臣无不友善，私谊甚好。论公事，则我为大秦之相。如何在公与私之间权衡，颇让本相为难。以公而论，要赵割十城也不算过分，可赵国土日蹙，于私我心不忍。这样吧，本相也不要赵国土地、黄金了，你们就将和氏璧献给秦王吧。这和氏璧看重它则是个宝，不看重它，也就是一块玉石。不知本相之议，楼大人是否理解？”

“吕相苦心，我王一定会感念在心。”楼昌立即赶回邯郸禀报赵王。

赵王派楼昌持和氏璧献予吕不韦。两国盟誓罢兵。

经过几个月的征战，已是年底，文信侯休兵回咸阳。

庄襄王亲率文武百官到城外迎接凯旋之师。

咸阳城里张灯结彩，一片喜庆。

庄襄王举行盛大的庆功宴，为文信侯庆功。

“相国率十万之众，灭东周，伐三晋，取大小五十余城，且我大秦损失甚少。如此丰功伟绩，可谓前无古人，后无来者。”庄襄王举杯说道。

众文武大臣纷纷为文信侯庆功，吕不韦谦逊道：“这全托历代先王余威和大王的威名，得以侥幸取胜，不敢居功。”

吕不韦说罢，捧着一个锦盒呈上，道：“赵王仰我大秦神威，特献上天下至宝和氏璧，请大王以此璧告慰昭襄王在天之灵。”

“和氏璧？！”众人大为惊奇。

众人皆知，和氏璧为天下至宝。赵蔺相如曾持此宝入秦，昭襄王许诺以十五城易之而不可得，徒留遗憾。吕不韦此次出战，不但攻取大小五十余城，还带回了和氏璧，真是不简单。

“好，好。”庄襄王捧着和氏璧，不停地抚摸着，道，“吕相又建奇功。寡人当奉此玉入宗庙，祭告列祖列宗。来，来，众臣与寡人一道敬吕相和各位功臣一杯。”

众人纷纷端杯道贺，场面十分热闹。

众人之中，公子子傒与傅士仓笑得勉强，心里燃烧着忌妒之火。

大将王龁曾在长平之役被白起抢了功，后来在进攻邯郸时又受过挫，现在又见蒙骜风头正盛，心里很是不服，端杯高声对文信侯道："当今正是我大秦扬威统一天下之时，臣行武之人，不愿在家里守着老死。来年，臣愿领兵十万，扫平赵国，还望相国莫要嫌弃。"

"信梁君报国之心可嘉。且信梁君能吃苦，能打硬仗，勇名闻于诸侯。然而，兵为国之大事，必出于义，不可轻举妄动。将军不必急于一时，好好养精蓄锐，以后有的是机会。"文信侯轻松地笑着道。

"以后机会很多，今天不言战事，大家开心喝酒，一醉方休。"庄襄王非常高兴，端杯连饮数杯，竟然醉了。

回到相国府，文信侯招来司空马、尹胜、子顺、王绾。

经过文信侯的推荐，司空马现在已为中丞，居殿中，督察百官。子顺为博士。王绾在少府为丞，掌税收。魏辙为都尉，掌军事。

几个人一碰头，宫中情况及诸大臣的动态就清晰了。

文信侯率兵在外的这五个多月里，庄襄王每天都沉湎在歌舞宴乐之中，疏于打理朝政。朝中文案堆积。

华阳太后一直在掌控内外事务，与宗室大臣昌平君、昌文君接触频繁，阳泉君也很活跃。子傒、子倬、子伊等人经常往华阳太后那里跑。朝中大臣遇事多是禀报华阳太后。

夏太后与魏姬走得近。魏姬现在升为美人。长安君成峤长得很可爱，可能受母亲的影响，与嬴政并不亲近。

赵王后整天围着庄襄王，或歌或舞，倒让庄襄王十分欢欣。

嬴政非常聪明，读书很认真，常常提一些意想不到的问题。喜欢角力、射猎，剑术也进步不少。与蒙骜的儿子蒙毅、蒙恬，王翦的儿子王贲经常在一起比武射猎，切磋打仗之事。

编书之事进展较为顺利，《十二纪》已完成，待文信侯最后敲定。目前正在编写《八览》。

天下来投奔的士人越来越多了。门客中最难管理的仍是嫪毐，他常常对人讲，自己对王后和太子有恩。吃喝玩乐，甚至调戏良家妇女，无所顾忌。还不时跑到宫中去拜见王后和太子，颇受王后和太子的欢喜。这让子顺莫奈其何。

王陵的修建工程浩大。

关内又连遭旱灾和蝗灾。

……

文信侯听完情况介绍，感觉到秦宫内外是波诡云谲，暗流涌动。他意识到，必须采取强有力的应对措施，才能有效地控制局面。

文信侯吕不韦对华阳太后采取明尊暗移之法进行权力争夺。表面上非常尊重，经常向华阳太后汇报，在群臣面前经常歌颂华阳太后的智慧与能力，而且朝中太尉、御史大夫、将军、奉常等主要职位都尽可能尊重华阳太后的意见，而暗中将所属的中丞、前将军、后将军、大夫、郎、丞等次要职位多换上了自己中意的人。

朝中大量的事务都是由文信侯指定的各大臣拿出处理意见，再由他裁定。有时也向华阳太后和庄襄王禀报。庄襄王自从文信侯回来后，更没心思处理政务，一心想着他的快乐去了。只是这华阳太后精力充沛，不好糊弄。文信侯于是选择较棘手的事务去向她禀报，如修建王陵和太后陵的事，一点一滴，很细很具体，让她颇费脑筋。

经过大半年的苦心经营，朝中权力天秤完全向文信侯倾斜。

吕不韦经常过问太子嬴政的教育。

据太子傅尹胜禀报，他给嬴政讲解《十二纪》，嬴政看来非常聪明，大多能背得出来，只是经常提出了许多质疑，与尹胜进行辩论。有时还不太讲理，这让尹胜感到特别吃力。

看来庄襄王已定型，无法再去改造。但是，嬴政与乃父大不一样，精力充沛，头脑聪明。如果不及时进行教育引导，长大了便难匡正了。

吕不韦尽可以抽时间去考核嬴政的学业。

最让吕不韦感到麻烦的是对门客嫪毐的处理问题。嫪毐公然调戏良家妇女，按律应处以宫刑，可是王后坚决反对，太子也为其讲话。吕不韦顾及王后和太子的面子，只有将嫪毐交廷尉关押起来，好生招待，免得他在外到处惹祸。

关中又是大旱，粮食歉收，这让吕不韦平添愁绪。

这年秋，韩国水工郑国来秦，给文信侯献策，说有办法解关中旱灾。

“臣有一策可解关中之旱，使关中成为沃土。”郑国长得黝黑老糙，显然是长年在野外历经风雨所致。

吕不韦闻言大为高兴。关中耕种面积达四万余顷，是秦国的重要产粮区。如果能旱涝保收，秦国便可富甲天下。

“先生远道而来，必有良策。说说看是否可行。”吕不韦似乎不太相信。

“以在下之见，在西北群山之中发源有泾水和洛水两条河流。我们先将泾水引入洛水，再长途筑渠，将洛水远道输送，从礼泉处引入关中。关中地势为西北高、东南低。从西北而入，便可全部实行自流灌溉。”郑国说起水利项目，显得有些兴奋。

“引泾、洛之水至关中，那么遥远，这可能吗？”吕不韦觉得太不可思议。

“臣粗略地测算了一下，大约有三百余里。如果每年投入十万劳力，大约十年可成。如果投入二十万劳力，大约五年可成。如果能投入更多劳力，则更能加快进度。”郑国看来对此项目胸有成竹。

“这可是我大秦从未有过的大工程。”吕不韦脑中急剧盘算着。李冰父子修建都江堰，使蜀中成为天府之国。如果关中四万顷粮田成为沃土，我大秦再也不用为粮食发愁了。这可是千秋伟业。可是，这么大的工程，需要持续这么多年，消耗大量的人力物力，这势必影响统一天下的大业。何去何从，真是难以抉择。

吕不韦将郑国之议与群谋士商议，众人说法不一。

司空马反对兴修此渠。他认为，修建此渠不但要消耗大量的人力物力，更重要的是一项长期的巨大工程，只宜在和平时代择机而动，不利于战乱时期。他还提醒吕不韦，要他注意郑国来秦的动机和目的。

然而，大儒子顺及扬子他们都主张修渠。

廷议时更为激烈。尤其是王龁将军：“以我大秦现有国力，完全可以战胜诸侯，以五到十年时间完成统一大业。如果兴修水渠，至少会将战争推迟十年。诸侯在这十年之内积蓄力量，什么情况都可能发生。”

庄襄王对兴修水利之事，或可或不可。

事情传到华阳太后那里，华阳太后倒非常支持：“民以食为天。如果这条水渠真的能够灌溉我关中大地，这是千秋万代受益之事。至于郑国来秦的动机如何，我们不必过于谨慎，只要他能全心为大秦出力就行。”

“宁修十年水渠，不贪一时之功。”有了华阳王后的打气，吕不韦最后敲定，“只有扎稳万世基业，才是我大秦之福。至于统一大业，我们并不放弃。只要时机适合，也可兼顾进行。”

郑国被任命为修建水渠的总监。

后来，这条水渠修建成功后，确实给秦国带来了巨大的利益。但是，让吕不韦没有想到的是，恰恰是在这条水渠快要筑成时，他的仕途却走上了终结。

庄襄王三年(前 247 年)春。

又是一年休战，秦国将军们寂寞难耐，纷纷请战。

“想我秦军曾经在长平之战中，仅以微弱优势全胜赵军四十五万人。虽是白起为帅，我王龁也功不可没。请大王予臣十万精兵，臣一定荡平赵国。”宿将王龁对上次吕不韦率兵攻伐心里极为不服，请战之心极为强烈。

“臣以为军心可用。当今之势，诸侯各国各自为战，畏我秦军，不堪一击。请大王借此机会开疆拓土，建不世功业。”国尉阳泉君倡言道。阳泉君自任国尉以来，还没有率兵出战过，欲立大功以隆其声望。

“寡人以为众臣之议可行，不知相国意下如何?”庄襄王被将军们的热情感动，一时兴起，明显倾向与赵、魏开战。

“两年前，本相就我秦军征战之事已说得非常清楚，想必在座各位一定还记得。”吕不韦缓缓地道，“本相以为这次诸将请战，其心可嘉，可是还是那几句话：其一，不合于义。秦已与赵、魏结盟，突然废盟约而攻之，于义于理不符；其二，不合于时。现为春种之时，动兵则违农时。且我大秦眼下正需要调动大量的物力人力兴修水利；其三，不合于势。前次本相以义兴兵，诸侯理亏，未能齐心。这次诸侯见秦军无端来犯，必然联合与秦相抗。特别是信陵君、廉颇等名将尤在。基于此，本相以为不宜出兵。”

“臣以为吕相之议谬矣。”王龁直接站出来，针锋相对地说道，“不合于义，我等随便可以找个理由出来，何患无辞。不合于时，我大秦与赵长平之战，耗时三年，能以不合于时衡量？不合于势，我大秦猛将如云，岂惧区区信陵君与廉颇？吕相何以畏之如虎？”

王龁声音洪亮，底气很足，空气骤然紧张。

吕不韦自为相以来，还从没有遭受大臣如此质问过，脸色铁青，正待发作，这时庄襄王见势道：“吕相以稳重持国，其心可嘉。王龁为大秦宿将，报国心切，言辞激烈，冲撞吕相，实属不当。用兵之事毕竟为大事，众臣回去后再好好斟酌。明日再议。”

众臣散去后，庄襄王与吕不韦、阳泉君、昌平君、昌文君再次商议出兵征伐之事。

庄襄王安抚吕不韦道：“这个王龁打仗倒是勇猛，说话全不知轻重，昭襄王都忌他几分，请相国不必放在心上。他是打过大仗恶仗之人，上次吕相出征没让他去，心里就老大不高兴，对吕相立大功眼红得很。寡人知道相国虑事周全，可众将请战之心迫切，寡人也为难。”

在宗室重臣之中，昌平君最为老成持重，他对吕不韦道：“不是老臣倚老卖老，通过这两年的接触，老臣以为吕相治国安邦之才，在我大秦无人能及。只是这些宿将们一向喜欢在刀光剑影中生存，看着来日无多，无不求战心切，要驾驭他们并非易事。以老臣之意，吕相治国之日长，宿将们报国之日短，不如暂且成全他们的心愿，此次就让他们去建功立业。”

吕不韦见众人持此意，想想昌平君之言也有道理，于是道：“臣乃商贾之人出身，凡事都要从好处和坏处两个方面思虑周全。既然众将求胜心切，臣也不想贪功。臣以为，此次征战由阳泉君挂帅，请昌平君、昌文君等人辅佐。泾洛引水渠开工在即，此亦为我大秦百年大计所在，臣全力以赴主持水利建设。待宿将们凯旋之时，臣再来喝庆功酒。”

秦国正式向赵、魏两国宣战。

开战的理由是，赵、魏两国收留秦国逃犯。

自从吕不韦制定优待俘虏政策后，这些俘虏们都被派做修王陵、修长城苦役。个别俘虏则伺机逃亡回赵、魏。

国尉阳泉君挂帅，率两军出征，将军王龁率十万兵攻赵，将军蒙骜率十万兵攻魏。

在庄襄王看来，相国吕不韦从未带过兵，尤能立旷世奇功，可见打仗并非难事。况且秦军勇猛善战，诸侯各国必然闻风丧胆，纷纷请降。统一六国的梦想就要在自己的手里实现。庄襄王一想到这些，就非常兴奋，每天都在朝政上热情地议论军事。

与此同时，秦国历史上最大的水利工程泾洛引水渠正式开工，工程浩繁，事务诸多。吕不韦将主要精力用在调集劳力和物力修建水渠的大事上。

秦军出动，引起了诸侯的不安。

魏安釐王左思右想，迫不得已派使者去赵国请信陵君回国。因窃符救赵而客居赵国十年之久的信陵君魏无忌担心前事受到追责，不愿回魏。门客毛公、薛公见信陵君道："公子所以重于赵，名闻诸侯者，徒以有魏也。今秦攻魏，魏急而公子不恤，使秦破大梁而夷先王之宗庙，公子当何面目立天下乎？"

信陵君闻言，脸色骤变，当即归魏。

魏安釐王见信陵君，相拥而泣，任公子为上将军，统率魏军。秦军气势如虹。三月份，王龁军攻取赵国上党，置太原郡。蒙骜攻取魏高都、汲。信陵君即率大军迎战秦军，并派使者向诸侯各国救援。燕、韩、楚闻信陵君为帅，纷纷出兵相助。

信陵君率赵、魏、韩、燕、楚五国之兵，以三十万之众攻击蒙骜，大败秦军，直追至河外，包围了秦军。信陵君分兵调将，企图将蒙骜全歼于河外。形成合围之势后，信陵君亲冒矢石，率先冲锋。联军士气大振，奋勇争先冲锋陷阵。

秦军四面受敌，阵营混乱，蒙骜急了，集中兵力向西突围。秦军到底是久战之师，英勇善战。联军阻止不住，直追至函谷关。

联军与秦军在函谷关相持数月。秦军闭关不出，联军只有撤退。秦军大败，这是庄襄王继位以来遭受到的最严重挫折。曾经力主用兵，不断地为秦军顺利进军而欢欣的庄襄王，闻蒙骜所率军队大败退致函谷关内时，气得全身发抖。大叫道："这信陵君欺人太甚，给寡人将魏质太子增拉去斩了。"

"不可。"文信侯吕不韦制止道，"斩了魏太子增，魏国可立其他公子为太子，徒增魏国对我大秦之敌意。且魏太子性格软弱驯服，日后可为大秦所用。还望大王收回成命。"

这次战败，也给吕不韦敲了一记警钟：作为相国，明知庄襄王意气用事而没能及时阻止，实为失职；对诸侯各国实力仍不可小觑。

“最可恨的是信陵君。请大王派死士将其刺杀。”阳泉君曾一心想立军功，结果反遭败仗，对信陵君便是咬牙切齿地痛恨。

“臣有一计可杀信陵君。”刚成君蔡泽道：“闻信陵君集门客历经多年，编成了一本兵书，叫做《魏公子兵法》。请大王派使者赴魏，邀信陵君携兵书来咸阳相会。只要信陵君来咸阳，或以高官利禄诱之，不从则囚之，再不从，可在让他回国途中派刺客杀之。”

“吕相以为如何？”经过这次大败，庄襄王更加坚信吕不韦的智慧远在自己和众人之上，上次做主与赵、魏开战，是因受了将军们的怂恿，现在不管别人说出再好的计谋，不管自己心里有多赞同，也绝不会轻易表态了。

“遍视天下英雄，信陵君之才可谓卓越，无人能匹。此人不除，必为我大秦之患。刚成君之计不失为一种办法。只是以臣度之，此计恐难以如愿。”文信侯为相三年，计无不中，话语中也就充满了自信与威严，“第一，以信陵君之智慧，相信他完全能一眼看穿此陷阱，必不愿以身犯险，轻身赴秦；第二，信陵君礼贤下士，重情义，轻爵禄，必不为功名利禄所惑；第三，信陵君两次大败我秦军，其威信在诸侯之中如日中天，必不畏我秦王之召唤。所以，臣以为信陵君必不来咸阳。”

“大凡计谋，须寻人之隙，攻人之短，谋人之难。臣视信陵君，不可正面与之交锋，但可以从魏君臣关系入手，迂回攻之。从眼前来看，魏王与信陵君兄弟之情甚浓，以信陵君之功，封之二十余城。然而，魏王最大的弱点在于胸怀狭窄，而信陵君又是一个自尊心极强之人。臣以为除信陵之计可分两步走：第一步，可按刚成君之计，诱信陵君来秦；第二步，如信陵君不来秦，则派间谍携重金去魏，施以离间计，使魏王对信陵君猜忌而废之。”

“对于相国此议，众臣还何异议？”庄襄王对群臣问道。

群臣自从附和王龁，倡导用兵，最终以秦军失败而告终之后，无不从内心折服于吕不韦的远见卓识，纷纷言道：“相国计谋甚深，我等不及。”

“既然群臣无异议，就按相国之意去办。”庄襄王道，“信陵君为我大秦之患，必除之而后快。所费金，不需吝啬，五万不够，就十万，务必将信陵君置于死地。”

第十六章 立德立言

Biography
About Lü Buwei

庄襄王每次公务一毕，便急急忙忙赶回寝宫中享乐去了。

庄襄王每天都在美女身上宣泄着情欲。他似乎想通过这种方式将在邯郸所受的苦难弥补回来。

自从上次大败之后，庄襄王意识到自己无论是治国还是治军，远不及祖父昭襄王。对吕不韦的才能更是深信不疑。与其劳心劳力帮倒忙，还不如甩手不管为好。

此后，庄襄王将朝政交与文信侯吕不韦，整日里在女人堆里快活。

然而，酒是穿肠毒药，色是割肉利刃。

七月六日，三十三岁的庄襄王纵欲过度，竟在宫中突然死去。

曾经在赵为质才具平平名不见经传的公子异人，因为遇着吕不韦，一生命运发生逆转。从昭襄王五十年(前 257 年)逃回秦国，到庄襄王三年(前 247 年)去世，为太子、为秦王，享尽了人间极福，也算是不枉此生。

农历七月，十三岁的嬴政继位，拜相国吕不韦为仲父。

大秦王朝进入了仲父摄政时代。

拜华阳夫人和夏姬为太王太后，赵姬为太后。

谥子楚为庄襄王，葬于芷阳。

大赦天下，褒奖功臣，厚待宗室子弟，百官择优擢用。

在大秦宫殿上，每天议政都是由吕不韦主持。

庄襄王时期，虽然朝政也是由吕不韦主持，可毕竟有庄襄王在，吕不韦还得从程仪上请示大王。而现在，嬴政还是一个十来岁的孩子，对许多朝政都不懂。这时的吕不韦，处理各种朝政来便是无遮无碍得心应手。朝臣之中再也不敢有丝毫违抗和不恭了。

每议事之时，吕不韦尽可能听听朝臣们的意见，最终却都由他裁决。这时的吕不韦真正体会到什么叫出口成宪一言九鼎了，渐渐地显现出一种居高临下的倨傲之状。

吕不韦也确实有足以自傲的资本。在秦国历史上，没有任何一个相国有他这样独断朝纲的权力。甚至，他自认为，历代秦相之中没有谁的政治智慧和治政能力超越他。

吕不韦开始全面推行德政与刑政相结合的新政，继续推行远交近攻战略，改革军功制度，改革武器装备，完善郡县制度，奖励农耕，开发商埠，简选官吏，招贤纳士，扩充博士，组织良吏修改秦法，去其苛严之处。

吕不韦一系列新政中给，秦国上下带来了蓬勃生机。

吕不韦对嬴政也是真心辅佐，呵护备至。每次朝议之后，吕不韦尽可能抽空与嬴讲解每项朝议事项的来龙去脉，为什么要这样决断。尽管嬴政有时也会提出异议，但是，一个不争的事实是，嬴政确实从吕不韦这里学了许多知识。

人们更多地感受到仲父时代君臣之间的亲密无间。

就在吕不韦顺风顺水之时，麻烦不期而至。

赵太后不懂政事，陪着嬴政在朝中坐了几天就坐不住了，不再上朝，嘱咐嬴政和朝臣，凡朝中大事，均听从相国裁处；又嘱咐相国，凡有大事疑难之事但请相国到宫中商议。

赵太后现在与过去不一样了，不必每天去向华阳太王太后请安。为了避开华阳太王太后，干脆搬到了渭南甘泉宫。

一日，吕不韦与朝臣商议修建秦王陵和太后陵之事后，觉得有必要到甘泉宫向赵太后禀报。

进入甘泉宫，不意赵太后一见面就扑进吕不韦的怀里，紧抱着吕不韦嘤嘤而哭。

吕不韦慌了，急忙想将赵太后推开，哪里推得开。

赵太后抬起头，泪眼婆娑，如杏蕊含露，似梨花带雨，几分抱怨几分嗔怪看着吕不韦，“我最初本是你的人，现在你嫌我老了，不要我了？”

“不是嫌不嫌的问题，而是现在你我身份不同了。你现在是一国之母，当母仪天下。我是相国，为臣当守臣道。你当知道有多少双眼睛盯着我们。我们从邯郸走到咸阳，能有今日，多不容易。绝不能为一己之私欲而乱了次序，坏了大事。”

“哪有你说得那么严重？我可才三十出头，难道你要我守一辈子寡么？”

“没办法，到了这宫中，守寡是很寻常的事。许多宫女一辈子都没有挨过男人。你比她们幸运得多。再说，你真的不知道这人心的险恶，说不定过一会儿华阳太王太后、夏太王太后、魏姬她们就知道我们见面之事了。一旦我们苟且，说不定什么时候刀架到脖子上都不知道。你不为我们计，也当为你的政儿计。”

“你在吓唬三岁小孩。我来这宫里也有几年了，什么事不知道。当年宣太后与多少男人在一起寻欢作乐，谁管过，谁敢管？就是现在的华阳太王太后，她也经常与昌平君在一起，难道我不清楚？你曾经在邯郸说过要好好照顾我一辈子，你忘了么？你明明新欢如云，心里没有我了，还要拿出种种理由来搪塞我。”

看着太后脸上红晕，似桃花盛开，吕不韦有些心动，可是，理智告诉他，必须自制。

“你知道，我吕不韦不是一个绝情之人。自从你离开我与先王在一起之后，我再也没有纳过小。再说，梦萦公主也一直对我非常好，我也不想负于她。如果你是寻常人，我们还可再续前缘，可是……”

不待吕不韦说完，赵太后将嘴唇迎上去，封住了吕不韦的口，一阵热吻，呢喃道：“我就是要你，就是要你……”

赵太后的热情，让吕不韦矛盾着纠结着，无法摆脱。

正在这时，宫人来报，秦王来了。

赵太后急忙松开手，整理头发和衣服。

吕不韦退至一边，整理衣服，心里暗叫好险。

嬴政大步流星地跑了进来，见母亲有些慌乱的样子，心里奇怪，道：“政儿向母后请安。”又见吕不韦在，道：“向仲父请安。”

“臣刚才正向太后禀报修建王陵和太后陵之事。修陵是大事，太后却因此思念先王，虑及身后，正在伤心。”吕不韦有些尴尬，定了定神，“臣劝太后，人总是要死的，须节哀。圣人察阴阳之宜，辨万物之利以便生，故精神安乎形，而年寿得长。年寿得长，在于养生去害。去大甘、大酸、大苦、大辛、大咸之味，去大喜、大怒、大忧、大恐、大哀之情，去大寒、大热、大燥、大湿、大风、大霖、大雾之害，则疾病就不会乘虚而入了。世人多不能控制自己的欲望，不尊重生命的规则，早夭尚不自知，岂不悲哀。”

赵太后听了，竟掩袖伤心痛哭起来。

嬴政跪在母亲面前，用手巾给母亲擦泪，“母后别伤心了。政儿从小就听仲父说嫦娥奔月之事，是因为吃了不死药。政儿听寺人们说这世上还真有不死药，可以让人长生不老。政儿一定着人想方设法求得此药孝敬母后，让母后永远不老。”

赵太后听了竟破涕而笑道：“难得政儿有这份孝心。可不死药只是一种传说，是哄人的，世上哪里会有，不要去乱想。”

“不。政儿一定会寻得不死药来孝敬母亲的。”嬴政认真地说道。

吕不韦走出甘泉宫，长长地嘘了一口气。

回到相府，吕不韦不顾饥饿，立即提笔，一气呵成，写就《不苟》篇：

“贤者之事也，虽贵不苟为，虽听不自阿，必中理然后动，必当义然后举，此忠臣之行也。贤主之所说，而不肖主虽不肖其说，非恶其声也。人主虽不肖，其说忠臣之声与贤主同，行其实则与贤主有异。异，故其功名祸福亦异。异，故子胥见说于阖闾而恶乎夫差，比干生而恶于商、死而见说于周。”

写罢，吕不韦的心情才慢慢平复下来。

用罢晚膳，天气已暗，中丞司空马来访。

“禀报相国，好消息，使者从魏国来讯，信陵君被免职了。”司空马喜道。

原来，吕不韦用离间计，派人找到晋鄙门客，用以重金贿赂，使之到魏王那里说项：“信陵君在国外十余年，如今统帅魏军，诸侯也都听从他的指挥，天下人都知道魏国有个信陵君而不知有魏王。”

魏王最顾忌的是弟弟的威信盖过他，最怕其取而代之，于是起了疑心。

吕不韦又多次以秦王的名义派人到信陵君处问信：“信陵君当上魏王了吗？”

魏王天天听到这类消息，不能不信，于是撤了信陵君的上将军之职，令之回朝。

信陵君知道魏王的疑惧之心，回朝后便称病在家，天天以酒色自娱。

“十万金胜过十万兵，这对秦国来说的确是好消息。”吕不韦转而又叹息道：“天下四君：孟尝君、平原君、春申君、信陵君。此四君均礼贤下士，广招门客，开一代风气。然而，以才具、忠贞、尊士而论，信陵君当居四君之首。其所著《魏公子兵法》，凡二十一篇，确有过人之处。可惜此君不能为我所用。四君已去两君，信陵君即见疑于魏君，只要秦军不大举攻魏国，再使人继续毁之，信陵君必死无疑。”

“如此良臣，毁之真是可惜。可是，我们又不得不为之。遍视天下，能集诸侯之力两败我强秦之军者，唯有此君。”司空马也感叹道。

“当今能与秦抗衡者，只剩下春申君了。对此君也要密切关注。”吕不韦不无担心道。

“楚王将春申君改封到吴地去了。听说春申君到吴地后，修建黄城，大修水利，江南日益富饶。”司空马分析道，“春申君倾力于江南，又已是年近花甲，恐怕再无雄心与我秦国相争锋。”

“很难说。此君早些年一直与秦亲善，只是因为楚国衰弱。一旦他认为楚国强大了，未必会自甘寂寞。还是多加关注为好。”吕不韦吩咐道。

“是。”司空马又说道，“齐国固有山东，不足担心。倒是赵国良将颇多。廉颇虽老，仍然当大任。又有乐乘、李牧、庞煖相继。六国之中，赵国为最坚。”

“平原君已死，太子春平君为相，赵国可谓是一只绵羊领着一群狮子，不战自乱。可行间于赵，待其乱而攻之。”吕不韦说道。

“相国之韬略，实为以最小之代价攻伐诸侯。然而大秦群臣向以杀伐为主，对相国之意恐难以理解。”司空马不无担心道。

“杀伐伤生，受害的是黎民百姓。还是伐谋为上，功过自有后人评说。”吕不韦叹息道。

让吕不韦头痛的事，还是赵太后。

吕不韦每遇事需向赵太后禀报时，总是告诉嬴政，或由嬴政去说，或者陪着嬴政去见赵太后。赵太后老大不高兴。

一天散朝后，赵太后派人宣吕不韦进宫，说有要事相商。

吕不韦心知肚明，可又不好回绝，只得进宫。

“臣不韦叩见太后。”吕不韦行礼道。

“你我不需要拘礼。”赵太后笑盈盈的，衣服穿得很薄很露。

“不知太后召臣有何要事吩咐。”吕不韦仍然毕恭毕敬。

“你站那么远，怕我吃了你？”赵太后突然哭泣起来，道，“你把我丢在这深宫之中，整天忙于你的国家大事，连一句安慰的话都没有。你不知道这宫中是多么的无聊。我常常想起在邯郸时我们在一起的那段时光。要是让我重新选择，我宁愿不要当这太后。”

“太后所言，甚为不妥。”吕不韦严肃地说道，“太后自一介民女，经过多少磨难才成为天下仰慕之人。太后不为自己着想，也当为儿子着想。嬴政已为秦王，承担着统一天下开万代基业之重任。他日为帝，哪有母后为民妇的？还望太后不要多想。”

“我能不多想吗？我每天面对是这些宫女、阉人，没有人来安慰我，没有人让我开心，这与囚犯有何区别？你一心想着你的伟业，政儿想着他的帝业，我却只能在这里守寡，你们还不如杀掉我好些。”说罢，赵太后又哭了起来。

这女人就是女人，头发长，见识短。吕不韦在心里叹息道。

“人总是由不得自己的。臣小时候，祖父、父亲劝臣不要入仕，说好好经商，便可成为自在王。如今想来确有道理。现在当了大秦的相国，看似风光，可哪里有自己的时间，哪有自己想做就可以做的自由？上船容易下船难，想后悔都来不及了。”

“可是你全不念旧情么？你就不能抽空安慰安慰我么？你就这么看重你的伟业帝业么？你就这么在乎别人怎么看么？你要是这么在乎别人的看法，那我每天都召见你，让众人都知道你我每天都在一起。即使我俩什么都不做，你想想别人会怎么看你？”

这真是胡搅蛮缠，不可理喻。

想到这些，吕不韦急得出了一身汗，跪在地上叩头道：“臣之所以不敢行苟且之事，全是为了太后和政儿。太后试想，如果你我经常在一起寻欢作乐，嬴政知道了怎么办？华阳太王太后知道了会怎么样？群臣知道了会怎么样？天下庶民知道了会怎么样？我们现在身份不同了，绝不能逞一时之快而身败名裂，误了大事。如果太后全不念臣一片苦心，臣明日即辞去相位，归隐山林，仍然去当自在王去。臣之进退全在于太后一念之间。”

这可真是杀手锏。吕不韦辞官归隐，凭他的能力，自然可以过上自由自在的生活，可是，我在这深宫之中岂不更孤独？政儿还年幼，谁来为他遮风挡雨？这秦宫中有多少双眼睛盯着太后的位子？有多少双眼睛盯着王位？真是太恐怖了。

“看来我是孤苦的命。我就不信，这缺少王屠夫就没有猪肉吃，以后不要你管了。”赵太后无限哀怨地道，“你现在最感兴趣的处理国家大事，那国家大事就都交给给你了，请你要好好照顾政儿。说实话，对这政儿，我自己也弄不清他是庄襄王的还是你吕不韦的，从他聪明倔强的性格来看更像你吕不韦。”

“你说政儿是我的，怎么可能呢？”吕不韦大吃一惊，“我们最后一次在一起离生政儿相距差不多十二个月，怎么可能呢？我们以前在一起那么久都没怀上，哪有这么巧一次就怀上了呢？再说你看他长相，那点像我呢？你肯定是记错了。此话以后再也不能乱说了。”

“哼哼，亏你还自认为是一个无所不通无所不能的人。你去问问，这世上是不是有怀胎十二月而生的，这叫做大期。我总觉得怀政儿的时间比别人长。”赵太后道，“这天下无巧不成书的事也不是没有，至于是不是你的，我自己说不清楚。但是，我从内心里一直把他当做是你和我的儿子。”

哪有怀胎十二个月的，嬴政绝不可能是我吕不韦所生。赵太后如此一说，只是说明在这个女人心里还一直有我吕某的位置。可这件事是乱说不得的，一旦被外界误传，那不知会出多少人命。

“以臣判断，这大王一定是庄襄王的，太后千万不能有其他念头。”吕不韦严肃而坚定地说道，“至于太后对臣这份情意，臣一定会记念在心。请太后放心，臣居仲父之位，一定会好好辅佐大王的。”

“有你这句话，本宫也放心了。只是你对本宫这般绝情，你以后一定会后悔的。”赵太后冷冷地说道，“你去吧。忙了一天，你也该好好休息了。”

吕不韦悻悻地退去。他知道，他曾经是这个女人的希望，如今在这个女人心里已经死了，可这却是没有办法的事。想到这些，吕不韦心里涌起一阵阵悲凉。

这年十月，风吹落叶，咸阳城里显得十分萧杀。

一个中年男子背着包裹，从兰陵来到了咸阳，投奔吕不韦。

这天，吕不韦稍有闲暇，门人来报，说是一个叫李斯的男子，自称是荀子的学生，从楚国来，已经有十多天了，坚持要拜见相国。

自从吕不韦为相以来，四海之内来投奔的人络绎不绝。吕不韦因公务繁忙，多是安排由扬子他们接待，视其才具进行安置，很少自己接待了。

吕不韦听说是荀卿的学生，倒想了解一直荀卿的近况，于是吩咐道："叫李斯进来吧，但须告诉他，会见时间限于一刻钟。"

一会儿，一个三十四五岁的男子走了进来，满身风尘仆仆的样子，脸上充满了自信。

"李斯拜见相国大人。"来人行礼，声音中厚，显得不亢不卑。

吕不韦打亮着李斯，见他眉宇间透着英气，倒有几分喜欢。

"先生请坐。荀夫子与本相为故人，先生从荀夫子那里来，不知荀夫子近况如何？"

"夫子现居兰陵，年事已高，以传道授业解惑为乐。夫子一生究天人之理，腹藏万机，始乎为士，终成圣人。普天之下，无人能及。"

荀夫子虽贤，也不至于无人能及。高抬其师，莫不是自抬身价。吕不韦听了心里有些反感。

"先生师从荀夫子多久？学了哪些知识？"

"斯曾为下蔡一小吏，舍家弃子，慕名从学荀夫子七年。在这七年里，斯苦心求学，得荀夫子悉心指导，诸子百家均有心得，尤长于帝王之术。"

这小子志气颇大，只是口气不小，未必有真才实学。

"先生为楚人，又学得帝王之术，为何不去楚王那里？楚令尹春申君礼贤下士，求贤若渴。以先生之才，必为其重用。"

"荀夫子曾经也对斯说过，要斯投奔春申君，并言斯当继春申君之后可为楚良相。然而，斯既负绝学，当审时度势，卖与识货之人，以立不世之业。"

"先生何以自信到咸阳就必有识君之人？"

"楚国君臣绝无争雄天下之志，偏居江南，优游而得，而秦积百年余威，统一天下是迟早之事，此为大势，此其一。楚国历代朝政均为宗族所把持，内相争斗，排斥外人，而秦自孝公以来，海纳百川，群贤毕至，此其二。相国本卫人，起于商贾，秉政以来，招贤纳士，奖励农耕，兴修水利，易俗而教，即有所攻，必出于义，损失极少，得一地则是一地，民心大安，又集天下之士著书立说，为天地立心，令斯仰慕之至，此其三。"

这小子说话，反应灵敏，条理清楚，孺子可教。吕不韦心里暗念着。

"先生曾为下蔡小吏，肯抛家弃子，择良师而学，审大势而处，倒也难得。"

"相国明鉴。斯曾为下蔡守库之吏，日见仓中之鼠食粟而硕大，见人不惧。斯如厕时，见厕中之鼠，食不洁之物，见人之来，仓皇而逃。斯由此感悟：人之贤不肖譬如鼠矣，在所自处耳！斯不甘为小吏，故抛家弃子，远道求学，欲为仓中之鼠。”

“从荀夫子而学，方知斯昔日之志，夫子早已在书中就说得十分透彻了。夫子在《劝学篇》云：吾尝跂而望矣，不如登高之博见也。登高而招，臂非加长也，而见者远；顺风而呼，声非加疾也，而闻者彰。假舆马者，非利足也，而致千里；假舟楫者，非能水也，而绝江河。君子生非异也，善假于物也。”

“夫子在许多文章里都说过，当求贤师而事之，择良友而友之，择明主而从之。斯远赴咸阳，投奔相国，求为门客，即是出于这种想法。”

荀夫子的《劝学篇》，吕不韦早年就读过，只是没有如此去理解。看来这个李斯是一个爱动脑筋，很有思想的人。

“以先生之意，本相位极人臣，可谓之巨硕仓鼠了。人生如此，夫复何求？”

“以斯度之，相国危矣！”

吕不韦听得一惊，不以为然地问道：“何以见得？”

“老子云：治大国若烹小鲜。相国倾尽全力，一心为秦，此为天下人有目共睹。然而，相国日理万机，事必躬亲，日夜操劳，任是铁人，亦自损其身。到时身体没了，万事皆休，岂划算？此其一。相国忙于事务，疏于识人用人，天下才俊慕名投奔而不见用，朝中群臣唯唯诺诺而不敢作为，众人生怨，相国劳而无功，此其二。相国之权为君所授，相国操持权柄日久，秦王渐长，必生怨恨，一旦成人，另委权于他人，相国何以容身？此其三。斯以此观之，相国劳于治事，逸于治身，身处危境而不自知，岂不殆哉！”

李斯之言，句句都敲打吕不韦心坎上。

近些年来，吕不韦日夜为公务所累，头发脱了许多，也白了许多，晚上睡眠也不好，常常感到身心疲惫。梦萦公主说他四十多岁的人看起来像老人了，看着心疼，常劝他少操点心，可他总觉得有做不完的事。

在人事上，吕不韦花的心思也少了，很少去关心朝臣们在想些什么，很少接见门客，很少像过去那样与宾客们高谈阔论了。

更重要的是，自己柄政，恩威皆由己出，嬴政逐渐长大，也不知他内心在想些什么。

“劳于治事，逸于治身。”真是一言中的。长期如此，能不危么？

“先生才识过人，就留在本相身边吧。”吕不韦叫来家僮，叫他们好生安置李斯。

这天晚上，吕不韦将李斯的话翻来覆去想了很多。

有李斯在身边，吕不韦处理各种事务要顺畅多了。

李斯写得一手漂亮的小篆，让人看起来特别舒服。

更重要的是，李斯对诸子百家言论都很熟，文思敏捷，下笔如有神。一篇文章，立马可待。

只是在思想传承上，李斯继承了荀子性恶论，强调权势、礼义、法正与刑罚，不时与吕不韦的想法有些冲突。但每次出现冲突苗头时，李斯都能巧妙地化解。

吕不韦越来越看好这个小自己十多岁的青年才俊。

吕不韦现在很少去甘泉宫，赵太后也很难得再召见吕不韦，两人之间似乎趋于平淡。

过了年，又到了春季，为庄襄王服孝之期快满了，吕不韦忙于筹备嬴政的登基大典。

这一日，吕不韦与嬴政一同来到甘泉宫。

宫里兰麝香四溢，暖洋洋的，让人感觉到特别的温馨与浮华。

赵太后气色红润，很舒适地坐在榻上，一寺人站在身后给她揉肩捶背。

那寺人看着吕不韦笑了笑，吕不韦觉得面熟，却一时想不起是谁。

“政儿给母后请安。”嬴政行礼。

“我儿长高了，懂事了。坐吧。”太后显得很慈祥。

“臣不韦拜见太后。”吕不韦给太后行礼。

“仲父为朝政日夜操劳，辛苦了，坐吧。”太后话语亲热，转而又对身边的寺人道：“你到宫中来了，还未见过相国大人，也该向相国大人问声好。”

那寺人给吕不韦行礼道：“嫪毐给相国大人请安。”

“嫪毐。”吕不韦一惊，难怪面熟，只是那眉毛和胡须没了，一时没认出来。吕不韦问道：“你怎么到宫中来了？”

“全托相国大人的福，在狱中养得白白胖胖的，无事可做。太后着人将小人阉了，就叫到宫里来了。太后可是念旧的人，对小人十分眷顾。小人早知如此，就不会给相国大人添那么多麻烦了。”嫪毐笑着说道。

“嫪毐经常教寡人角力，力气蛮大。以后寡人一定要打赢你。”嬴政对嫪毐倒是很熟。

“大王神勇，这么小年纪，小人都快角不赢了。”嫪毐开心地道。

吕不韦心中暗自奇怪，这嫪毐除了没有眉毛和胡须之外，与寻常男子没有什么区别。

“我们都是从赵国来，在这秦宫中相处，以后要互相照应。”太后见吕不韦盯着嫪毐，心中有些慌，转言道：“仲父与政儿前来，想必有事情要商议。说说吧。”

吕不韦定了定神，道：“大王登基大典都准备就绪。臣不韦想请太后熟悉整个程仪，以免出错。”

“给本宫看就没有必要了。本宫参加过孝文王和庄襄王的登基大典，程仪都熟悉了。仲父倒是好好教教政儿，别让政儿有什么疏漏。”太后似乎没有兴趣听吕不韦说程仪之事。

“寡人虽然见过，但那时还小。寡人与仲父去演习演习。”嬴政兴致很高。

“那就辛苦仲父了。本宫将国事全部托付给仲父，仲父不必事事禀报，放心去做吧。”太后说罢，打了个呵欠。

吕不韦只好告辞。

但是，在心里，吕不韦还是有些疑惑。

吕不韦叫司空马暗中调查嫪毐受刑之事。

司空马回报，说嫪毐受刑，完全是太后安排的。当时，主刑官将割下来血淋淋的阳具都给大家看了。那阳具很大很长，大家看了都吃惊。只是自从嫪毐受刑后，这主刑官不久就辞职归老了，事后再也没有人看到过。

“必是瞒天过海之计。我见过这嫪毐，除了没有眉毛和胡须，哪里像是阉人。”吕不韦皱着眉头寻思着。

“这太后如今正是如狼似虎的年龄，那里耐得住寂寞？此事可谓是相国绝情成就了太后与嫪毐的一段孽缘。”司空马不无担心，“只是这嫪毐可不是安分的人，不讲节操，品行无端，将来必然会惹是生非，胡作非为，弄出事儿来，到时恐怕难以收拾。”

“现在我们是进退两难：按刑律可以杀掉嫪毐。可杀了嫪毐，赵太后必生怨恨。不杀嫪毐，后患无穷。真是愁煞我了。”吕不韦袖着手，在房子里不停徘徊。

“我们现在最主要考虑的是嬴政。嬴政已十四岁了，也懂些事了。如果能提示嬴政，叫他出面将嫪毐赶出去，那是最好的事。”司空马出主意道。

“好是好，只怕难行。这嬴政从小就与嫪毐相处在一起，有感情。而且嬴政对母亲甚是孝顺，只怕太后会说服嬴政。”

“让嬴政知道，即使不杀嫪毐，至少可以叫太后收敛些。”

第二天，吕不韦就给嬴政提到嫪毐之事，嬴政睁大眼睛，不相信似的。他从小与母亲相依为命，认为母亲是天底下最好的女人。而现在，这个神圣的女人却甘心与一个市井流氓厮守，真是丢尽了秦王室的脸面。可是，她毕竟是自己的亲生母亲啊。难道天下女人都如此下贱么？

更为难的是，嫪毐虽然是一个市井流氓，可在邯郸也确实真正关心帮助过我，是我儿时最信赖的人。

“仲父，按秦律，是不是要处斩嫪毐？”嬴政内心痛苦极了，虚弱地问道。

“是的。秽乱后宫，必须处斩。”吕不韦坚定地道。

嬴政气愤地跑到甘泉宫，见母后正与嫪毐在调笑，大吼道：“嫪毐，你给寡人滚开。”

赵太后与嫪毐见嬴政发怒，大惊。

赵太后吩咐嫪毐退开回避，然后惊问：“政儿何以大发脾气，谁让你生气了？”

嬴政严肃地问道：“仲父告诉寡人，这嫪毐是假阉人。母后为何要这样做？”

赵太后听了，伤心大哭道：“政儿你不是不知道，我母子二人在邯郸时过得多艰辛，要不是这嫪毐帮助，我母子早就命丧邯郸了。难道你就不知道感恩么？再说这宫里这么复杂，母后也想多一个人在身边帮你。你太祖母宣太后不是也养面首么？你祖母也与昌平君相好。你就忍心让娘一个人在这深宫中孤苦伶仃么？”

赵太后越哭越伤心，嬴政听得心慈慈的。

过了一会儿，嬴政决断地道：“政儿也不阻挡母后与嫪毐相好。只是以后不要让政儿看到。待登基大典之后，你与嫪毐搬到雍城去。以后要是嫪毐敢轻举妄动，政儿绝不留情。”

说罢，嬴政强悍决断地摔袖而去。

赵太后看到嬴政离去背影，心里不是滋味。

秦王政元年(公元前 246 年)八月，秦国为嬴政举行盛大的登基大典。

大典程仪都是由相国吕不韦操办，一切都有条不紊地进行着。

十四岁的嬴政表情显得严肃而淡漠，似木偶般任人摆布，看不到一丝喜悦的笑容。

赵太后似乎有些发福，步履缓慢，由嫪毐搀扶着。

赵太后与嬴政之间并不亲热，似乎有了隔阂。

诸侯各国使者云集，以贺盛典。

来宾之中，赵国使者李郗与燕国使者剧辛之间发生了不快。李郗长得十分英俊，口齿伶俐，侍奉赵太子偃质于秦。剧辛以燕国与秦国为盟国，又自负其才，认为赵国与秦国一向为敌，且李郗纯粹以色相媚人，看不起李郗，两人行礼、言语之间互不相让。

倒是魏国使者芮宋左右周旋，颇受人尊重。

各诸侯国带来了重礼，尤其是魏国，不但送来珍宝，还给赵太后送来一块养地。

相比较而言，只有赵国的礼最轻，这让吕不韦不高兴。

大典过后，赵太后带着嫪毐搬到雍城蕲年宫去了。

吕不韦提拔了一批朝臣，将大量事务性工作都交给他们去做，将主要精力用于三件事：教育秦王政、修建水渠、攻伐诸侯。

水渠有郑国主持，进展顺利。

教育秦王政也不是一时之事。

当务之急，是要出兵征伐。

秦军自去年被信陵君所率五国联军所败之后，已休战一年，需要一场战争来振兴士气。

攻谁呢？吕不韦思量着。

周边诸侯之中，韩国最弱，然韩国毕竟为故国，不妥。

攻魏，信陵君虽然未掌兵权，可人还在，一旦国危，安釐王有可能重新启用。再说魏国对秦国甚是礼敬。

攻楚，楚为华阳太王太后之故国，国土辽阔，且春申君在，无胜算。

唯有攻赵。听说赵王病重，应是攻伐的最好时机。

吕不韦派使者去赵国，责赵孝成王礼轻，以质太子偃在秦为由，索要晋阳作赵太后养地。

赵王急令群臣商议，郭开等人认为秦国强大，不可争锋，主张满足秦国要求，而廉颇、李牧、乐乘、赵煖等群将义愤填膺，力主与秦抗争。

众人争来争去，争得赵王头疼不已，于是回绝了秦国的要求。

吕不韦接到赵王回绝的信，当即起兵攻赵。

“赵国以邯郸最为险固，其西北为晋之重地，防守空虚。我秦军从上党进发，取晋阳，居赵之西北，对赵形成三面合围之势。”

大将王龁、王翦等人争相要求挂帅出征。

“蒙将军，本相着你率十万大军攻取晋阳，以雪去年兵败之耻。如你不能取胜，就不用回来了。”吕不韦任败军之将蒙骜为将。

“谢相国给臣以复仇的机会。臣定将全力以赴，肝脑涂地，在所不辞。如不能攻取晋阳，臣当提头来见。”蒙骜慷慨激昂地说道。

王龁自上次兵败后，再也不敢在吕不韦面前放肆了。

赵国见秦兵来攻，急派赵煖率军前去与秦军对抗。

秦军士气高涨，如狼似虎，一举攻破晋阳。

赵王大惊，急派老将廉颇率兵前去增援，又派使者赴魏国求救，才止住秦军的攻势。

秦军扬言要攻到邯郸，赵王派使者赴秦，答应割晋阳与秦，愿与秦国和解。

吕不韦见已到严冬，天气寒冷，赵国已屈服，于是答应了赵国的和议。

春天为播种的季节，然而对吕不韦而言，却是收获的季节。

慢工出细活。经过反复讨论核校，历时十几年之久的编书工作已全面收工。

全书分为《十二纪》、《八览》、《六论》。书中各篇设计通于《易》。《十二纪》合十二个季节，每纪五篇。“天数五”，即指一、三、五、七、九。此符合天之中数。“地数五”，即指二、四、六、八、十。《六论》中每论六篇，符合地之中数。《八览》每览八篇，符合八卦之数，“八卦成列，象在其中矣。”整个书以阴阳五行贯穿其中，人法天地，将天、地、人三者合而为一。打破门户之见，吞吐百家之言，取舍自如，成一家之说，集“众狐之白”成“粹白之裘”。

吕不韦非常高兴。这种成就感远胜于当初在洛邑淘得珍宝、在邯郸慧眼识奇货和庄襄王时荣登相位的那种兴奋与自豪。

书编成了，但在命名上颇费了一番思量。

按当时命名的方式，大约为三种：一种是以编书人的姓氏来命名，如《老子》《庄子》《孟子》《墨子》《荀子》《鬼谷子》《孙子兵法》《魏公子兵法》等；一种是以书的内容或学术派别来命名，如《易经》《道德经》《法经》等；一种是按照古代史书的命名方式来命名，如《鲁春秋》《齐春秋》《晏氏春秋》《虞氏春秋》等。

“此书虽为我吕氏私家所编，倾注了本相许多心血，然而却集聚了众人之力，仅以《吕子》为名不妥。此书上观尚古，删拾春秋，集六国时事，立天地之心。后世君主如以此书为义，必当治国安民，江山永固。就命之为《吕氏春秋》吧。”吕不韦最后定下名来。

“《吕氏春秋》，好。这种命名法，融合了三种取名之长，最为妥当。”子顺捋着又长又白胡子，肯首说好。这些年来，为编此书，子顺的胡子由青变白了，颇费了许多心思。

吕不韦着李斯用小篆恭恭敬敬抄写一遍，送秦王政。

《吕氏春秋》已成，经吕不韦推荐，李斯已为掌宫殿掖廷门户郎中令所属的郎官。

郎的官位不高，但是非常重要，可以经常出入宫殿，与秦王接触。

吕不韦之所以安排李斯任此要职，主要是考虑到李斯知识渊博，对诸子百家学说都能理解透彻，而且脑子灵活，能活学活用。但他不会想到李斯日后会对他不利。

从下蔡小吏、流浪学子到进入大秦宫中任要职，李斯完成了从厕鼠到仓鼠的华丽转身。

秦王政二年的这个春季，不只是吕不韦收获的季节，也是赵太后收获的季节。赵太后与嫪毐好上后，如胶似漆，一下子把肚子搞大了。嬴政登基之时，赵太后的肚子就有些显形了。这年春天，赵太后在雍城蕲年宫顺利产下一男孩。

赵太后与嫪毐整天看着这个虎头虎脑的小家伙，开心得不得了。

“你当父亲了，也该给孩子取个名字。”赵太后似乎有着少妇般的情怀，温情地对嫪毐说道。

“就取名叫天宝吧。希望上天保佑我们的宝宝能平平安安成长。”嫪毐倒有几分心思。其实，在乡下陋巷里，有许多男儿叫做天宝的。

“天宝。看你父亲多疼你。”赵太后抱着天宝，亲昵地呼唤道。

“太后，我们有儿子了，也该为我们的儿子长大后谋点出路了。”嫪毐搂着太后道。

“还是我嫪毐想得周到。你有什么想法说来听听。”太后一脸的幸福。

“我想到外置房产，安个家，以后儿子也有个去处。另外，坊间都说，这贱不能临贵，我这个假阉人也总不能这样偷偷摸摸过一辈子，也得有个官衔，今后为太后和我们的儿子办事也方便些。”嫪毐轻松地说道。

“你想要个什么官？胃口别太大了。”太后笑着道。

“不会要你政儿的王位，也不会要你吕相公的相位，做个将行吧，做你太后的随行官。这个胃口不大吧。”嫪毐在太后脸上亲了一口。

“胃口还不大。将行可将太后宫的事全部管了，位比三公。也罢，谁叫你是天宝的父亲呢。过几天我与政儿说说。”赵太后满口应承。

赵太后传口信给秦王政，说是想念政儿了。

这天，秦王政带着赵高、李斯去雍城看望母亲。

赵太后叫嫪毐将天宝藏到橐泉宫，自是不能见面。

母子寒暄之后，赵太后又重提邯郸之事，说当初是多么的艰难，全靠嫪毐帮助，母子才得以渡过难关。现在又是嫪毐精心护理，所以过得很好。

从小，嬴政记得祖泰和嫪毐都对自己很好，尤其是祖泰的帮助最大。但是，祖泰却在视野中消逝了，只有这嫪毐陪伴着母亲。明知道这嫪毐是个假阉人，只要他不过分，只要母亲过得好，也就睁只眼闭只眼由他去了。

“做人要知恩图报。母后想要嫪毐任将行，管理后宫之事，让他有个一官半职，也算是对他一点安慰。”赵太后慈祥地笑着道，“何况嫪毐这个人也确实有些本事，让他来管理后宫，也是帮助我们母子。”

将行可不是个小官。这母后的要求也太高了。

“这可不是一件小事，容政儿回去想想。”嬴政冷冷地道。

从雍城回来，嬴政余怒未消，气愤地道：“嫪毐虽然对寡人有恩，可一下子提为将任，母后与这嫪毐做得也太过分了。”

“大王息怒。依臣之见，大王当从太后之意为宜。”李斯中气十足，进言道：“任嫪毐为将任，其利有三：一则可以满足太后心愿，报大王昔日之恩，有太后在，嫪毐必不敢对大王不利；二则可以牵制华阳太王太后和宫中其他势力；三则可以制衡相国大人。”

嬴政有些陌生似的看着李斯道：“制衡相国大人？你不是吕相国推荐的吗？”

李斯一脸认真地道：“溥天之人，莫非王臣。李斯投奔相国，是因为只有相国能将臣推荐给大王。相国推荐李斯，是因为李斯之才足以助王。臣李斯从荀子学帝王之术，非为相国，乃为大王。如今相国执政，权倾天下。臣李斯当为大王谋。大王心存大志，羽翼未丰，不可高飞，当重权、术、势，不断地积蓄力量，才能成就帝业。”

“权、术、势？”嬴政疑惑不解。

“对。权，是指要懂得权宜、权变，从长远着眼，审时度势，不拘泥一时得失。术，是指凡事讲方法、讲策略、计手段，明退暗进，诡道奇谋。势是指善于积累和利用权势、威势，弱不胜强之时，当蓄势待发；势力强大之时，当顺势而作。为君之道，通于权、术、势，则天下无不可为之事。”李斯侃侃而谈。

嬴政沉思了片刻，又问道：“可你给寡人讲解的《吕氏春秋》，书里可总是强调义？”

“老子讲道，道太玄；孔子讲仁，仁太迂；相国讲义，义太虚。均不可行。秦国能有今之强，全在于奉行商君之法。观诸侯之中，有谁以义兴？相国执政以来，数以义为先，然攻伐缓慢，何时才能一统天下？臣以为，大王欲成帝业，须以为法先，无论对内对外，须注重权、术、势。一旦势成，天下如摧枯拉朽，尽为我大秦所有。”

“好，嫪毐之事就按先生的意见去办。”秦王政果断地道，“以先生之才，为郎太屈了。寡人即命先生为长史。”

“谢大王隆恩。臣赴汤蹈火在所不辞。”李斯满心高兴。

隔日，秦王政端坐在王位上，面无表情。

寺人魏过宣布太后御旨：任嫪毐为将行，任李斯为长史。

群臣都以为是吕不韦的主意。可是，谁又会知道吕不韦事先并不知情。

吕不韦大为吃惊。自从庄襄王时为相以来，朝中官员任命，还没有一个是他事先不知道的，没有一个是没有事先经过他同意的。

这到底是太后的想法，还是王位上这个十五岁的男孩想法，或者兼而有之。

可在朝臣看来，太后与嬴政均是我吕不韦一个阵营里的人，李斯是自己的门客，如果当面否决，岂不将矛盾全面公开化了？

看来，权力格局将会发生新的变化了，大有山雨欲来之势。

过去一向将太后和嬴政视为自己的阵营里最坚定的伙伴，现在需要重新考量了。

第十七章 开疆拓土

Biography
About Lü Buwei

散朝后，吕不韦与嬴政交谈。

“此次大王对嫪毐和李斯的任命是怎么回事？”吕不韦问道。

“这是母后的意见。她说这两人都是仲父的门客。让他们担些责任，也是为了仲父好。”嬴政因为事先与李斯商议过应对之策，回答得干脆利落。

“不要给仲父刷糊糊。什么为仲父好，你母子二人眼里哪里还有我这仲父？”吕不韦说着说着就动气了，“大王能否据实道来，是不是嫪毐和李斯的主意？”

“不是。是母后和寡人的想法。”嬴政见吕不韦动气，并不畏惧，硬杠上了，“母后以为嫪毐在邯郸时对我母子二人有功，现在又一心服侍母后。再说，这秦宫复杂，也需要嫪毐这样的人来照顾母后。至于李斯，他是仲父推荐过来的，头脑灵活，才干出众，寡人以为提携他仲父会高兴的，所以就做主了。”

“思恩图报本是人之常情。可是大王要知道，真正对你母子二人有恩的人是谁？没有我吕不韦，先王早已葬骨邯郸了，哪里还有大王？没有我吕不韦要表兄赵子羽藏匿你母子，你母子早已成为赵王刀下鬼。没有我吕不韦派祖泰暗中保护你母子，你母子在邯郸那些年能平安过来？没有我吕不韦，先王能顺利登基？没有我吕不韦，你母子能顺利归来？”吕不韦越说越有气，“我吕不韦受先王之托，居仲父之位，为大秦的统一，为大王的江山社稷，日夜操劳，可没想到太后图一时之快，与一街头地痞亲热；更没想到大王视仲父为仇，时刻想要与仲父争权。”

嬴政被吕不韦说得脸上红一阵白一阵，可仍然不服气，道：“仲父之恩，寡人一直铭记着。仲父多想了。”

“是仲父多想了，还是大王的心思过头了？仲父今日在朝堂上是想给大王留点面子。”吕不韦严肃地道，“但是，大王一定要明白一个道理：天下非一人之天下，乃天下人之天下。更何况秦宗室之中想当王的大有人在。如果大王一定要一意孤行，我吕不韦既然可以策立先王和大王，也可以废除大王而另立新王。”

“另立新王?”嬴政一听,脑子里轰然作响,这才知道事态的严重性,一时惊呆了。

“请大王好好在宫中反省几日。”吕不韦不顾嬴政发呆,摔袖而去。

当天晚上,李斯赶到相府,跪倒在叩头道:“门客斯给先生请罪。”

吕不韦端着茶杯,缓缓地喝了一口,道:“你现在是长史大人了,何罪之有?”

“斯罪有三:斯受相国之命侍奉大王,虽然愚钝,却是勤奋敬业,不敢有丝毫懈怠。大王错视斯为有才之人,强力提携。是乃斯之行为误导了大王,此为罪一;大王做事自行其是,雷厉风行,大出斯之意料。斯未能及时向相国禀报,也来不及向相国禀报,此为罪二;斯为下蔡一小吏,能遇相国所荐,进入王宫为郎,已是感恩戴德,从未有过奢望。不意大王错爱,将斯提为长史,从而使大王与相国失和,此斯之罪三。请相国予以责罚,斯绝无怨言。”

李斯的确有才,不但文章做得好,字写得好,而且诸子百家无所不知,为嬴政所喜爱也正常。如果因为嬴政看中李斯的才干而提携,倒也不足为奇。而且这嬴政做事一意孤行,李斯或许不知情也未可知。但是,如果这次真的出于李斯所谋,则这个李斯也太有心计了。可是,他李斯会有这个胆量么?一旦我吕不韦查实为李斯所谋,他还能在这里立足么?

吕不韦断定此事为太后与嬴政所为,因而对李斯态度缓和了许多,道:“本相推荐你到大王身边,就是看中你李斯之才,希望你随时匡正大王谬行。如果让本相知道你恩将仇报,误导大王,你会尝到苦果的。你去吧。”

李斯知道多说无益,便告辞而去。

吕不韦一夜未睡,与司空马反复商议着如何处置此事。他为嬴政母子付出了这么多,难道最终得到的是背叛么?或许平日凡事都是吕不韦说了算,他们才会以如此方式是表现出一种反抗和私心。最终商议,只要他们认识错误,能改革自新,也就算了。

吕不韦清晨起来,就去宫中看望华阳太王太后,禀报了赵太后与嬴政之事。

华阳太王太后深知吕不韦的治政才干,她将赵太后从雍城召回来训斥了一顿,并且狠狠地教训了嬴政。赵太后痛哭流涕,表示以后再也不干涉朝政了,内心却增加了对吕不韦的恨意。嬴政经过李斯的调教,将忍耐当做权术,也认错悔悟。

“太后母子已知错了,相国是不是原谅他们这次算了?”华阳太王太后道,“至于嫪毐和李斯二人,既然在朝廷上宣布了,这次就给个她母子一个面子。下次再不要出现类似事件。”

“悉遵太王太后旨意!”赵太后、嬴政、吕不韦齐声道。

一场风波就这样平息了。

正当吕不韦为宫内矛盾焦虑之时,燕、赵、魏之间发生了战争。

四十多岁的赵孝成王终于打熬不住，与他祖父武灵王、父亲惠文王相聚去了。

在位二十一年，连年战争，没有过上一天安稳日子。他曾雄心百倍，可是累遭挫折，使赵国国力每况愈下。外忧内患，他觉得这个王当得实在太累了，心力交瘁，实在想超脱了。上天于是成全了他的愿望。

临死之前，赵孝成王任老将廉颇为相国，全权处理军国大事。廉颇意气风发，率兵伐韩，直取繁阳。

吕不韦闻赵孝成王死讯，听从赵大夫泄钧的劝说，派人送太子赵偃回国继位，另要平都君赵葺入秦为质。燕王喜见赵大丧，起兵侵赵。二十多岁的赵王偃在秦为质多年，一直尚武，最崇拜曾祖父武灵王。归国之后，见燕起兵来侵，即令大将李牧回击。燕军不敌，燕王喜只好向秦国求救。秦军未动，魏、韩却趁火打劫，起兵攻赵。赵王偃令李牧停止对燕国进攻，回军攻魏、韩。

李牧大胜燕军，阻魏、韩之军，这些令赵王偃十分兴奋，雄心万丈。他宠爱建信君，对老将廉颇耿直的性格看不惯，下令以建信君为相邦，以武襄君乐乘替代廉颇为将军。廉颇闻讯大怒，发兵攻击乐乘。乐乘逃遁，廉颇也无法容身，只好逃到魏国，投奔信陵君。但此时的信陵君已不是昔日心存大志之人，而是放浪于酒色之中，自甘堕落，一蹶不振。

吕不韦与司空马反复权衡，决定以战争来消化一些内部矛盾。

吕不韦一向以义兵自居，这次祭出的是救燕大旗。

听说准备出兵征战，宿将王龁主动请战。武安君白起在时，王龁的光芒全被白起抢去了。白起死后，王龁数度出征，却先后被赵将乐乘、庆舍和魏信陵君魏无忌所败。后来，吕不韦多次派蒙骜出征，王龁一直心里不服。宗室重臣麃公也主动请战，宗室子弟为其助阵。其他将士请战，吕不韦可以不理，但是，对王龁这样的宿将和麃公这样宗室重臣，吕不韦不得不郑重考虑。

吕不韦派出两支大军，由麃公率一支大军攻魏，由王龁率一支大军攻赵。

“王将军数度与赵战，经验丰富，勇猛直前，然少计谋，故有胜有败。本相一直顾虑此事。这次希望王将军知耻后勇，戴罪立功，以雪前耻。特别是不要一味逞强，要多动脑筋，多听谋士的意见。”吕不韦对王龁反复叮嘱道。

“老夫这次如负相国厚望，老夫也无颜面对大秦百姓，必然马革裹尸而还！”王龁誓言道。

不想这一语成谶。

麃公所率军队进展顺利，一举攻克魏卷，又从赵国手里夺取了繁阳。

王龁率军从上党一线攻赵，赵王偃急令李牧移军抗秦。两军形成拉锯之状。

赵为秦所困，赵王偃思用廉颇，派使者赴魏国去看看廉颇现状。赵王宠臣郭开一向与廉颇为仇，于是重贿使者。年近八十的廉颇闻知使者至，十分高兴，又是拉弓射箭，又是策马奔驰，饭量也很好。然而使者回复赵王偃，编言廉颇“一饭三矢”，彻底让赵王偃死了再用廉颇之心。

廉颇知赵王再无用己之意，见赵、魏不睦，信陵君已衰，于是答应楚王的要求，暗中到楚国为将去了。廉颇在楚并无建树，思用赵人。秦王政四年(前243年)，八十五岁的老将廉颇含恨卒于寿春。此是后话。

王龁久战赵军无功，内心焦急，亲率士卒攻击，不想被流矢所伤，只好休战。

闻知王龁受伤，吕不韦急派大将王翦前去接任，并派宫廷御医前去为王龁疗伤。然而，御医回天无力。一生凶狠，敢于打硬仗的王龁只有带着遗憾去见白起了。

大将王龁之死，是秦国有史以来从未有过的事情，整个秦国为之震惊。吕不韦为王龁举行了隆重的葬礼。对外战争，让宗室大臣和将军们都在为战争忙碌。郑国渠也进展顺利，已修了一百多里了。秦王陵修建也在进行之中。唯独最让吕不韦感到不安的是嫪毐。赵太后自从上次挨训以后，再也不敢干涉朝政了，一门心思放在儿子天宝身上。可这嫪毐则不一样。他从小就没有受过圣贤教导，全然不顾纲常伦理，一切以私欲为重，为所欲为。嫪毐在咸阳城里大兴土木，建宅院馆舍，学着吕不韦的样子广招宾客，恣意为乐。不仅如此，嫪毐还以将行的身份出入庙堂，仗着太后的支撑，插手朝中事务。

在子傒、子倬、子伊、蔡泽等人看来，吕不韦与赵太后、嫪毐、司空马等人都是一伙的，而且嫪毐曾经是自己的门客。如果对嫪毐下杀手，必然让外界认为是狗咬狗，而且会让赵太后对自己更加怨恨。可如果放纵下去，真不知道以后如何收场。

吕不韦捏着嫪毐头疼，与司空马商议，也没有好办法。

吕不韦跑到雍城去见赵太后。

吕不韦将嫪毐的所作所为禀报太后，诚恳地劝说道：“嫪毐纯粹为一无赖，长此下去，必然误事。还请太后严加管束。”

赵太后淡然一笑，道：“嫪毐对本宫有情有义，不像相国那样无情。嫪毐学着相国的样子做点事，就是有点过为，也不伤大雅。相国已是权倾天下，功名利禄都有了，又何必容不下一个嫪毐呢?”

这真是一个被感情蒙了双眼不懂政事的无知女人。吕不韦心里恨极了，可又不便发作。

“太后是不是认定我吕不韦不敢斩杀嫪毐!”吕不韦狠心地道，“如果太后一定要庇护嫪毐，任其所为，吕不韦只有依秦律处之。”

太后闻言一惊，突然大哭道：“你曾经对我承诺，要好好照顾我一辈子，你哪一点做到了？我现在在秦宫中孤苦伶仃，唯有靠嫪毐来照顾我，你却还要下杀手，世上哪有你这样绝情的人？嫪毐虽然名义上不是我的男人，可事实上就是我的男人，难道你要他每天守在这宫里过日子，不能有半点风光？”

见太后悲悲伤伤地哭着，吕不韦心生怜悯，无可奈何地离去。

吕不韦又去见秦王政，期望嬴政能约束一下嫪毐。

“大王也看到了。嫪毐秽乱雍城，还在外面大造馆舍，招纳宾客，干涉朝中事务。如果长此以往，必然会助长嫪毐的私欲，危及江山社稷。请大王及时处置。”吕不韦道。

“仲父在《吕氏春秋》里大讲孝行，你们大人之事，寡人只尽孝道，不问细节。再说，母后大概在学宣太后。仲父该怎么处置就怎么处置吧。”嬴政自从上次挨训后，再也不敢轻易作主张了。

“臣舍家以扶助先王，太后与大王才有今日之尊荣。如果因嫪毐而毁，臣死不足惜，只怕会误了大王统一大业。”吕不韦忧心忡忡。

“仲父言重了，天塌不下来。”嬴政从容地说道。

吕不韦睁着眼看着嬴政。这个孩子已经长大了，心机之重，非同一般。

面对各种政治势力，特别是赵太后支持下的嫪毐，以及日渐长大的嬴政，吕不韦不得不思考应对之策。

吕不韦与司空马进入密室里紧急商议。朋友遍天下，唯有这司空马最可信。

“最近，嫪毐招收的门客越来越多，权力欲望越来越强了，他竟不断地向朝廷推荐官吏。外界都以为嫪毐是我的人。小人得志，真的很麻烦。”吕不韦叹息道。

“李斯又被拜为客卿了。相国将他推荐给嬴政，似乎他已经完全被嬴政所用了。”司空马也很忧虑。

“蔡泽、阳泉君等人都以为嫪毐和李斯是我的人，对我的意见越来越大。可这事又只能打掉牙齿往肚子里咽，还不好申辩。我一生自负智慧过人，对他们竟束手无策。”吕不韦在别人面前可以掩盖内心一切，在司空马面前则是无话不说。

“俗语说，当局者迷，旁观者清。对付嫪毐，相国不是没办法，只是心里念着一个情字，下不了手。”司空马道，“这事全怪我，要是当初不劝相国将赵二妮奉献给先王，也不会有今日之事。”

“这人世间最难勘破的就是一个情字。当初将赵二妮奉献给先王，我以为可以放下了，事实上没有放下，心里总觉得有愧，一直希望她能过得好。不想这二妮变成太后后，可谓是沐猴而冠，有了这么一段孽缘，真是可悲。”吕不韦痛心道。

“我们现在也不是悲天悯情的时候，主要考虑如何来对付嫪毐。”司空马道，“依目前情势来看，嫪毐坐大成势，不仅仅与太后的庇护有关，更重要的是离不开嬴政的支持。看来，嬴政是想借助嫪毐的势力来制衡相国。对于这一点，不知相国想过没有?”

“我想到过这一点，只是没有引起足够的重视。”吕不韦点头赞许，“这样一来，更是投鼠忌器了。”

“相国之智慧，无人能及，就是太仁慈了。俗云，量小非君子，无毒不丈夫。相国不必顾忌太多，干脆将嫪毐正刑，以免后患。”司空马做了一个斩首的手势。

吕不韦沉思了一会儿，道：“你还记得《左氏春秋》里那一篇《郑伯克段于鄢》的文章?”

司空马对《左氏春秋》非常熟。《郑伯克段于鄢》说的是郑庄公与其弟段的故事。武姜难产生下郑庄公，取名叫寤生，心生厌恶，喜欢次子段。武姜欲立段，郑武公不许。及庄公即位，武姜为段请封于制，未许。复请封于京。段在京大肆扩城，祭仲劝庄公早图之，庄公却道：“多行不义，必自毙，子姑待之!”意思是放纵段做不义之事，到时候再来收拾。其后，共叔段恃武姜之宠，越来猖狂。他将西鄙北鄙两座城收归己有后，庄公不顾大夫子封的劝谏，仍睁一只眼闭一只眼，任其所为。段得寸进尺，遂缮甲兵，欲袭取国都郑，武姜为内应。郑庄公闻讯后，即派大夫封率兵伐段，攻取京，段逃入鄢，继伐鄢，段只身逃到共。郑庄公恨母亲武姜助段作乱，将其幽禁于颍城，后听从颍考叔之谏，才与母亲武姜和好。

“相国之意，莫不是让嫪毐这个毒瘤继续长下去，待其化脓再来处理?”司空马大悟道，“这倒不失为一个办法。如此下去，嫪毐必然越来越跋扈，劣迹会越来越显现，必然为天下所不容。只是这毒瘤大了，到时再来清理，我担心会伤及到相国。”

“天要下雨，娘要嫁人。我们也只有姑且待之。及早做些准备，以免祸及自身。”吕不韦无可奈何地道。

第二天，司空马又赶到相府。

“昨日回去后，我反复思考相国治国方略，一直没睡着。今天想一吐为快，以供相国参考。”

“真是难为你了。你说说你的所思所想。”

“相国居相位已五年了。编书籍，修水渠，励农耕，治兵事，赈灾救急，一切都是苦心思虑，立足长远，为了统一天下打基础。可是，以我观察，相国呕心沥血编写《吕氏春秋》，秦王政未必读得进去。郑国修建这么大型的水利工程，是功在当代利在千秋之事，只是目前还未见效。修改《秦律》，秦人未必感恩。倡导义兵，恐怕不能平息众将士立功建业之心。天下之人均好急功近利，说不定什么时候又会弄出事儿来。对于嫪毐之事，相国欲放纵其所为。以我看，现在是相国调整治国方略的时候了。”司空马一直保持着冷静的思考，对吕不韦治政理念提出了异议。

“急功近利。”吕不韦脑子里不断地思考着。

司空马见吕不韦不停地徘徊，也不多说。

过了一会儿，司空马突然想起什么，道："前次王龁之死倒给了我启发：只有不断地进行战争，才是集中各种权力资源消灭敌人最好方法。这敌人不仅是战场上的敌人，也包括内部的敌人。从前在诸将之中，王龁经常与相国争持，现在他再也没有机会了。"

吕不韦看着司空马，疑问道："战争？"

"对，战争。"司空马肯定地说道，"秦人好战。公子为相以来，虽经历过几场战争，却在庄襄王三年为信陵君所败，失去了大片土地。此战虽非你的过错，可秦人心里却多怨相国。相国心存仁慈，却招怨恨。不如不断地发动战争，相国便可调动一切人力、物力，就可以消灭异己，减少内乱。"

吕不韦眼神一亮，"这阵子我也一直在思考这个问题，可谓英雄所见略同。就让战争来左右一切吧。秦王政十五岁多了，从小又吃了不少苦，有点叛逆，也正常。他最是好战。如果让他把精力用到打仗上，也不会对我这仲父不敬了。华阳太王太后最看重蒙将军，就让他带兵到前线去。刚成君自恃才高，也让他出国去。"

司空马见吕不韦思想通了，笑着道："只有不断地征伐，秦人才会记住吕相国的丰功伟绩。"

吕不韦苦笑着道："谈什么丰功伟绩。历代秦相，但凡杀戮太重，总是难得善终。但愿你我后半生能够与家人平平安安过日子就够了。"

这一天，吕不韦在朝会上就秦国的大政方针侃侃而谈。

"我大秦自孝公以来，专事攻伐，使我大秦国土不断扩大，子民不断增多。昭襄王继三世余烈，不断扩张，天下已有其半，使秦国雄居天下，诸侯不敢西顾。孝文王、庄襄王在位日短，徒留遗憾。本相受命于危难之际，修水利，健法制，励农耕，重文治，是为大秦建万代之基业。"

"当今之时，我大秦兵精粮足，正是出兵征伐、将士用命、拓我疆土的大好时机。我秦国上下，无论老幼，不分尊卑，不得各顾其私，均需以战事为重。"

"用兵之道，国之大事，须重方略。昭襄王定下远交近攻之策，仍为我大秦之国策，不可轻易变更。诸将士及群臣须循此国策，尽智尽力，以彰先王之志。今天请诸位议议如何才能早日统一六国。"

秦王政听到吕相国大谈征伐之事，大为高兴。群臣尤其是诸武将亦是十分兴奋，只有嫪毐见吕不韦未言及推荐之事，有些不愉快。

众人在朝廷之上纷纷讨论出兵之事，十分热闹。吕不韦在一边听着，看着，心里有些悲凉。人们最看重眼前的利益，谁会来关心长远的未来呢？

见众人说了许多之后，吕不韦开始发话。

“刚才大家说了很多意见，有的主张伐赵，有的主张伐魏，有的主张伐韩，各有其道理。众将请命，其心情也可以理解。我大秦出兵征伐，兵虽精，将虽能，不可逞匹夫之勇，仍须注重策略，用最小的代价获取最大的胜利。”

“方今三晋之中，赵王偃继位以来，以李牧为将，拔燕武遂、方城，又大破东胡，降胡林，杀匈奴十万余人，使匈奴远遁。赵国锋芒正盛，我大秦非畏之，但可暂避之，以后想办法使其内乱再报王龁之仇。着杨端和将军镇守晋阳，给赵以压力，使赵不敢轻举妄动。”

“燕国为我大秦盟国。只是燕王喜好大喜功，不识治国之理，使燕国数被赵国所欺。刚成君才智过人，又本燕人，熟悉燕国情况。请刚成君赴燕为相，助燕管理国事，以钳制赵国。”

“魏国信陵君颇有才具，只是不得魏王任用，日夜沉湎于酒色，如此下去，来日无多。对于魏国，我们仍可用黄金攻略，使其内乱。”

“三晋之中最弱的是韩国。韩国虽为本相之故国，然而本相不能为一己之私而忽视大秦之利益。韩王才具平平，韩公子非颇通治道，却不见用。着蒙骜将军率二十万将士伐韩，务求必胜。只要消灭韩国，则如一颗契子直接插入到中原腹地，从中切断了魏与楚的联系，三面包围赵、魏，次攻魏，再攻赵。三晋一灭，统一大业指日可待。”

“唇亡齿寒，我大秦伐韩，诸侯必有所行动。齐国一向与我大秦修好，君王后虽然去世几年了，但其制定的国策未变，齐王建不会出兵援救。本相担心的是魏与楚。这需从两方面部署：一方面派使者去约和，另一方面以兵备之。请麃公率十万士卒盯住魏、楚，请王翦将军加紧训练二十万军士，以备魏、楚救援。”

“我们所有的战略战术在于，不要四面树敌，多头出击。必须握紧拳头，集中优势兵力攻其一处，做到战必胜，攻必克，而且要做到攻取一城，守住一地，安抚一方。

“本相如此部署，不知大王和各位大臣可有异议？”

众人均敬佩吕不韦思路清晰，虑事周密，齐心道：“悉遵相国之命。”

嬴王政也不得不佩服吕不韦的用兵方略，道：“就按仲父之意办吧。”

只有刚成君蔡泽有些妒忌，又有些无奈。挟秦之势回到燕国去为相，也可以展示一下自己的才能，可是燕为小国，哪有在秦国为相这么风光。

而且，他内心认为，吕不韦此举意在将自己排挤出去。问题是自己没有任何理由可以拒绝。

经过几个月筹备，秦王政三年（前 244 年），秦出动三路大军，杨端和一路驻扎在晋阳，从西北面威镇赵军。麃公一路镇压魏边境。蒙骜则率大军直取韩，一路拼杀，取韩十二城，将韩军压缩在国都新郑附近十余小邑里不敢动弹，其兵力更弱，基本可以忽略不计。

韩桓惠王诚惶诚恐，一面派重臣赴秦向吕不韦请罪求和，一面派使赴赵、魏、齐、楚求救，赵军因北面杨端和军压境，不敢轻举妄动。秦国派使者吕遗来魏修好。魏安釐王感到韩国危亡必危及自身，秦国修好是假，目的是防止魏国增援，于是，竟杀掉了秦使者吕遗，不顾麃公大军在则，仍然调兵攻击蒙骜军。

秦使者吕遗为吕礼之孙，吕不韦的堂弟，魏竟敢杀之，秦国举国上下为之震愤。

吕不韦闻讯大怒，令麃公率兵从西面攻魏，令蒙骜停止攻韩，回军从南面攻魏，取魏塲、有诡。正当秦军准备大举伐魏之时，这年七月，突然蝗虫从东方来，遮天蔽日，天下大疫。吕不韦只得令秦军暂且休战。

秦国受蝗灾，魏亦受灾。魏安釐王魏圉感到内外交困，困顿不堪，一急之下，竟然大病。临终之前嘱太子增善待信陵君。安釐王在位三十四年，唯独在信陵君帮衬下扬眉吐气过，但他胸怀太窄，听信谗言，未能一直信任信陵君，直到临死之前才悔悟。可惜这悔悟来得太迟。信陵君因长期沉湎于酒色，也是重疴在身，安釐王死后没几天，信陵君也随兄而去。

魏安釐王去世，吕不韦并不解恨。信陵君去世，使吕不韦去掉了一大顾忌。

蝗灾使秦国粮食大量减产，使秦军面临断粮的极大困难。在这种严峻的情况下，吕不韦下令：“百姓内粟千石，拜爵一级。”即老百姓只要向官府缴纳一千石粮食，就可以封一级爵位。谁向官府缴纳的粮食多，谁的爵位就高。

那些家中有大量余粮的土财主，得知可以用粮食买来爵位，从而实现既富且贵的理想，自当踊跃购买，使得秦国顺利度过了饥荒之年。

吕不韦允许土财主们捐个爵位虚职，并非实实在在的官职。土财主们买到爵位，有职无权，只是过过官瘾罢了。但吕不韦此举，遂开卖官鬻爵之滥觞。到后来，不仅朝廷的爵位可以卖钱，连官职也可以卖。

次年，秦军为报吕遗之仇，大举攻魏，取酸枣、燕、虚、雍丘、山阳等城，初置东郡。魏元气大伤。对秦军此次伐魏取城数目，史家记载不一。《战国策》记为十二城，《史记》记为二十城，《资治通鉴》为三十城。

东郡的建立，直插中原腹地，将三晋与楚分割，使赵、魏、韩三国的生存空间更加狭小，楚国也只有在江南喘息的份了。

刚成君蔡泽在燕为相三年期满，归国述职。三年之中，燕国各项治理颇有成效，唯独军事上毫无建树。此时，燕王喜为巩固秦、燕同盟，派太子丹到秦国为质。

吕不韦打算派既能治国又懂治军的张唐到燕国为相。张唐却推辞道：“在下曾经在昭襄王时期多次进攻过赵国，赵人非常怨恨我。赵孝成王曾经悬赏：‘凡能活捉张唐者，封百里地。’后来又多次伐赵。现在要我去燕国，须途经赵国，赵国必然不会放过我。还请相国另择高门。”

吕不韦一听，也有些道理。虽然孝成王已死，现在是悼襄王赵偃了。可当今战乱之时，魏安釐王连我的亲人吕遗都敢杀，谁能保证赵王会放过张唐呢。

不派张唐去，又一时找不到合适人选。吕不韦为此怏怏不乐。

门客甘罗只有十二岁，是名将甘茂之孙，有神童之称。闻知此事后，求见吕不韦：“您让我去见见张卿，我能说服他去燕国。”

吕不韦看他还是孩子，没当一回事，“你这小孩子不要逞能。我请张唐去他都推辞了，你竟夸口说能让他去。在一边待着去！”

甘罗自信地道：“项橐七岁就作了孔子的老师，如今我已经满十二岁了。您还是让我试一试，何必这么急着呵叱我呢？”

吕不韦见甘罗应对自如，就答应让他去试试。

甘罗前去拜见张唐，见面就问道：“您的功劳与武安君白起相比，谁的功劳大？”

张唐不假思索道：“武安君一生征伐无数，攻城七十多座，斩首百万级，南败强楚，北挫赵、燕，东慑魏、韩，战必胜，攻必克。其功劳卓著，无人能及。”

甘罗又问道：“以将军度之，应侯范雎与文信侯吕不韦相比较，谁的权力大呢？”

张唐应口道：“文信侯以策立庄襄王之功，居相国之位，尊为仲父，总揽朝政，出口成宪，权倾天下，非应侯所能比。”

甘罗接着道：“将军应该还记得武安君是如何死的吧？秦军久攻邯郸不下，应侯多次请武安君出征，武安君自恃功高，百般推辞，最后武安君离开咸阳七里地，在杜邮就被赐剑自刎。如今文信侯亲自请您去燕国为相，而您推辞不就。您好好掂量掂量，看看文信侯以后会怎么处置您吧。”

张唐一听大惊，“老儿痴长几十岁，还不如你这童子明理，惭愧。请你转告相国，我决定尽快启程赴燕。不管赵国如何对我，我张唐绝不惧怕。”

甘罗道：“将军明理就好。将军但请放心前去。甘罗自有办法让您一路平安。”

甘罗归报吕不韦，吕不韦十分高兴，称赞道：“有志不在年高。神童之称，名不虚传。”

甘罗又对吕不韦道：“张将军为我大秦宿将，如果在赵国有所闪失，必然有损于我大秦国威。请相国替门生备五辆车子，让门生先去赵国替张将军打通关节。”

吕不韦于是奏请秦王政，给甘罗十辆车、百余名仆从，派他出使赵国。

赵王偃最担心秦、燕联合攻赵，闻知秦国派一个少年神童为使者来了，隆礼相待。

赵王偃见甘罗年纪虽小，却长得仪表非凡，眼神清朗，眉宇有间透着一股轩昂之气，竟心生喜爱之情，问道：“本王曾在秦国为质，却没有见过你。过去秦国有一个叫甘茂的丞相，不知是你什么人？”

甘罗正色道：“正是小臣的祖父。”

“你今年有多大了？”

“臣今年已满十二岁了。”

“名门之后，少年才俊，令本王十分钦羡。”

“甘罗前来，是想为大王分忧。大王一定听说过燕太子丹入秦为质和秦国派张唐赴燕国为相之事，不知大王是如何看待这两件事的？”

“燕、秦结盟，必然对我赵国不利。”

“大王最明事理。秦与燕交好，其意图就是要联合攻打赵国，以扩充吕相国河间的封地。以大王之见，赵国能否敌得过秦、燕两面夹击？”

赵王偃闻言失色道：“与燕军相争，赵军尚可一击。如与强秦相争，赵军毫无胜算。如秦与燕联合进攻，赵国如何敌得住？”

甘罗神情肃穆地道：“臣有一计可使赵国转危为安。”

赵王偃大喜，道：“寡人愚顽，请先生不吝赐教。”

甘罗道：“以臣之计，大王不如将河间五座城池献给秦国，条件是秦国与燕国断交，遣回燕太子丹，并收回张唐赴燕为相之成命。只要秦燕断交，赵国就可以放心去攻打燕国。以赵国之力，取燕十城以上，绝不在话下。大王以为是否划算？”

赵王偃一听，十分高兴，赏给甘罗黄金百两、白玉一双，并且把送给秦国五座城池的地图也让他带回给秦王。临别之前，赵王偃还抱着甘罗，在他脸上亲了一下，道：“如果他日你能来我赵国，本王一定拜你为相邦。”

秦王政闻知甘罗仅费一番口舌就得到了五座城池，大为惊叹，封甘罗为上卿（与丞相同列），并且把原先甘茂的田宅赐给他，而且经常召见他，两人亲热得如兄弟一般。

赵国得知秦国与燕国绝交后，大举伐燕，攻占上谷三十座城池，并杀其将剧辛。

赵国不敢独占这三十座城池，将其中十一座城送给了秦国。

甘罗出使赵国之事，一时引起轰动。天下人议论纷纷，或赞叹，或惊奇，或困惑。人们更敬佩吕不韦，居然敢放手使用一个未成年的孩子，可见其不同常人之处。也有许多人讥笑赵王太颟顸，纯是一个窝囊废。

秦军连年伐韩、魏，开疆拓土，直取中原，令楚国极为不安。楚春申君黄歇再也不能坐视不顾了。春申君奠起了合纵抗秦大旗，赵、魏、韩积极响应，卫君角也按捺不住附从。只有齐国一直按既定国策，不参与合纵。

秦王政六年（前 241 年）初，春申君率楚、赵、魏、韩、卫五国联军共四十万人伐秦。吕不韦与魏辙、司空马商议应战之策，令麃公诱敌引入，一路从寿陵退至函谷关，然后令杨端和从北面攻赵，令蒙骜从南面攻魏、卫，令王翦率军阻击楚军。

联军开始进展顺利，当长驱直入攻至函谷关时，才发现是个圈套。五国联军见势不妙，急忙退兵。

麃公见联军退兵，一路追杀。杨端和军为赵将李牧所阻。蒙骜大军则直取魏朝歌和卫都濮阳，一举灭掉了卫国，俘获卫君角。赵将赵煖在撤军途中，对齐国袖手旁观极为不满，顺势攻取了齐国饶安。魏王增龟缩在大梁城里。韩军死命守住新郑。

此役，春申君颜面大失，楚考烈王不敢直面秦军，只好将都城迁到寿春，亦称郢。

如何处置卫国和卫君角，颇令吕不韦头疼，毕竟卫国也是吕不韦的故国，卫君角又是梦萦公主的堂弟。吕不韦迁卫君角于野王，以续卫祀，算是对故国和梦萦公主的一点安慰。

秦军又乘胜攻击赵、魏。次年(前 240 年)春，蒙骜率军取赵国龙、孤、庆都三城，赵将赵煖率军相拒。蒙骜因操劳过度染了重病，只好还军。在还军途中，又攻取了魏城汲。

这年春，夏太王太后病死，随后大将蒙骜也在军中病故。秦军暂时休兵。

经过五年征伐，灭掉了东周公国和卫国。楚国面积最大，然而楚国在秦国的攻击下，不断南迁。赵国曾经战斗力非常强，在秦国连年征战下，举措失当，国土日削，且赵王偃平庸无能，好男宠，听信谗言，内耗不止。魏、韩两国国土日蹙，已是奄奄一息，苟延残喘。燕王喜是个志大才疏之人，昧于秦国即将吞并六国之大势，却动不动与邻国齐、赵开战，战则必败。本来燕国在六国之中就属于弱国，燕喜穷兵黩武的结果是疆域日削，国力益弱。齐国在赵、韩、魏屡遭秦国侵侮的情况下，幸灾乐祸，从不出兵救助。不仅不与五国同仇敌忾，还时常与燕国等邻国大动干戈，客观上起到了帮助秦国的作用。

此时的秦国，北起上郡(今陕西榆林一带)，沿太原、河内郡(今河南沁阳一带)、三川(今河南洛阳一带)、南郡(今河南西南部至湖北荆、襄地区)，南至黔中郡(今湖南西部一带)，到中原西部及北部，已全部被秦国控制。对于秦国的威势，时人评价："断齐秦之要，绝楚魏之脊，天下五合、六聚而不敢救也。"从地图上看，秦国四面扩张之形势也极明显，统一天下只是时间问题了。

在世人看来，吕不韦正是踌躇满志名震天下之时。遍视天下诸侯，已无明武英断之主，无人敢与秦国对抗。而秦国国土已是居天下三分之二，国力强大，猛将如云。假以时日，如不出意外，应在五到十年之间，便可以完成统一天下大业。

然而，世事难料，好梦难圆。此时的吕不韦已深陷内部危机之中。

就在吕不韦为统一大业忙碌之时，将行嫪毐却一刻也没消停。嫪毐大建馆舍，广招天下宾客。所有宾客，不问出身，只要有一技之长，不论是否是鸡鸣狗盗之徒，均收容，宾客达三千多人，已超过吕不韦。嫪毐仆人也非常多，宾客及仆人加起来上万人。嫪毐还有一招非常厉害。他经常给宗室重臣请客送礼，给华阳太王太后、夏太王太后甚至魏姬都送礼。请客送礼、曲意逢迎、刻意拉拢，使嫪毐赢得了较好的人脉。奢靡的生活不足以让嫪毐满足。嫪毐开始不断地插手朝中事务，不断地推荐门客出任各级官吏。卫尉歇、内史肆、佐弋歇、中大夫令齐等朝中二十余重要官员均为嫪毐所荐。嫪毐权势日张，以致天下诸侯都感到迷惑，有的甚至不知秦廷之中到底是吕不韦重要还是嫪毐说话为准。

最突出的例子是发生在魏国。孔子的第六代后裔孔斌被魏安釐王聘为国相。秦国伐魏时，安釐王想讨好吕不韦来与秦修好，孔斌则建议重在与嫪毐结交，以制衡吕不韦。安釐王未采纳孔斌意见。孔斌还提了许多建议，安釐王都未采纳。于是孔斌为相九个月就以病辞去了相位。安釐王不久也病亡了。

吕不韦要对付嫪毐其实并不难，所顾忌的是嫪毐背后的赵太后和秦王政。嫪毐动不动就是太后旨意，而秦王政虽不置可否，其意却是偏袒。

这赵太后居在雍城里，与嫪毐饮食起居形同夫妻。自秦王政二年生下天宝后，又于秦王政六年生下了第二个儿子，取名叫天佑。

太后对两个儿子非常宠爱，对嫪毐更是百依百顺，一切以嫪毐为是。

吕不韦对于嫪毐厌恶至极，却一直忍着，等待着嫪毐“多行不义必自毙”的这一天。只是他内心怜悯着赵太后，不忍她越陷越深。

秦王政七年(前240年)，夏太王太后去世。赵太后从雍城到咸阳来吊唁，吕不韦与赵太后作了最后一次最严肃的交谈。

“今天我们都放下太后和仲父、相国的身份，好好谈一次。”吕不韦认真地说道，“我们曾经都是庶民，你是艺妓之后，被我舅家所收养，曾经还是我的女人。我也只是一介商人，四海奔波，追逐蝇头小利。你我能有今日之荣华富贵，我想你应该是非常清楚这个过程是来之不易的。我之所以要找你谈，就是因为我们已身处危险之中。我想在这秦宫中，除了我吕不韦，没有一个人会真正从内心关心和呵护你。我不知道你明不明白我讲话的意思?”

“我不明白，也不想明白。当初我对你一片仰慕之情，你何曾真心关心过我？你甚至将我送给异人，天底下有这么绝情之人么？你们回到秦国后，我们母子在赵国受苦受难，你又何曾关心过？异人去世后，我在宫中孤苦伶仃，你只顾着你的相位和你的权力，何曾关心过我？是的，没有你吕不韦，就没有庄襄王，也就没有我二妮的今天，我的政儿也不可能当上秦王。可是，你为相这么多年，该得到的都得到了，你难道还要我们都按你的意志生活？你一直说嫪毐如何败坏，说我们处境如何危险，其实是你在危言耸听，故弄玄虚。说穿了，就是你的忌妒心和权力欲在作怪。事情没有你所讲的那么严重。”

赵太后一气道来，心中充满了无限的怨恨和不屑。

对这样只顾自己感受的女人，吕不韦心中所有的怜悯和曾经的承诺都转化为无比的无奈和懊恼。

“你说了这些，说明你真正不了解我吕不韦。当年我冒着生命危险在邯郸、咸阳、濮阳之间奔波之时，你却与庄襄王眉来眼去，情意绵绵，你以为我不知？我也是堂堂男子汉，要成全你与庄襄王，需要多大的决心？你与政儿在邯郸是吃了不少苦，要不是我叫祖泰在那里接济你母子，保护你母子，你母子还有命么？可是在那样的环境里，你却把持不住自己，与嫪毐这个流氓地痞勾勾搭搭，要不是我叫祖泰通知赵王拘捕囚禁你母子，不知会出多大的乱子？我费了多少心血才将你母子接回咸阳，并且让你母子得到无限的尊荣，可庄襄王死后没多久，你贿赂用刑官，假阉嫪毐，将他弄进宫来，寻欢作乐，还生下两个儿子。这事儿满天下人都知道，只是不便明言罢了。现在你的政儿也长大了，你的天宝、天佑也会渐渐长大，我不知道你今后如何向嬴氏先祖交代，向天下人交代，向你的政儿交代？”

赵太后听后，先是一怔，然后气愤地道：“我现在明白了，你派祖泰接济我母子，哪里安什么好心，实际就是在监督我，后来竟然通知赵王将我母子囚禁起来，天下哪有你这么阴险的人？你说我乱来，哪个人没有七情六欲，就你吕不韦圣洁？嬴氏家族像我这样的事儿又不是我一个人这样做，宣太后就是先例。宣太后的面首有好几个，而我只有嫪毐一人，远不及宣太后。与宣太后相比较，我对谁都可以交代，包括你吕不韦在内。”

这真是一个恬不知耻的女人！吕不韦克制着自心的怒火，仍然耐心地说道：“你知道宣太后为什么会与义渠戎王好么？你知道义渠戎王是怎么死的么？你知道宣太后与义渠戎王所生的两个儿子是怎么死的么？你能学到宣太后那种胸怀么？你知道宣太后的晚年是怎么过的么？你想步宣太后后尘么？”

吕不韦一连串问题，让赵太后茫然失措。

宣太后是赵太后心中的偶像。对于宣太后的故事，赵太后耳熟能详。义渠国经常侵扰秦国，宣太后与义渠戎王相好，将义渠戎王留在咸阳，多半是为了稳定义渠国。待昭襄王稳住局势秦国力强大后，宣太后诈杀义渠戎王于雍城甘泉宫，处死了与义渠戎王所生的两个儿子，并起兵伐义渠，攻占了陇西、北地、上郡等大片土地。宣太后临朝称制长达四十一年，宠任异父弟魏冉、同父弟芈戎、王子悝、公子芇，时称为四贵。范雎入秦为相，废除宣太后的王太后之位，逐四贵。宣太后被幽禁孤独而死。

过了半晌，赵太后冷冷地道："你今天找我谈话，是想要我学宣太后那样杀掉嫪毐和天宝天佑吧。我明确告诉你，在这大秦，谁想伤害嫪毐和天宝天佑，我一定跟他没完！"

这是一个完全不懂政治没有理智的女人。我吕不韦真后悔没有早日除掉这个愚蠢的女人，而且还一直想让她过得好。让这个女人进入咸阳王宫，是我吕不韦一生最大的失败！

"如果你的政儿要杀掉你的嫪毐和天宝天佑，你也会跟他没完吗？我劝你还是好好想想后果。要知道这世上没有后悔药吃。"吕不韦说罢，拂袖离去。

赵太后望着吕不韦的背影，想着吕不韦的话，不禁伤心地痛哭。

其实，让吕不韦头疼的还不是赵太后和嫪毐，而是秦王政。

秦王政从十三岁继位以来，吕不韦一直以仲父之名总摄朝政。每遇事决断时，吕不韦总是尽可能把道理讲透彻些。开始时，秦王政还兴致勃勃地听。随着年龄的增长，秦王政越来越显出有自己的不同的主见和暴戾的性格。这让吕不韦极为不安，他将所有的希望寄托在《吕氏春秋》上。

秦国自从商鞅变法以来，推行严刑苛法和极权制，主张君主独制，蔑视庶民，主张"民弱，国强；国强，民弱。故有道之国，务在弱民。民辱贵爵，弱则尊官，贫则重赏。以刑制民则乐用，以赏战民则轻死。"商鞅之法，使秦国迅速崛起。荀卿评价秦国是"力术止，义术行，秦之谓也。""粹而王，驳而霸，无一焉而亡"。指出秦国纯粹是一种霸权政治，而不是真正的王业。然而，商鞅的霸政思想在秦国却深入人心。

吕不韦一直努力纠正这种霸政思想。他则认为，成就霸业并不难，难的是建立王业；建立强国并不难，难的是确保这个国家能够长治久安。要建立王业，实现国家长治久安，不是"弱民"、"贫民"、"愚民"、"辱民"，而是要以民为本，强民、富民、重民，善待民众。

如何能成就王业呢？吕不韦认为君主首先要弄清君之所立，从而明白君道，树立爱民利民之思想。

他告诉秦王政，君主之所立，不是"君权神授"，不是"家天下"，而是出于群，群为君之本；群之所以立君，是自身利益之需，所以君的天职就是为群谋利，一切都要从群利出发。"群之可聚也，相与利之也。利之出于群也，君道立也。故君道立则利出于群，则人备可完矣。""天下非一人之天下也，天下之天下也。""凡君之所以立，出乎众也。立已定而舍其众，是得其末而失其本。得其末而失其本，不闻安居！"

吕不韦认为，君主掌握民命，责任重大，务必以民为本，谨慎从事。"执民之命，重任也，不得以快志为故。"君主要经常保持与民的通畅关系，及时疏导，使上德下喻，下情上达，这样就不会出现阻塞，甚至不可收拾的局面。"国亦有郁，主德不通，民欲不达，此国之郁也。国郁处久，则百恶并起，而万灾丛至矣。上下相忍也，由此出矣。故圣王之贵豪士与忠臣也，为其敢直言而决郁塞也。”“人主有能以民为务者，则天下归之矣。上世之王者众矣，而事皆不同，其当世之急，忧民之利，除民之害同。圣王通士不出于利民者无有。”“圣人南面而立，以爱利民为心。号令未出，而天下皆延颈举踵矣，则精通乎民也。”

吕不韦认为，治民之要在于推行仁义之术，以德治为主，辅以赏罚，绝不可专以刑杀为威、以赏罚治国。“凡用民，太上以义，其次以赏罚。其义则不足死，赏罚则不足去就，若是而能用民者，古今无有。”“三王先教而后杀，故事莫功焉。”“亡国之主，多以多威使用权其民矣。故威不可无有，而不足专恃。”“威太甚，则爱利之心息。”人民畏罪，最后会“以罪召罪”“上下相仇”，祸莫大矣。

如何才能治国安民呢？吕不韦认为关键在于君备君道，臣守臣责。“安危荣辱之本在于主，主之本在于宗庙，宗庙之本在于民，民之治乱在于有司。”“主执圜，臣处方，方圜不易，其国乃昌。”君之圜道在于“处虚”和“执要”。“处虚”即不要陷入具体事务之中。“执要”就是要听要、求贤、督责。“凡君也者，处平静，任德化，以听其要。”只要把握大政方针即可，大量具体政务要靠贤人去做。“要在得贤”。“得贤人国无不安，名无不荣；失贤人，国无不危，名无不辱。”君主重在对臣下督责。“夫君也者处虚。素服而无智，故能使众智也。智反无能，故能使众能也；能执无为，故能使众为也。无智、无能、无为，此君所执也。”

人臣之责有哪些呢？主要有三条：一是尽职；二是荐贤；三是谏争。“百官慎职”，“千官尽能，”首先是做好本职工作。其次是推荐人才，许多好的典范，如鲍叔牙荐管仲，管仲荐隰朋，祁黄羊荐仇人解狐和亲子祁午，沈尹筮荐孙叔敖，等等。再次是谏争，“故忠臣廉士，内之则谏其君之过也；外之则死人臣之义也。”“直言交争，而不辞其患！”

君不能侵犯臣权，臣不能越君位。如果君臣之职责混淆，君行臣职，“人主以好暴示能，以好唱自奋”则“人臣以不争持位，以听从取容，是君代有司为有司也。”君就降格为臣了。“亡国之主，必自骄，必自智，必轻物。自骄则简士，自智则专独，轻物则无备。无备召祸，专独位危，简士壅塞。欲无壅塞必礼士，欲位无危必得众，欲无召祸必完备。三者人君之大经也。”

……

吕不韦每次苦口婆心给秦王政讲授治国安邦之道，但是，秦王政却越听越不是滋味。

秦王政则推崇商鞅和申不害的思想，主张君主专制，主张严刑苛法。两人常常为此发生争论，最后以嬴政沉默而告终。

自从那次嬴政挨训之后，他的惯用方法就是沉默。吕不韦知道，嬴政从内心并没有接受他的治国理念。

吕不韦常常涌现一种失败的悲哀。他宁愿去征服整个世界，却不愿去征服人心，尤其是像嬴政这样倔强的人。

如果说，在秦王政十五六岁的时候，吕不韦还认为秦王政处于叛逆时期，还可以教育的话，那么，在秦王政十九岁生日时，吕不韦突然发现自己已是五十岁的人了，头发也脱了许多白了许多，身体也衰弱了许多。

吕不韦给秦王政迎娶了楚国公主和齐国公主。但在立王后的问题上，秦王政一直坚持不肯立王后。吕不韦以为可能是赵太后的行为给秦王政太多的负面影响所致。

现在的问题是，按惯例，在秦王政二十岁生日时，就要给他行冠礼，将王权交给他了。但是，将王权交给这样一个崇尚刑罚性情暴戾杀伐专断敢作敢为之人，吕不韦又如何放心？而且从宫内传来消息，说秦王政有几次在宫里大发雷霆，说仲父是个奸商，思想迂腐，拿着从百家学说里拼凑出来的东西来教训他。等他行完冠礼之后，他要将百家学说全部烧毁了，免得造成天下人思想混乱。

这个嬴政将来必成暴君，自己何去何从，真是让吕不韦大伤脑筋。

这天半夜里，吕不韦作了一个噩梦，梦见突发地震，秦宫中一片混乱，而自己所住的相府突然倒塌，成了一片废墟。

吕不韦大惊，大叫起来。梦萦公主吓了一跳，将他唤醒，吕不韦才发现是一个噩梦。

这天夜里，吕不韦虚汗淋漓，两眼茫然地坐了许久。

第十八章

养虎遗患

Biography
About Lü Buwei

让吕不韦意想不到的是，秦王政六年(前241年)秋，嬴政突然处死上卿甘罗。

甘罗自从出使赵国归来后，经常陪同秦王政一起议国事，下棋射猎，在宫中自由出入。宫里宫外，上上下下，都很喜欢这个少年神童。

秦王政处斩甘罗的理由是他对楚妃不敬，捏过她的脚。

甘罗还是一个未成年的少年，断然不会对楚妃起什么歹心。至于是不是在与秦王政和楚妃嬉戏中有点过分就不得而知。

但问题是甘罗是吕不韦的得意门客，是天下闻名的少年才俊，是秦王政将他召进宫去的。

天下人莫不为甘罗惋惜。

就在处死甘罗的第二天，相国吕不韦突然以病为由，闭门谢客。

这是吕不韦为相十年以来的第一次病休。

朝堂里已习惯于吕不韦主政。吕不韦有时也武断，但总体上还是很谦和，善于听取众人的意见。平常里，朝会的气氛较为活跃。现在，吕不韦突然不在，秦王政还未行冠礼，不便主政。甘罗之死给众朝臣心里添了一堵阴影，众人若有所失，不敢多言。整个朝会死寂沉沉。秦王政心里恨恨的，没有办法，只好早早宣布散会。

相国府门前络绎不绝，有许多人求见。可是，相国府的门卫毫不通融，一概拒绝。

这可是秦国政坛上的一件大事。人们纷纷议论着猜测着其中的缘由。

吕不韦在相府后堂里静心看书，梦萦公主坐在一旁陪着。

梦萦公主近些年来身体不太好，还不到五十岁，就很见衰老。

“相公看书看了这么久了，休息一下吧。”梦萦公主见吕不韦看书看了许久，心疼他。

“开卷有益呀。”吕不韦放下书简，揉了揉眼睛，“很久没有这么安心看过书，还真有点象是回到少年时代。只是这眼睛看书有些吃力了。”

“相公来秦国有十多年了，从前是多么的英俊健硕，可现在头发稀疏，老态龙钟。我不知道你这么样辛苦地为国操劳，最终想得到什么？”梦萦公主心酸酸的。

“我一直有一个梦想，就是统一六国，让天下百姓过上没有战争的安稳日子。统一六国之后，我就学陶朱公范蠡那样携爱妻归隐。择一处山林，修几处茅舍，你我相守，或读书，或耕种，养几只鸡几只狗，与世无争，悠闲自得，你说好不好？”吕不韦对以后的日子充满了向往之情。

“俗语道，上船容易下船难。相公可是上船难下船亦难。不知何时才可以享点清福？”梦萦公主从不过问政事，可是从内心却时常担心。

“快了。如果顺利的话，应该就在五到十年之间。”吕不韦对统一大业很自信。

“相公你看我这身体可等不了那么久。这么多年来，你全力投入到统一大业里，那里顾过家？对父母你没有尽到孝道，对子女你没有尽到做父亲的责任，你这样付出值得吗？你为秦国统一天下做了那么多事，已是名满天下，如果现在辞职归隐，岂不皆大欢喜么？”梦萦公主虽不过问政事，可对政局却有着惊人的判断力。

“爱妻之意我岂不知。我现在最担心的是这嬴政。嬴政这个人非常聪明，敢作敢为，绝不像他父亲，倒是有其祖父昭襄王遗风。今后完成统一大业看来是没有问题的。可问题在于，嬴政崇尚暴力，性情乖戾，好猜忌，多权谋，独断专行，杀心太重。如果长此以往，就是统一天下，也不知有多少人会死于他的残暴，也不知这种残暴又能维持多久？我是替天下苍生担心呀！”吕不韦忧心忡忡。

“相公替天下众生担心，我却替相公担心。相公曾劝亲家翁急流隐退，为什么却做不到呢？这一辈子你就听我一次，早点退隐吧。”梦萦公主恳求道。

正说话间，司空马来访。

相府可以拒绝任何人来访，但是这扇大门却永远朝司空马敞开的。

司空马将打听到的宫内事情告诉吕不韦。

甘罗被杀的事情原委却与吕不韦有关。

嬴政非常喜欢甘罗，将甘罗留在身边，当小弟般对待。

有几次，嬴政抱怨对吕不韦的不满时，甘罗却总是要说上几句公道话，说吕不韦之才无人能及，为大秦为嬴政父子立下了汗马功劳，而且是年已半百之人，劝说嬴政不要对吕不韦有敌意。这让嬴政很不愉快。

有一次，嬴政在宫内当着甘罗的面发怒，要焚百家之书。碰巧第二天，吕不韦在朝堂上提议要尊重百家学说，尊重儒雅之士，增设博士职位。嬴政以为是甘罗向吕不韦通风报信所致，心中愈加不满。

其后，吕不韦多次与嬴政发生冲突，甘罗总是不偏不倚，直言得失。嬴政认定甘罗为吕不韦的人，决定找机会除了他，给吕不韦一点颜色。

这一天，嬴政召甘罗下棋，两人席地而坐，楚姬在一边观棋。李斯、赵高侍候。

嬴政一边下棋一边对甘罗说笑：“告诉寡人，你长得这么英俊，想不想娶妻子了？”

甘罗道：“臣与大王相比，简直是丑物，哪里长得俊？臣才十三岁，要想娶妻子也得过两三年再说。”

嬴政道：“十三岁怎么啦？难道不知道想女人吗？到时寡人要楚姬从楚国娶一个绝色女子给你。”

甘罗只当是真，道：“臣在这里谢过大王和楚姬。找个绝色女子，臣恐怕消受不起，只要不比楚姬差得太远了就行。”

楚姬也只有十八岁，比甘罗大点。她听到甘罗的话后大笑，笑罢在甘罗脸上捏了一把，道：“刚才还说不想女人，现在又说绝色女子消受不起。小小年纪也不怕羞！”

甘罗一听竟害羞起来，脸上显现红晕，一时兴起，顺手在楚姬脚上亲昵地拍了一下。

这时，嬴政突然大喝一声：“来人，给寡人将这无耻之徒拖出去斩了。”

侍立在一边十五岁的赵高饶是机灵，也吓得跪在地上。四十岁的李斯则显得沉稳得多，只是将头低着。

甘罗看着嬴政严厉的眼神，愣住了。侍卫过来抓甘罗，甘罗才缓过神来，竟大笑道：“臣视大王为兄为父，大王视臣为寇为仇。臣因相国而成名天下，却因相国而命丧大王之手。朝菌不知晦朔，蟪蛄不知春秋。臣死不足惜，唯恐大王以臣无辜之血浸染秦宫，必损大王之寿而祸害嬴氏之后。臣将化作杜鹃，日夜守候秦宫，看这刀光剑影，血流成河，直到秦宫变成一片废墟！”

嬴政沉着脸，手一挥：“无知妄言，斩了。”

一个少年英才就这样夭折了。

吕不韦听后，泪流满面：“甘罗何辜，竟遭毒手。嬴政小儿，竟如此狠毒！”

司空马道：“我们现在不是为甘罗哀悼的时候，或许剑已架到我们的脖子上了。再过几个月，过了年嬴政就二十岁，要行冠礼了。相国交权之时，便是嬴政宰割天下之时。留给我们的时间不多了。相国当早作准备。”

吕不韦点了点头，决断地道：“明日就去见华阳太王太后，现在只有她能帮助我们。以嬴政性情残暴滥杀无辜为由，暂时取消冠礼，待两年后再说。如果他不能改变，则只有从宗室之中另择良贤而立之。”

司空马道：“谁道天下人种豆得豆种瓜得瓜，我们可是养虎遗患，伤及自身。以我看，要嬴政改变这虎狼之性是做不到的，还不如现在废掉，另立新主。”

吕不韦痛苦地摇了摇头，道：“这一点我也考虑过。嬴政除了性情残暴之外，聪明、勇决倒是超出常人，能成大事，遍视宗室找不出第二人。这么些年来，我这个仲父也一直将他视为自己的儿子一样诚心诚意地帮他，他也应当感受得到。现在废除嬴政，只能立成峤。这成峤人虽然很聪明，可从小就对我们有些成见，也不是一个善茬。以后给他历练历练再说吧。”

司空马叹息道：“当断不断，反受其乱。相国心存仁慈，将来必然反被其祸。冠礼延期两年只是权宜之计，不知相国还有何种办法可以让嬴政洗心革面，重新做人？如果嬴政暂时忍着，将来说不定会加倍报复。不知相国想过没有？”

吕不韦思索一会儿，道：“再怎么报复，我于嬴政父子有恩，想他也不至于恩断义绝置我于死地吧。除了让太王太后给他训示外，我们还须将《吕氏春秋》公之于众。我积半生心血，组织众贤能编就此书，就是为了训导出一个贤名之主。可惜嬴政这小儿全不当一回事。”

司空马道：“相国此想法有利有弊。有利之处在于：将此书公之于众，一来可让天下人明白相国的心思，二来可以扭转秦国专制之风，三来可以约束嬴政的言行，四来可以让此书流传千古。不利之处在于：险恶之人忌恨相国，尤其是嬴政，他必然认定相国是针对他的，必然又添恨意。再说这书洋洋二十万字，如果请人写竹简发行，不知要花多少心力？”

“我之苦心，惟愿天下人知之，何需计较个人之得失。”吕不韦叹息道，“至于以竹简传世，方法太笨拙。我们还是学学商君之法。商君昔日立法，以木刻之，公诸于咸阳城中，并以移木取信。我们将《吕氏春秋》以木刻之，立于咸阳城门外，悬赏取信，人必争阅之。”

司空马道：“这个办法好。人们趋利心重，必然认真阅读研习，以期从中挑出毛病来。这样最易使之融入人心。只是这样做，会不会让人觉得我们是沽名钓誉之嫌。”

吕不韦道：“瞻前顾后，办不成事。是是非非，任由他人去说吧。”

第二天，吕不韦朝见华阳太王太后之后，在朝堂上宣布：鉴于秦王政性情残暴，滥杀无辜，冠礼推迟两年，以观后效。朝政仍由相国吕不韦秉处。

吕不韦又做了一些人事变动，最让人关注的是：任长安君成峤为护军都尉。这就意味着成峤掌握一支军队，可以带兵征战了。

秦王政急得面色发青，可是又莫奈其何。毕竟华阳太王太后可以左右朝政，而吕不布则是先王授命摄政的。

羽翼未丰，不可高飞。

残杀甘罗的代价，就是随时有可能被废除王位。

秦王政终于尝到了苦果。

而更难受的还在后面。

这年十月，吕不韦令人将《吕氏春秋》全文刻在木板上，树在咸阳城门外，并发布公告：有能增损一字者予千金。

一字千金，对于寻常庶民，是一辈子都无法企求的财富，就是殷实人家也很少有。这太有诱惑力了。

人们更相信，吕不韦本是富商出身，在秦为相十年，不但富足，而且极重诚信，绝非作秀。

整个咸阳城沸腾了，每天观者如堵。

不久，消息传到诸侯各国，都震动了，许多宾客游士赶赴咸阳，一睹为快。

人们不断地记诵，不断地议论，总想从中挑出毛病来。许多人找上门去与吕不韦及子顺他们进行辩论，倒也热闹，只是还没有人能从字句找出毛病领到赏金。

“我从头到尾读了好几遍，几乎都背得了，可是要从字句中找漏洞，确实太难了。”人群中，一位三十七八岁的中年人感慨道。

“《吕氏春秋》洋洋二十万字，敢公诸于众，而且每字每句做到千金不易，可见其中倾注了多少心血，才会有这难得的自信。看来你我从楚地来，这一趟连这盘缠钱都赚不回来。”另一位比他年纪稍大。

“难怪荀夫子一向推崇吕不韦。这世上能让荀老夫子敬重的可没有几个！”

原来他们都是荀卿老夫子的学生，前者叫徐福，后者叫浮丘伯。徐福为楚人，浮丘伯为赵人。他们与李斯为同门师兄弟，从兰陵慕名而来。

“从《吕氏春秋》来看，大多数地方都承袭了儒家学说。但是，又有许多不一样。儒家讲仁、义、礼、智、信，吕氏则重仁义、才行、勇毅；儒家讲性善性恶，吕氏讲情、欲、利；儒家讲天命，敬鬼神，吕氏顺性贵生。荀夫子的观点与吕不韦有许多相左的地方。我们还真的无法说清谁对谁错，或者说谁更有理。”浮丘伯似乎有些迷茫。

“《吕氏春秋》杂糅百家学说，取其精华，为我所用，自成一体，恐怕从理论上去攻击或超越是很难。”徐福从小就有才名，一直也想著书立说。看了《吕氏春秋》之后，便有一种高山仰止的感慨，心生退意。

“哈哈。徐兄曾经心存大志，遇到一点挫折就打退堂鼓了，也难得一见。”浮丘伯笑着道，“其实，这著书立说也不完全是靠天资，或者是整天坐在书房里去苦思冥想，更重要的是要去践行。如果吕不韦没有这十多年相国经历，他能编写出这样的书来？聪明人就是在知与行之间不断地转换。更何况《吕氏春秋》并不是尽善尽美，也做不到尽善尽美。你再过十年来看，和你现在的心情绝对是两回事。”

“以浮兄之见，我们还是务实点先去干点事情。吕不韦门客甚众，人才济济，我们去投奔，未必能有出头之日。嫪毐也在广招门客，可我等不屑与他为伍。师兄李斯现在正在秦王政身边，已为客卿，我们去投奔他如何？”徐福对李斯的才华一向很敬重。

“不可。李斯才学出众，无话可说。可是，他外似谦恭，内心却工于心计，心眼狭窄，妒忌心强。你我性情中人，去投奔他，哪一天被他弄死了都还说不定要感谢他。以愚兄之见，不如寻冷门去投奔长安君成峤。当年管、鲍不是分别投奔公子纠和公子小白么？现在秦政权未稳，长安君已出任护军都尉，说不定有发达之时。”浮丘伯道。

“好。听兄长的，我们好好赌一把。”徐福下定了决心。

在吕不韦眼里，李斯还是一个不错的人：为人谦逊，勤奋，思维灵敏，知识渊博，辩才出众，尤其是写得一手好字。

李斯虽不常来相国府，但是，也还不时过来请安问好，并将宫中的情况给吕不韦报告。吕不韦非常理解，陪伴秦王政不是件容易的事。

李斯报告说，秦王政自从逞一时之怒处死甘罗后，非常后悔，安排为其厚葬。

李斯说，秦王政常常念叨着仲父的恩情。他自小就在邯郸那种艰苦的环境里长大，受尽了欺凌，要不是仲父，不但没有他嬴政，就是先王也不知魂归何处，哪有后来的荣耀。如果做人不知感恩，就是猪狗不如。

秦王政经常捧着《吕氏春秋》诵读，大部分都背得出来。他认为《吕氏春秋》是千古奇书，是专为他写的，足见仲父用心之良苦。如果不能心领神会，就会辜负仲父的心意。如果天下百姓都知道此书的良苦用心，而他却不能很好地遵循，不单对不起仲父，更会让天下百姓耻笑。

秦王政意识到一个明君就是要善于修身养性，不能率性而为。他认识到自己的个性不太好，可能是从小受人欺凌经常与人打架斗殴所致。他现在非常用心练字，以磨炼自己的性情。字写得很不错了。

秦王政现在也懂得孝悌了，经常去雍城看望母亲赵太后，给她带去好吃的好用的东西。也常常与长安君成峤相聚，兄弟相处得很好。

李斯所报告的情况基本上与司空马得到的情报一致，唯独秦王政经常到华阳太王太后去这个情节被漏掉了。

俗语云，江山易改，本性难移。

一个人如果突然改变自己的性情，除非是大彻大悟，否则便是大阴谋大奸巧。

吕不韦希望嬴政是真正醒悟了。否则的话，如果嬴政在宫中取得太王太后的支持，取得了大多数宗室成员的支持，那么以后突然反戈一击，自己就无法招架了。

与秦王政以前率性而为相比较，突然的稳重更让吕不韦不安。

秦王政七年(前240年)春，占星官来报，彗星先现东方，后现北方。主大吉大凶之年。

天现异象，确实让人有些心惊。

先是秦宫中出现一件大喜事:秦王妃楚姬生了个儿子。嬴政非常高兴,特地请仲父吕不韦给儿子命名。

吕不韦抱着这个胖乎乎的幼儿,沉吟道:"《诗·郑风》里有一句:山有扶苏,隰有荷华。这扶苏即扶胥,乃是小木,能经风雨,生命力很顽强,可作多种用途。就取名叫'扶苏'吧。"

秦王政连忙抱着扶苏向华阳太王太后报喜。五十多岁的华阳太王太后抱着重孙,高兴得合不拢嘴。"这小子长得多好,既是嬴氏血脉,也是芈氏血脉,多像他祖父子楚!"

五月,彗星现西方。蒙骜将军率兵攻赵,取龙、孤、庆都,还兵攻魏,取汲。

是月,彗星复现西方。久病的夏太王太后去世,不久,蒙骜将军亦病逝于军中。吕不韦下令休战,秦国军民休养生息。

秦王政初为人父,每天都要看看儿子扶苏,性情似乎温和多了。

嫪毐越来越飞扬跋扈了。

嫪毐广置苑囿,恣意驰猎,宫室车马衣服,比王公尤盛。尤其在朝廷之上,事无巨细,都要插上一竿子。

吕不韦当着众人的面严厉地批评过嫪毐几次,嫪毐当面不敢顶撞,可转背又是故态复萌,我行我素。众人都知道嫪毐的背后有赵太后撑着,也莫奈其何。

看着天宝天佑一天天长大,嫪毐开始与赵太后商量着两个儿子的出路。

"两个儿子虽然贵为太后所生,可是毕竟不是嬴氏血脉,不能直接封侯。但是,我们总不能这样躲躲藏藏的,也要给天宝天佑一条生路。"嫪毐与太后温存过后,抱着太后轻声说道。

"你和天宝天佑都是我最心疼的人,只要是为了天宝天佑,你说该怎么办就怎么办。只要我能做到的,你尽管发话。"太后对嫪毐从来是百依百顺。

"吕不韦为文信侯,太后你就封我为长信侯吧。我要比他吕不韦活得更长更滋润。"嫪毐亲昵地在太后脸上亲了一口。

"好吧,这个应该不难。就让我的天宝天佑有个公侯爹吧。"太后依偎在嫪毐的怀里,如同初婚新娘般的温顺。

"哈哈,我是'公猴',你就是'母猴'了。"嫪毐嬉笑着伸手在太后的鼻子上点了一下,太后开心地笑了。

"这'公猴'可得有一块领地,太后就将咸阳北的山阳地封给我这个'公猴'吧。这个地方离咸阳近,这样就可进可退。我可全是为了我们的天宝天佑考虑的。"嫪毐理直气壮地说道。

"还是你这'公猴'考虑得周到。就封山阳地吧。"太后将头埋在嫪毐的怀里,神往着以后的生活，“你先到山阳去建几处房屋，到时候，我们一家人都住到那里去，开开心心无拘无束地过着神仙般的日子，多好呀！”

“我会让太后过得比神仙还要舒服。”嫪毐翻马骑到了太后身上，又翻云覆雨起来。

秦王政八年(前 239 年)春，小国之君韩桓惠王去世，太子安继位。太子安是一个胆小怕事之人，公子非多次上书，以求改革图强，都被韩王安拒绝了。

魏景湣王与赵悼襄王握手言和，魏还将深入赵境的邺地送给了赵。

楚、齐、燕三国没有异常动静。

赵太后传旨，要封嫪毐为长信侯，封之山阳地。

子系中山狼，得志更猖狂了。这颗毒瘤可越长越大了。吕不韦叹了口气。

吕不韦征求秦王政的意见，秦王政圆滑地道：“按说这嫪毐除了在邯郸对寡人母子有所照顾之外，并无尺寸之功，不应封赏。然而，事出于母后之口，仲父一向教育我要以孝为本，寡人这做儿子的便不可驳回。还请仲父裁处。”

吕不韦与司空马商量，司空马认为：“与其让嫪毐在朝堂上跋扈，不如让他到封地去。只要他离开咸阳，我们就好对付他。”

吕不韦觉得嫪毐越来越像共叔段了。

然而，没过多久，赵太后又传旨，说太原郡是太后的祖居地，要增加河西的太原郡为嫪毐的封地。

人心不足蛇吞象。吕不韦要不是腹有机密，真的恨不得立即将嫪毐千刀万剐。

秦王政对此事不置可否，华阳太王太后也不反对。

吕不韦在朝廷上征求众朝臣意见，大臣们忌讳太后与秦王，不敢有异言。

嫪毐将太原郡更名为毐国，并在太原大兴土木。

嫪毐在太原与雍城之间往返，倒让朝堂上清净了许多。

对于越来越跋扈的嫪毐，吕不韦知道迟早有一天会爆发，于是暗中派中大夫颜泄与嫪毐交往，以便掌握嫪毐的动静。

浮丘伯与徐福成了成峤的座上宾。

十七岁的成峤显得英姿勃勃，英气逼人。

成峤性格开朗，好读书，多辩才，喜搏击，以操演军阵为乐。

浮丘伯与徐福来了之后，以其博学多才彻底征服了成峤。成峤每有疑惑都向二人请教，二人则能详细剖解，入丝入扣，令成峤非常敬佩。

浮徐二人还经常给成峤讲各诸侯国之间的逸事，常令成峤开怀大笑。

这一天，他们讲到楚宫中一件趣事——

楚考烈王熊完生性风流，喜好女色。只可惜的是，他的勤耕不辍却并没有好的回报，阅女无数，四十多岁了没能生下半个儿子。

熊完是楚令伊春申君黄歇一手扶持起来的，两人是命运共同体。熊完没有儿子，这大楚的江山就得易人。这可让黄歇焦急。黄歇到处为楚王求妇人宜子者进之，求得许多美人，还是没能如愿。

四年前来一个赵国人，名叫李园，他有一个妹妹李嫣，长得天姿国色。李园也想把李嫣敬献给楚王，以作晋升之道。但是，他又想，这楚王身边那么多的美人都没能生育，显然不是那些美人的问题，而是楚王那杆枪出了问题。如果将妹妹直接送给楚王，恐怕也生不出儿子。母以子贵，这女人要是生不出儿子，在宫中也就贱落了。

这个李园脑子好使，想到一策，来个曲径通幽。

他先是投奔春申君，为其舍人。后来请假回国省亲，故意失期。回到楚国后，春申君责问他为什么失期不归。李园狡诈地道："臣本来可以按期归来，只是中途来了齐国使者。齐王建遣使者前来求娶臣的妹妹，臣因为接待齐使者，才耽搁了日程。"

一个什么样的女子，竟可以让齐王建动心，并派使者去求婚。春申君心里好奇，问道："已经答应齐使者了么？"

李园道："因为臣急着赴楚，就推辞了齐使者。"

春申君道："可否让我见见你妹妹？"

李园爽快地道："可以。"

春申君见李嫣还真是个风姿绰约的绝色女子，一见动心，即纳为妾。

这时的春申君已经六十一岁了，可真是老牛吃嫩草，新得如此美貌之人，便是欢娱异常。春日苦短，没过多久，这李嫣竟然便有了身孕。

这李园便与其妹谋，欲以有孕之身进献给楚王，偷天换日。

一日，李嫣与春申君欢娱之后，便乘机对他说："楚王之贵幸君，虽兄弟不如。今君相楚王二十余年，而王无子，即百岁后将更立兄弟，彼亦各贵其故所亲，君安得长有宠乎？非徒然也，君用事久，多失礼于王兄弟，兄弟诚立，祸且及身，奈何以保相印、江东之封乎？今妾自知有身矣，而人莫知。妾之幸君未久，诚以君之重而进妾于楚王，王必幸妾。妾赖天而有男，则是君之子为王也，楚国封尽可得，孰与其临不测之罪乎？"

春申君深以为然，乃出李嫣到谨舍而进献于楚王。楚王召入，幸之，遂生子男，立为太子，以李嫣立为王后，而李园遂贵甚。

楚考烈王与众女子忙碌了二十余年没有音讯，一幸李嫣有身，竟不怀疑，以为喜从天降，却也可悲。

成峤听得此说，拍案惊奇，道："天下竟有这等事，可谓旷古奇闻！"

秋日的咸阳城更让人感到肃穆、庄严。

夏太王太后孝期已满，大秦王朝的年轻一代军官们则血脉膨胀，急欲上战场上拼杀建功立业，王贲、蒙恬、蒙毅、李信、桓齮、内史腾等人纷纷请战，宿将王翦、张唐、杨端和、蒙武及宗室重臣昌平君、昌文君、阳泉君等人也唱和呼应，长安君成峤更是跃跃欲试。

华阳太王太后、秦王政等都力主征伐。

这一年，风调雨顺，农业也大获丰收

在这种大气候下，吕不韦决定征战。

众人达成共识：征伐赵国。理由是，邺城属秦、魏、赵三国交会之地，赵无功受之，是为蔑视秦国。

但是，在择将方面颇费争议。

吕不韦自从十年前率军伐过东周公国之后就再也没有出征过。老将蒙骜已故。

吕不韦主张由王翦挂帅："军国大事，非同儿戏，须择能征善战之士为将。"

而华阳太王太后则主张由长安君为主将："嬴氏子孙当从疆场上博取功名利禄，不应坐享其成。"秦王政也主张由长安君挂帅。

吕不韦总有一种不祥的感觉，可是，内政还有许多地方借重华阳太王太后，只能妥协。为郑重起见，吕不韦决定分兵三路，以长安君为主将，大将张唐为辅，率二十万大军主攻赵国邺城、阏与；王翦率十大军为后援，杨端和率十万大军防魏援。三军互相呼应，互为犄角，做到进可攻，退可守。

积累十多年的征伐经验，吕不韦在用兵方略上越来越稳重。可他对长安君还是有些不放心，专门找到长安君和张唐谈过，要他们一定要以国事为重，注重战略战术，注重协调。特别叮嘱长安君要多听老将的意见，不可意气用事。

经过一番筹备，秦军浩浩荡荡出发。

赵悼襄王闻知秦军来攻，一面派使者赴秦求和，一面急调大将李牧应战。

箭已离弦，和谈便没法进行。

张唐率前锋顺利地攻占蒲鹤，而长安君的大部队到达屯留就被李牧大军阻住了。秦军被一分为二，赵将扈辄率军将蒲鹤城团团围住，张唐只有困守待援。

如果从兵力上比较，长安君完全可以攻破李牧的阻击，问题是长安君本身出现了问题。谋士浮丘伯正在谋划着一件惊天的大事。

"目前张将军前锋被困，诸位可有何高见？"长安君从未真正实战过，心里没底。

"给我一万精兵，我必攻破赵军，救出张将军！"蒙恬勇毅地请战。

"且慢。"浮丘伯缓缓道来，"以张将军之才智勇武，即使受困一时，赵军也无奈其何。我们当前最主要的是要解决一个重大问题：为谁而战？"

"为谁而战？这还用得着说吗？当然是为了大秦。"蒙恬态度坚决地回答道。

"我们自然是为了大秦。但是，不是为了嬴政，确切地说，不是为了吕政。"浮丘伯转向长安君道，“还记得臣讲过春申君偷梁换柱的故事吗？这个故事不单是发生在楚国，也发生在我秦国。臣从小在邯郸长大，又恰巧住在吕不韦在邯郸府第附近，所以对这件事非常清楚。吕不韦在邯郸经商时，认识了先王异人，以为奇货可居，遂以重金为其铺路，使其被立为太子。又娶邯郸绝色之美人同居，知有身后送给先王，十个月后生了个儿子。这个绝色美人就是当今的太后，生的儿子就是当今的秦王政。而先王真正的血脉只有一个，就是长安君您！”

众人听了大吃一惊。蒙恬抽出长剑，迅速架在浮丘伯的脖子上，声色俱厉地道：“你这狗嘴里吐不出象牙，在这里胡言乱语，妖言惑众，肯定是赵国的奸细。到底有何居心，从实招来。”

浮丘伯没有丝毫惧怕，反而哈哈大笑，道：“自古是多少王侯多少贼。如果大家不顾廉耻，愿意认贼为王，认贼为相，拿我浮丘伯开刀，算我瞎了眼，认栽了，动手吧。”

空气一时为之凝固。

浮丘伯见大家无语，说道：“你们如果还有一点正义之心，就去问问全邯郸人，甚至是诸侯各国的大人物，赵太后当年是不是吕不韦的侍妾？你们再去想想秦王政的长相、性格哪一点与先王相像？你们再想想赵太后哪一点守妇道？为什么这么些年来吕不韦、赵太后、嫪毐可以共同把持朝政？我不用多说，想必你们也会明白更多。”

年长一点的都听说过赵太后曾经是邯郸有名的美人，最初是吕不韦的侍妾。秦王政的长相、性格确实与庄襄王不太一样。赵太后的风流韵事，天下人皆知。唯一让人难以置信的是，秦王政到底是不是吕不韦的儿子。从长相和性格来看，秦王政与吕不韦也不太相像。

这个谜底，在场的只有浮丘伯和徐福最清楚。浮丘伯与徐福商议计策时，浮丘伯心生一计，编出了这弥天大谎，当时徐福想制止，觉得这样的计谋太过阴损。可是，浮丘伯认为不说假话便成不了大事。

长安君觉得浮丘伯说的有道理，只是不能完全确定，便挥了挥手，道：“此事滋体重大，不可妄语。暂且休会，容本将军想想再作决定。”

秦军在屯留停滞不前，王翦闻知张唐受困，率军赶来。

王翦军离屯留不远处，突然见到长安君派来的使者。使者送给王翦一份布告。王翦打开布告，只见上面写着：

长安君成峤布告中外臣民知悉：传国之义，嫡统为尊，覆宗之恶，阴谋为甚。文信侯吕不韦者，以阳翟之贾人，窥咸阳之主器。今王政实非先王之嗣，乃不韦之子也。始以怀娠之妾，巧惑先君；继以奸生之儿，遂蒙血胤。恃行金为奇策，要返国为上功。两君之不寿有由，是可忍也？三世之大权在握，孰能御之！朝岂真王，阴已易嬴而为吕；尊居假父，终当以臣而篡君。社稷将危，神入胥怒，某叨为嫡嗣，欲岂天诛！甲胄于戈，载义声而生色；子孙臣庶，念先德以同驱。檄文到日，磨砺以需；车马临时，市肆勿变。

这篇檄文真是骇人听闻，竟然言之凿凿说吕不韦阴以易嬴为吕，将有娠之妾送与庄襄王，生下秦王嬴政；更严重的是说孝文王、庄襄王均因被吕不韦所害而不幸早逝。

王翦看罢，知道出了大事。但他毕竟是一个身经百战的宿将，识得大体，处变不惊。他厉声对长安君使者道："你即回去告诉长安君，不要受人蛊惑，做出叛逆之事。凡是自动归顺之人，既往不咎。凡是大逆不道与朝廷对抗者，格杀不论。"

使者离去后，王翦立即派孙子王离快马赶往咸阳报讯，同时奠出平叛大旗，着儿子王贲率军迅速前进，并派使者约杨端和军前来征讨叛逆。

王贲率军抵达屯留，随后王翦亦到，与长安君军对峙。

浮丘伯阵前扬言道："吕不韦乃天下第一大奸贼，易嬴为吕，窃取大秦国器。长安君实为先王嫡统，当承大统。凡归顺长安君者，加爵一级。凡为敌者，格杀勿论。"

王翦声若洪钟，厉声道："尔等不顾张唐将军受困，竟敢在这里妖言惑众，挑起叛乱，大逆不道。凡被迫胁从者，即时归顺，不予以追究；凡顽抗者，诛灭九族，决不轻饶。"

突然，蒙恬、蒙毅兄弟策马跑出阵来，转身扬声道："长安君受浮丘伯之惑，叛我大秦。我等绝不可助纣为虐，遗恨终生。凡归顺者，迅速反戈，擒拿浮丘伯。"

长安君手下的将士，许多都是蒙骜将军的部下，他们立即向蒙恬、蒙毅身边集结，转身将长矛对准长安君军。

但是，也有一些人相信浮丘伯之言，欲建拥立之功，护着长安君且战且退。

尽管王翦身边猛将如云，而长安君凭险而守，竟一时攻不下来。

前方发生叛乱，咸阳城里震动了。

华阳太王太后紧急召集宗室大臣商议。

公孙乾也被招来，以备咨询昔日邯郸之事。

宗室大臣颇多疑惑，子傒、子倬他们则期望着长安君布告的内容是真的。

"请公孙乾将先王昔日在邯郸与太后之事细说一下，须据实而言，不得有半点虚假。"华阳太王太后道。

"老臣对庄襄王与太后结合的前后过程十分清楚，虽时过二十年，犹历历在目，绝不敢有半句虚言。"七十多岁的公孙乾自邯郸归来后，亦受到优待，身体硬朗，中气雄厚。他将庄襄王与赵太后认识的前后过程说得非常细，"老臣以自身及九族的性命担保，大王绝对不是吕相国之子，绝对是庄襄王血脉。"

宗室重臣听了心里释然。

华阳太王太后颇有宣太后遗风："对于大王是不是先王血脉，刚才公孙乾已说得十分清楚了，诸位应当释疑。对于吕不韦助庄襄王回国之事，本宫最为清楚。本宫以有三个方面考量：第一，赵太后曾经为吕不韦之妾不假，但是，吕不韦与妻子梦萦公主十分恩爱，在庄襄王与赵太后相识的那段时间里，吕不韦都不在邯郸，而是在濮阳与家人在一起。后发现庄襄王与赵太后两人有情思时，才成全他们的。第二，庄襄王与赵太后结合十二个月后才生下嬴政，天底下没有任何可能怀娠十二个月的。第三，嬴政归国已十多年了，从长相、性格、处事方式的确是有些不像庄襄王，但是，更不像吕不韦，而是像他的曾祖父昭襄王。所以，对于嬴政是不是我嬴氏血统，我们都毋庸置疑。"

众人心里想想也是，其他的不说，这十多年来，吕不韦虽然以仲父之名经常教育嬴政，然而嬴政从未与吕不韦有亲昵之举。俗语云：父子连心。如果吕不韦真的与嬴政为父子，哪有这么生分，而且还经常明争暗斗的。嬴政敢下手杀掉吕不韦所喜爱的门客甘罗就是明证。

要说嬴政与曾祖父昭襄王比较，倒是有许多相像之处：除了长相相像外，遇事沉着、果决、心狠。而在勇毅方面更像秦武王。

华阳太王太后继续说道："至于叛逆所言，孝文王与庄襄王为吕不韦所害，更是无稽之谈。孝文王时，吕不韦尚未用事，庄襄王得病，吕不韦日夜忙于国事，其用医用药都是本宫在为其打理。叛逆所言，纯属捏造是非，栽赃陷害，颠倒黑白，混淆视听，可恶之极。可惜可叹的是，成峤少不更事，为奸人所蒙蔽，做出此大逆不道之事。"

众人对于叛逆所宣扬吕不韦谋害孝文王与庄襄王之事更不信了。孝文王身体一向很弱，重病期间，宗室重臣日夜值班守护，而那时吕不韦还未掌权，难以接触孝文王，谋害之说显然为无稽之谈。庄襄王在位时，放手使用吕不韦，两人并无间隙。吕不韦初为相，日夜为国事操劳，没有理由去害庄襄王。看来这成峤年轻不懂事，完全受人挑唆才会做出如此叛逆之事。

华阳太王太后最后说道："吕不韦历经艰辛，帮助先王从邯郸脱险归来已有十八年了。这十八年来，特别是侍奉两王为相十一年以来，吕不韦为大秦基业，披肝沥胆，开疆拓土，治国安民，使我大秦雄霸天下，统一大业指日可待，其卓越功绩大家是有目共睹的。对于这一点，甚至叛逆都不敢有丝毫指责。当务之急是商讨如何处理这成峤叛乱。"

经过这么多年的接触，众人对于吕不韦治国治军之才，无不钦佩；对其所建立的丰功伟绩，无不叹服；对其不偏不倚真诚豁达的处事待人方式，无不发内心的拥戴。

"经公孙先生所说，及臣等平日观察，无不印证太王太后所言。以此可见叛逆用心险恶之极。”德高望重的昌平君道，“老臣以为必须迅速平息此事。老臣为宗正。以老臣出面澄清此事，布告百姓，以稳定人心。请太王太后写一道谕旨送往王翦军，令长安君归降。着昌文君率五万卫戍前去增援，此举不在于真正增援，而在于让天下人都知道，我们宗室都认可嬴政为先王嫡嗣，并昭示吕相国公贞体国之心。”

华阳太王太后对昌平君处事十分满意，吩咐道：“各位就按昌平君的意见去办吧。”

宗室大臣们都有些释怀，赶紧各忙各的事去。

只有子傒、子倬等人感到失望。

华阳太王太后待他们离去后，对寺人魏过道：“你去传本宫旨意，叫大王和相国过来，本宫有话要对他们说。”

魏过应声而去。

乐平君率领五万卫戍徐徐从咸阳城里出发。

而华阳太王太后的谕旨早已传到前线。这道谕旨胜过千军万马，一举将长安君的梦想击得粉碎。

长安君的部卒不断地逃亡走失，人心离散。

见此情景，成峤才知为浮丘伯所误，心里后悔不已。

“归国难逃一死，不如投降赵国。”浮丘伯对成峤道，“归降赵王，不但可保住性命，照样可以为君为侯。”

成峤知道秦法苛严，自己已踏上了一条不归路。

浮丘伯派人与赵将李牧联系，李牧自然求之不得，即派人送信给赵王。

王翦主力向屯留发动攻击，杨端和率大军从东面攻了过来，桓齮亦率一军从西北攻击，屯留危在旦夕。

李牧接到赵王令，迅速接应长安君。

长安君令三万人殿后，自率五万多人逃入赵境。

赵悼襄王偃闻长安君率军来降，大喜，出邯郸城外相迎，封长安君于饶邑。长安君成峤的母亲魏妃、妻妾及儿子均留在咸阳。其子名叫子婴，还不到一岁。

子婴长大后性格仁爱而节制，与秦二世胡亥相处得很好，未遭其戮。赵高弑杀胡亥后立子婴为王，五天后，子婴则设计杀掉了赵高，并把他的家人全部处死。刘邦进入关中，子婴投降，秦朝灭亡。不久，项羽率军抵达关中，杀死子婴，并进行了大屠杀。此是后话。

只是可怜了那些殿后屯留的三万士卒和曾经帮助过叛军的庶民。王翦大军接到秦王政密旨，所到之处，无一幸留，整个屯留一片血腥。那些无辜的百姓则被迁往临洮。

屯留，这片血染的土地却因此史册留名。

第十九章 饮鸩遗恨

Biography
About Lü Buwei

成峤的叛乱，对秦国是一大损失，但最受伤的则是吕不韦。

谣言甚于猛虎。诸侯之间，天下百姓之中，互相径传。三人成虎，谣传便越传越神。

人生最痛苦的莫过于被人无中生有捕风捉影地污辱与陷害。吕不韦就像一个在大庭广众之下突然被人脱得一丝不挂似的出了丑，心里便是无尽的懊恼。当时要是坚持不派成峤出征，或者派宗室重臣去监军，也不会出现这种局面。可世上没有后悔药可吃。

吕不韦依然主持朝政，但是随着时间的推移，给嬴政行冠礼越来越近。失去成峤这个平衡的力量，秦王政成了嬴氏宗室最唯一的选择。成峤之败反而成全了嬴政。吕不韦再没有理由不交权了。尽管自己对嬴政是恩重如山，可是，以嬴政虎狼之性，执政后会不会善待自己却不可预测。

秦王政九年(前238年)春，吕不韦闻知魏景滑王当着秦使者的面询问秦王政是不是吕不韦的儿子，大怒，即派杨端和率二十万大军伐魏。秦军攻势猛烈，一举拔掉了垣、蒲阳、衍三城。魏景滑王自知惹祸，急忙派使者携重礼赴秦求和，执礼甚恭。

三月，彗星现，或竞天。吕不韦令休战。

吕不韦召集群臣，筹备在雍城为秦王政举行盛大的冠礼。

这时从楚国传来消息，楚考烈王去世，六十六岁的春申君被李园谋杀，年幼的太子即位，为楚幽王。

以才智闻名天下的春申君曾经不畏强秦，扶持楚考烈王继位，曾经苦心经营，使风雨飘摇之中的楚国重现生机，晚年却疏于防范，竟遭李园的毒手，颇让吕不韦伤感。

我吕不韦为大秦披肝沥胆十多年，如何才能得以善终呢？吕不韦暗问自己。

更大的打击不意而来，梦萦公主竟身患沉疴，一病不起。

难道曾经的无限恩爱，曾经相偕归隐的诺言，都要随风而去？

吕不韦整天守在梦萦公主床前，默默地诉说着自己悔意。

他已无心政事。好在朝中大臣多是他的门人，一切政事都可以交给他们去办。

吕不韦开始遣散门客和佣人，赉赠优厚。可这仍是一件艰难的事，三千多门客大都与吕不韦建立了深厚的感情，许多人都不愿离去。

他想等到将权力交给嬴政后，就辞去相国之职，到封地洛阳去安度晚年。

大秦的江山如同吕不韦精心呵护下出生的婴儿，总还有许多事让他牵挂。

人的欲望永无止境。当一切顺风顺水时，欲望就会迅速地膨胀，如同核裂变一样，不断地扩大，乃至忘乎所以。

命运对嫪毐来说，实在是太眷顾了。他曾经只是街头上的流氓无赖，依靠着赵太后的宠幸，一切顺风顺水，竟然封侯封国，权势灼人，可谓极致矣！

然而，他的欲望还不仅是如此。

在他看来，现在是依靠太后的宠幸才能获得如此权势与荣耀，但是，嬴政在一天天长大，并且很快要行冠礼，执掌朝政了。如果说以前与吕不韦争权，吕不韦顾及太后的话，以后要面对的却是嬴政。这嬴政可不是善类，随时有可能让自己所有的一切化为乌有。

成峤的布告让他浮想联翩，而李园得逞，让他想法更多。

如果春申君可以偷梁换柱让自己的儿子成为楚王之子，那么吕不韦也完全可以用同样的手法使自己的儿子成为秦王的儿子。如果嬴政真的是吕不韦的儿子，那么嬴政可以为王，为什么我的天宝天佑不能为王？他们可都是赵太后所出。既然李园可以用非常手段获得一切，那么我嫪毐为什么不可以创造更大的奇迹？

嫪毐开始在封地训练家兵，在宫中也不断培植死党。

一天，嫪毐与赵太后欢娱之余，试探地问道："万一今王薨，以你我之子为后，可乎？"意思是说，万一秦王政死了，就让天宝天佑来继承王位，这样可不可以？

嬴政从小就个性很强，非常独立。自从嬴政回秦以后，很少与母亲亲近。赵太后生下天宝天佑后，母子朝夕相处，其乐融融，从感情上更是倾向天宝天佑。

赵太后见嫪毐这么一说，很自然地回答道："当然。"

这真是一个彻头彻尾的政治盲人。

在赵太后看来，嬴政是她的儿子，天宝天佑也是她的儿子，嬴政可以为王，天宝天佑也可以为王。但问题是，这三人虽然都是她所生，其播种的人却不同。这就好比在同样一块地上，可以种禾，也可以长稗，其结果是不一样的。

相比之下，宣太后却要睿智得多。她可以忍心将与义渠戎王所生的两个儿子杀掉，就是因为她非常清楚，即使她不杀掉，将来昭襄王也会将他们杀掉。真正的田主是不会容忍禾田里长稗草的。

可偏偏这世上就有将稗草看得比禾苗更重的无知之人。

嫪毐见赵太后如此一说，便有了底，欲望之火熊熊燃烧起来。

离秦王政行冠礼的时间越来越近。

尽管吕不韦在家陪伴妻子，但他对各方面的人手都安排十分妥当，所有的准备工作都井井有条地进行着。

吕不韦不想去雍城，一来是倦了累了，想远离政治中心，尽量超脱出来；二来觉得以前一心忙于国事，亏欠梦萦公主太多，想要好好抓紧时间陪陪梦萦公主；三来他已从心里厌恶了赵太后和嫪毐，不想再看到他们。当今的太后，不再是曾经的小鸟依人，而是一个被嫪毐这个政治流氓迷了心窍的俗物。

无论为商为政，吕不韦都有一个习惯，就是时刻关注着利益相关方的动静。

秦王政自从两年前遭受挫折后，已学会了收敛，朝臣们每有提议，他都不表态作决定，而是说，一切按仲父的意见办，或者你们去请示仲父再作决定。

私下里，秦王政却经常召见一些重臣和青年将领，说是有事请教，但是，谈话内容却极为秘密，第三人很难得知。

与秦王政见面最多的是李斯，但是，李斯每次过来禀报，却说都是为了接待各国来宾等事宜，还不断地向吕不韦请教。

司空马不断提醒吕不韦，秦王政已不是一个莽撞之人，而是一个学会了耍权谋耍诡计的人，报复心极强。对于这样的人，要么早日废除，要么早日退隐，离他远远的。

吕不韦矛盾着、纠结着。如果现在废除秦王政，以什么理由？立谁更合适？天下人会怎么看？倾注了无数心血的大秦会走向何方？自己难道还要干上十年八年？

吕不韦觉得自己老了累了厌倦了。再说自己对嬴政是有大恩大德的，想他也不至于加害于我。他现在想专权，就成全他吧。迟早有一天他会体会到我的苦心的。

但是，从嫪毐那里却传来危险的信息：嫪毐与太后商议，嬴政一旦去世，就让他们所生的儿子来当王；嫪毐与卫尉竭、内史肆、佐弋竭等人多次密谋，准备在秦王政行冠礼期间借机起事。

怎么办呢？明确告诉秦王政，他还以为是我吕不韦中伤嫪毐，嫪毐闻讯也会收敛，等以后再闹出更大乱子便不好收拾了。

“多行不义必自毙”毒瘤长大了，只好让它膨胀化脓，才能彻底根除。

吕不韦召见昌平君和昌文君，叫他们二人各带两万人，在咸阳与雍城之间沿途护卫。又召见蒙恬、蒙毅兄弟，反复叮嘱他们时刻要紧随秦王政，无论是任何人都不得近身，否则格杀勿论。又召见中大夫颜泄，叫他如何如何与嫪毐周旋。

吕不韦安排完毕，心里松了一口气。

现在他最担心的是，嫪毐作乱之后，会牵连许多人。长安君成峤之乱，已是血流成河，这一次又不知道会有多少人头落地。

吕不韦仰望天空，夕阳西下，晚霞染红了半边天，仿似一幅巨大的血幕。

秦王政的冠礼在雍城大郑宫附近的德公庙举行，仪式由御史大夫隗状主持。隗状乃秦国老臣，威严肃穆，不苟言笑，仪表甚伟，令人望而生畏。成人仪式上，赵太后代表长辈先是给嬴政加元服，继而郑重地将佩剑授予嬴政。最后的程仪，给王加九旒玄冕。

隗状且吟且唱道："显扬先王之光曜，以承皇天之嘉禄，钦奉孟夏之吉辰，普尊大道之方域，秉率百福之休灵，始加昭明之元服，推远冲孺之幼志，蕴集文武之就德，肃勤嬴氏之清庙，六合之内，靡不蒙德永永，与天无极。"

隗状的声音苍凉而辽远，荡气回肠，令人遐想联翩翩。

最后，隗状转身对群臣道："礼成。大王南面受拜。"

众人跪拜，齐声道："臣等昧死，谨贺吾王，加冠佩剑，主宰社稷，上千万寿。"

嬴政手握佩剑，长长地舒了一口气，从今以后，大秦的江山就由我乾纲独断了。嬴政用洪亮的声音宣布："本王今已成人，正式执掌朝政，此乃大秦之盛事。着纵乐大宴五日，普天同庆。"

雍城里一片欢呼。平日里，秦律要求甚严，上至王公贵戚，下至庶民，都不敢公开享乐。但是，在这五天里，大家可以喝酒的喝酒，赌博的赌博，唱歌跳舞，只要快乐都可以。

正在众人行乐之时，嫪毐的党徒加紧了行动步伐。

第四天，嫪毐从太后处出来，想看看朝臣们的动静。来雍城参加冠礼仪的朝臣们都聚在蕲年宫里喝酒欢乐。有一群人正在下棋，并押上了彩头。

中大夫颜泄善于下棋，水平很高，连赢了几局，旁边围观者都在为他喝彩。

嫪毐也喜下棋，水平却不及颜泄，但是瘾头很大。平日里颜泄总是让嫪毐，这让嫪毐很自负。嫪毐分开众人，信心十足地与颜泄对上了，不想却被颜泄连砍了四局。

嫪毐急得脸红脖子粗。他非为博彩，而是觉得大失颜面，将棋盘一掀，大怒道："好你个颜泄，竟敢耍我！"说完，一把抓住颜泄，狠狠地掼了两个耳光。

颜泄也不示弱，揪住嫪毐的头发，拽下他头上的冠缨。

平日里，这嫪毐骄横惯了，对朝臣看不顺眼的随意辱骂甚至动手打耳光也不算奇事。却不想这颜泄竟然敢反抗，而且将他头上的冠缨摘了下来。要知这冠缨可是权力的象征。

嫪毐怒不可遏，瞋目大叱道："大胆狂徒。吾乃今王之假父也，汝穷窭家之子，何敢与我抗礼！"拔出剑来，欲当场格杀颜泄。

颜泄见势往秦王政所住的寝宫逃去，边逃边说："你说你是大王的假父，我去禀报大王，让大王来评评理！"

嫪毐自知失言，情知大事不妙，赶紧跑到赵太后的住所櫜泉宫，一哄一吓，从太后处讨得玉玺，盖上事先准备好的诏书，急调家丁数千人，舍人上千人，及宫廷卫士，围攻蕲年宫，声言"捉拿假王"。

秦王政闻知颜泄禀报嫪毐诈为腐刑，与赵太后生有二子，飞扬跋扈等事并不惊奇，当听到嫪毐尝与太后谋曰"王即薨，以子为后，继秦王位"之语，才感到震惊。我秦王政因太后之故，能容你嫪毐胡作非为，唯独不能容忍的，就是你有谋篡之心。

秦王政用沉稳不可抗拒的声音道："嫪毐乃不自量力之跳梁小丑。着诏告天下：有生得嫪毐者，赐钱百万；有杀嫪毐者，赐钱五十万。凡战嫪毐之徒者，无论尊卑，皆拜爵一级。"

李斯立即依秦王令拟就诏书。

此时，卫尉竭、内史肆、佐弋竭正率兵攻打蕲年宫，嫪毐也率家丁、舍人前来助攻，群臣也有嫪毐的爪牙煽风点火，情况十分危急。

秦王政闻知卫卒们都参与叛乱，大怒，提剑就往外冲，道："寡人无惧任何叛乱！"

蒙恬、蒙毅急忙贴身护卫，并低声对秦王道："大王不必以身犯险，相国早有安排。"

秦王政一愣，停止了脚步，着李斯去宫前宣布诏书，令蕲年宫里人人可持兵器与叛军作战。

司空马立即跑到宫殿高处，对长空发出一支响箭。驻军城外的昌平君、昌文君闻知城中叛乱，立即起兵攻入。顿时，雍城里一片厮杀声。

嫪毐等人见大势已去，立即率兵从北门往山阳逃去。不想逃到好畤县境时，被王翦大军追上，擒个正着。

秦王政率群臣进入櫜泉宫。此时的赵太后已如溺水之人，抱着天宝天佑两个儿子，不停地颤抖着，无助地望着嬴政，绝望至极。天宝天佑也惊恐地睁着眼睛。

嬴政走近，俯身看着天宝天佑道："多漂亮的孩子。今年几岁了？"

天宝大着胆子道："我七岁了，弟弟才三岁多。"

"你们长大了想干什么？"

"想做王。阿父说过，我很快就可以做王了。到时候，我是王，你也是王，我就可以跟你一样神气了。"

赵太后来不及制止，天宝已将话说了出去。太后吓得跪倒在地，哀求道："求你放过这两个孩子吧。"

嬴政铁青着脸，转过身去，手一挥，立即有武士上来，拎起两个男孩，塞进布袋，捆住，然后举起用劲往地上掼，一遍又一遍。开始还听到尖哭声，随后便没有动静，只有越来越多的血迹从布袋里沁出。

赵太后匍匐在地，呼天抢地，声嘶力竭地哭着。然而，这一切都无济于事。

嬴政绝情地离她而去。

秦王政回到咸阳，着手处理嫪毐作乱的善后。

拜李斯为廷尉，负责审理嫪毐一案。

经过几个月的审理，这年九月对嫪毐处以车裂之刑，灭其宗。卫尉竭、内史肆、佐弋竭、中大夫令齐等二十人皆枭首。舍人家丁，轻者为鬼薪，为宗庙砍柴三年；重者，夺去爵位，抄没家产，流放蜀地，迁蜀者四千余家。

对于赵太后，嬴政十分恼怒，下令：太后用玉玺帮助嫪毐反叛，不可为国母，减其俸禄，迁居雍城离宫中最小的负阳宫，并派三百兵守于此处，凡有人出入，必加盘问。

该奖的奖，该罚的罚。唯一不能奖罚的是吕不韦。嫪毐曾经是吕不韦的门客，嬴政曾想定其连坐之罪，可是此人早就提醒过嬴政，而且在平叛之中最为首功。其功太高，爵已太重，已无可赏。嬴政觉得这个人城府太深，智慧难测。有一个这样位高权重、智谋过人的人在朝中，总让嬴政觉得如芒在背。特别是两次叛乱，使天下流言纷纷，都视吕不韦为嬴政之生父，最让嬴政难以忍受。

可是，又实在找不到罢免吕不韦的理由，而且还有许多国家事务需要他来处理。嬴政只好暂且忍着，等待时机再来对付此人。后世之人流传一个说法，吕不韦因受嫪毐叛乱而免相，谬矣。事实是，平息嫪毐之乱后，吕不韦还继续当了一年多时间的相。

又过了半个月时间，已是初夏时分，突然出现异常天象：一股寒流侵入，有些地方居然降了霜雪，出现冻死人的情况。民间纷纷传言：秦王迁谪太后，子不认母，天发大寒，故有此异。

许多公卿大夫不计深浅，竟然接二连三冒死进谏。大夫陈忠进谏道："天下无无母之子，宜迎归咸阳，以尽孝道，庶几天变可回。"

初掌王权的嬴政正是树立权威之时，岂容他人将天变归咎于己，岂容他人对自己指三道四，立令斩杀陈忠，将其尸首摆在宫殿门外台阶下，并在尸前竖一块牌子：有以太后事来谏者视此！

然而，天底下竟有许多不怕死的卫道之士踏尸进谏，嬴政一怒之下连杀二十七人。最后齐客茅焦以天下大业巧谏，才使秦王政回心转意，厚葬了二十七名谏者，学着郑庄公的样子将赵太后接回咸阳，并拜茅焦为太傅，封上卿爵位。

赵太后回到咸阳后，并不是史书上所说的与秦王政和好如初。秦王政接她回咸阳，只是做给世人看的。世事沧桑，她在世上已经没有一个男人值得她眷恋，只能在秦宫中默默地度过余生。十年后，赵太后在宫中孤独地走完了人生。嬴政将她与父亲庄襄王葬在一起，也算最后有了一个好的归宿。就在那一年，嬴政灭掉了赵国。

长安君成峤死了，平日里与吕不韦对抗的嫪毐也死了，两个是秦王政最强劲的敌手都死了，下一个目标不言而喻，便是吕不韦了。

任何一个志向远大的人都不想生活在别人的阴影里。

吕不韦对嬴政的想法非常清楚。嬴政之所以没有立即对自己采取行动，是因为还不到时候。他过去所做的一切都是为了嬴政，为了大秦。如果嬴政立即罢免吕不韦，便会在世人面前背上忘恩负义的骂名。更何况吕不韦的作用还远不止如此。

梦萦公主的病不见好转，吕不韦几次提出辞呈，都被华阳太王太后和嬴政否决了。

吕不韦无法改变嬴政，他能做的，就是想方设法逐渐淡去自己的影响。

三千宾客，数千家丁，大多数都被吕不韦遣散了。

诸侯来客，百官来访，吕不韦能推辞的都尽量推辞。

嬴政软禁赵太后，吕不韦不置一言。

嬴政车裂嫪毐，大规模惩罚嫪毐同党，吕不韦视而不见。

嬴政连杀二十七名谏诤者，吕不韦一言不发。

嬴政调整官吏，吕不韦绝不染指。

吕不韦能做的，就是国计民生之事。秦国又遭旱灾，粮食歉收。吕不韦提议秦国暂时罢兵，以休养生息。郑国修建的水渠有什么困难，吕不韦都是全力支持。为了安抚境内少数民族，吕不韦提议设立典属国一职，专司管蛮夷之事。

秦王陵从设计到施工，吕不韦都非常用心。

……

转眼一年就过去了。在这一年里，大多数人都感受到吕不韦的时代已渐消逝，而嬴政主政的时代已来临。

一件突发的间谍案，让嬴政找到了打击吕不韦的机会。

郑国来秦修渠已达十年之久，这条渠已修了三百多里，就差那么最后十几里就可以完工了。就在这时，从韩国传来消息，郑国原是韩国的间谍，到秦国来修渠，目的在于疲秦，使秦国分心，无力征伐。

郑国曾是吕不韦的门客，修建水渠也是吕不韦主议的。郑国是韩国间谍，吕不韦便应连坐。

秦王政十年（前237年）十月，也就是秦王政柄政后的第二年，吕不韦免相，出就国。

群臣见秦王免吕不韦相，纷纷劝谏，无果。

司空马见吕不韦被免相，当即辞去中丞一职，随吕不韦而去。

许多门客亦随吕不韦而去。

有的门客则辞官归隐。

都尉魏辙，其父曾是秦王宫重臣。魏辙长于用兵，做吕不韦门客时，参与《吕氏春秋》编撰，十分赞同义兵、民本思想。秦王残杀二十七名谏者，让魏辙看清了秦王是一个暴虐之人。吕不韦免相后，魏辙也挂冠归隐，策马离去。秦王政对其他人的离去并不挽留，唯独对这魏辙十分看重。当闻知魏辙走了，立即带亲信人马追至骊山脚下，好言好语千方百计劝说。然而，魏辙去意已决，秦王也没能留住他。后来，魏辙隐居邳州西北黄山北麓的黄华洞中，世人不知他真实姓名，称之为黄石公。黄石公在此著有《素书》《黄石公三略》，后于圯上授书与张良。张良得此书后，大彻大悟，做了刘邦的谋士，佐刘邦灭定天下、兴汉邦。此为后话。

众门客的作为令吕不韦十分感动。俗语云：博弈之交不终日，饮食之交不终月，势力之交不终年，惟道义之交可以终身。这些门客特别是司空马可以说是既是道义之交，更是生死之交，可以放下爵禄功名跟随他吕不韦，能不让吕不韦感动么？

秦王政罢去吕不韦相国之位后，设左右相，以昌平君、昌文君为之。以王绾为朗中令，冯劫为中丞。

吕不韦出咸阳之前，最后一次拜见了华阳太王太后，别无所求，只是请她说服嬴政让郑国继续修完引水渠。“郑国来秦十年，奔波终日，无夜安枕，家无余财，所行无不利秦，唯恐水渠不能早日竣工。不管郑国是不是间谍，都要让他将这水渠修成。水渠一成，关中可成沃土，可灌溉的四万余顷良田，可供应秦国六十万军队的军粮，此为万世之利。”

华阳太王太后答应了。这十多年来，华阳太王太后真切地感受到了吕不韦为大秦所做的一切，大秦再怎么善待他都不过分。可是，再伟大的人，一旦老了，也只能做后来者的垫脚石。后来，华阳太王太后每念及吕不韦，都伤感不已。

吕不韦离开咸阳时，想悄悄地走，可是，携带的行李太多，行李中主要是书简，有好几十车，浩浩荡荡的，便掩盖不了行踪。上千个门客坚持要随行，秦民闻讯而来送行的更是黑黑压压一片。

吕不韦既感动，又在内心叫苦不迭。

吕不韦知道，嬴政时刻在盯着他。对于猜忌心强的人而言，不管你是有意还是无意为之，张扬都是一种罪过。

车向东去，回首西望，咸阳变得越来越遥远。曾经的壮怀激烈，曾经的千秋大业，曾经的呕心沥血，曾经的无数梦想，都化作一缕轻烟，缥缥缈缈，随风而去。

吕不韦捋须长叹，禁不住流下了两行热泪。

回到洛邑，吕不韦彻底放松了心情，毕竟已是五十四岁高龄了，他想在这里安度晚年。

他在北邙山上选中一块地，开始为自己和梦萦公主修建陵墓。

寻常人家讳死，但是，吕不韦认为人迟早要死的，他想死后有一个好的寝处。

他曾经为两代秦王主修过陵墓，很有经验。

当然，他的陵墓是不能与王陵相比的，但是，安全、舒适的设计并不输于王陵。

然而，树欲静而风不止。

诸侯各国国主闻知吕不韦被罢相归国，纷纷派使者前来问候。

跟随而来的门客们更是心有不甘，为他不平。

郑国间谍案，吕不韦罢相，子傒、子倬他们暗中鼓动秦宗室大臣议逐客，吕不韦的许多门客都在被逐之列。秦王趁机驱逐了一直为吕不韦鸣冤叫屈的官吏。但是，他并不是想将所有外来的人才都赶走。廷尉李斯心领神会写了一篇千古传颂的《谏逐客书》。秦王政于是收回成命。

但是，那些讲气节，对吕不韦敬重之人却不再回头。

他们公推司空马为首，为吕不韦策划着新的事业。

司空马多次找吕不韦进行密谈。

“依我这十多年来对嬴政的了解，这是一个暴虐成性、忘恩负义的人，他绝对不会放过我们，特别是侯爷的。”司空马决断地道，“不如我们另择一国，重振旗鼓，对抗暴秦。以侯爷之声望、智慧，完全可以再做一番伟业来。如果侯爷仍想回咸阳的话，咸阳宫里有的是我们的人。我们可以精心安排，或者刺杀嬴政，或者扰乱秦宫。这样，侯爷仍可回咸阳为相。我们的人。我们可以精心安排，或者刺杀嬴政，或者扰乱秦宫。这样，侯爷仍可回咸阳为相，甚至可以为王。”

“对于嬴政的为人，我何尝不知。只是你我十多年的苦心经营，已使秦国具备了统一天下的实力。天下黎民思统一，盼安宁。如果再起诸侯与秦争战，受苦的是天下百姓。我心实在不忍。”

“侯爷此言差矣。嬴政专权，即使统一天下，天下黎民必受其苦。侯爷心忧天下，更应该振作起来，拯救天下苍生。”

“朝花不可夕拾，时光不可倒流，不韦的时代已成过去。不韦已年过半百，这些年为大秦操碎了心，身体也大不如前了。梦萦也重病，不韦欠她太多太多，想用下半辈子好好陪陪她。”吕不韦眼神愈发深邃复杂了。

“这些年，你为大秦呕心沥血，身体是不如前了。但是，你的底子好，只要稍加调整，仍然可以生龙活虎的。况且我比你还大，都不言老。你的祖先姜太公七十多岁才入周为相，侯爷怎么可以言老？”司空马说着说着，有点激愤了。

“兄长这么多年来对我吕不韦忠心耿耿，吃尽了苦头。还有祖泰、武乙他们也是忠心不二。有你们相随，是我吕不韦一生之幸事。只是我人未老心已衰，最近常在想着范蠡、田单之事。我想如果在洛邑安不下身，等梦萦公主病好了，再另择一处地方归隐。这是我与梦萦公主的宿愿。”吕不韦似乎归隐之心已决。

“看来侯爷是对大秦用情太深，对梦萦公主用情至深，才会有如此想法。”司空马由于经常练武，身体硬朗，两眼炯炯有神，“侯爷先好好在洛邑静养，陪陪梦萦公主。我等即使不为侯爷，就是为天下黎民计，决不会容许嬴政肆意暴虐的。我等先到各国去活动活动，等有了成效再请侯爷出山。”

望着这样的生死之交，吕不韦内心充满了感激之情。

这一年冬，梦萦公主一直卧病在床，吕文、安平、太平、永平都带着子女来看望。然而梦萦公主却没能在寒冷的冬日里熬下去，在吕不韦的守望之中，溘然长逝。

吕不韦一下子衰老了许多。

安葬了梦萦公主，吕文力劝父亲放弃封地，学着陶朱公一样悄然隐居。但是，吕不韦谢绝了儿子的好意。尽管他知道秦王不会就此罢休，但并不想逃避。他已勘破了生死，他要守在这里，直到有一天死去，与梦萦公主合葬在一起。

吕不韦不为自己担心，但是，他却为儿女们担心。他告诉儿女们，秦王政凶残而暴戾，随时都有可能对吕家不利，要他们走得远远的，不要暴露与他的关系。以后不管发生什么事，他们再也不要回洛邑来。只要他们平安，他们的母亲在泉下有知，也会感到欣慰的。

儿女们含着泪离开了这个曾经令多少人仰羡的垂暮老人。

次年（前236年）初秋，赵将李牧伐燕，取狸阳城。

正在这时，魏客魏缭子来到秦国。

魏缭子以兵法闻名天下，曾经与吕不韦相识相知。他对吕不韦为相治政非常敬佩，大秦在吕不韦的治理下，统一诸侯各国已成定势，所以他从未对诸侯各国献过谋，也算是对吕不韦的事业最大的支持。去年冬闻知吕不韦被免相后，他想去秦国探知秦王政到底是一个什么样的人。一见面之后，大吃一惊，原来嬴政是一个“蜂准，长目，挚鸟膺，豺声，少恩而虎狼心，居约易出人下，得志亦轻食人”的人，“诚使秦王得志于天下，天下皆为虏矣。不可与久游。”他后悔来秦。

见秦王不好相处，魏缭子于是与弟子王敖急忙逃走，不想被嬴政派人追了回来。

嬴政并没有因此责备魏缭子，反而在魏缭子面前表现得非常谦卑，甚至替魏缭子准备与自己相同规格的衣服和膳食，“见尉缭亢礼，衣服饮食与缭同”。

魏缭子见嬴政对自己执礼甚恭，于是答应入朝为臣，扶助嬴政。他给嬴政献策：“以秦之强，诸侯譬如郡县之君，臣但恐诸侯合纵，翕而出不意，此乃智伯、夫差、湣王之所以亡也。愿大王毋爱财物，赂其豪臣，以乱其谋，不过亡三十万金，则诸侯可尽”。

魏缭子的意思是，当今之秦国已非常强大，而诸侯之君如同郡县之君。但是，秦王仍然不可大意，因为诸侯如果联合起来，情况就难料了，这就是昔日晋国权臣智伯（被韩、赵、魏三家大夫攻灭）、吴王夫差（被越王勾践所杀）、齐湣王（被燕、赵、魏、秦等联合破齐而亡）之所以灭亡的原因。希望大王不要爱惜财物，用它们去贿赂各国的权臣，以扰乱他们的谋略，这样不过损失三十万金，而诸侯则可以尽数消灭了。

魏缭子的这番话正好说到嬴政最担心的问题上，嬴政觉得此人正是自己千方百计寻求的帅才。当即封魏缭子为国尉，拜为上卿。后世因此称魏缭子为尉缭。

尉缭想走却走不了，只好接受任命，留下来，韬光养晦，苟全性命。“卒用其计策，而李斯用事”。

尉缭主持征伐，派王翦、桓齮、杨端和伐赵，取邺等九城。王翦取阏与、辽阳。桓齮取邺、安阳。此时秦军出征，秦王已令恢复商鞅所定的军功制度，这与尉缭一直所主张并为吕不韦所践行的义兵制度大相径庭。尉缭为此痛心不已。

正在秦军大举进攻赵国时，司空马跑到邯郸，拜见赵悼襄王。

“臣为赵人，不忍看赵受秦之侵，值此危难之际，臣有一计可使赵国抵抗秦军。”

“爱卿但说无妨。只要能救我赵国，本王一定悉遵君策。”赵悼襄王被酒色掏空了身子，说话显得软绵绵的。

“臣请大王聘吕不韦为相邦，主持赵国军政大事。以吕不韦之才具和影响力，不仅可抗秦，而且能使赵国强盛。”司空马慷慨地道。

“这……”赵悼襄王犹豫了。悼襄王自执政以来，先是以男宠建信君为相。后来，喜欢上了一倡女，生下儿子赵迁，就废了原太子嘉母子，而立倡女为后，以迁为幽缪王，立赵迁为太子。不想这倡女与春平君私通，恃宠力荐春平君为相。于是，赵国出现建信君与春平君交替为相的现象。

赵悼襄王思索了半刻，对司空马道：“寡人对吕不韦之才智甚为敬佩。只是吕不韦在秦为相时多次征伐我赵国，突然又为赵相，寡人恐众人不服。这样吧，先以吕不韦为平原津守相，退却秦军以后，再聘为相邦，寡人以为这样众人才会口服心服。”

司空马心里极为失望，可是仍抱有一线希望，道：“以臣对吕不韦的了解，决不会屈就守相一职。臣可以劝吕不韦为赵谋，使秦退兵。但请大王记得今日之诺。”

司空马又不辞辛苦跑到咸阳，与尉缭见面相谈。

其后，尉缭趁秦军大胜，举国欢庆之时，不辞而别。嬴政见尉缭离去，只好息兵。

然而，赵悼襄王却突然病故，幽缪王迁继位为王。朝政为春平君所掌控。

司空马空奔波一场，对赵国失望至极。

司空马去赵，渡平原。平原津令郭遗劳而问：“秦兵下赵，上客从赵来，赵事何如？”

司空马言其为赵王计而弗用，赵必亡。

平原令曰：“以上客料之，赵何时亡？”

司空马：“赵将李牧，期年而亡；若杀李牧，不过半年。赵王之臣有韩仓者，以曲合于赵王，其交甚亲，其为人嫉贤妒功臣。今国危亡，王必用其言，李牧必死。”

后果如其言。平原令见诸公，必为言之曰：“嗟嗞乎！司空马！”

司空马转而又到楚、齐、魏、韩等国奔走。

诸侯纷纷派使者前来聘请吕不韦。

这一年冬，郑国所修水渠顺利竣工，关中再不受旱灾所困，整个咸阳为之兴奋。秦人念着郑国的好，于是称此渠为郑国渠。

秦人念着郑国的好，自然也忘不了吕不韦的好。没有吕不韦的果断决策和鼎力支持，就没有这郑国渠。

秦人越是念着吕不韦的好，越是让嬴政对吕不韦不放心。

尽管司空马行踪极为隐秘，但是还是有风声传到咸阳。

嬴政闻吕不韦与各国宾客使者交往不断，恐再生祸端，嬴政闻吕不韦与各国宾客使者交往不断，恐再生祸端，欲杀之。

李斯献策道：“吕不韦对先王有策立之功，曾为大王促父，大王无故杀之，必陷大王于不义。吕不韦一生才智过人，性格坚毅刚强，却以节义自许，心气甚高。大天如折辱之，则比杀之还难受。”

嬴政于是使赵高风气书吕不韦曰：“君何功于秦？秦封君河南，食十万户。君何亲于秦？号称仲父。其与家属徙处蜀！”

于是使赵高赐书吕不韦曰：“君何功于秦？秦封君河南，食十万户。君何亲于秦？号称仲父。其与家属徙处蜀！”

吕不韦持书义愤填膺，怒极反而仰天狂笑，道：“好一个‘何功于秦’！好一个

'何亲于秦'！好一个'徙处蜀'！哈哈哈！"

何功于秦？要不是我吕不韦改良兵器，训练士卒，便没有这十多年的开疆拓土；要不是我吕不韦及时调整策略，改革军功爵制，即使攻伐无数，也必死伤无数，也必使诸侯负死抵抗；要不是我吕不韦大力发展农业，兴修水利，兼兴工商，便没有秦国经济繁荣；要不是我吕不韦倡导以德治国，辅以刑罚，秦境内便没有今日之安宁和平和；要不是我吕不韦广招贤能，任人唯贤，秦国境内就不会有这么多的能臣武将。没有我吕不韦十多年的积聚，哪会有秦国今日之强大？

何亲于秦？要不是我吕不韦倾家奔波，公子异人会死得比悼太子还惨，哪还有后来的庄襄王？要不是我吕不韦大度不计较，将赵姬送给异人，安抚异人的浮躁、冲动和恐慌，也不知其后会发生多少变乱，哪里还有你嬴政的降生？要不是我吕不韦想方设法庇护你嬴政母子，你们早已命丧赵国，哪里还有你嬴政母子后来的荣耀？你嬴政虽不是我所亲生，可我受先王所托，履仲父之职，把你比亲生儿子还看得重。要不是我吕不韦倾心相授，刻意栽培你嬴政，你嬴政哪能熟知国事？我吕不韦在秦为相十三年，侍候你两代君主，权倾天下，要是早知今日，随便从宗室中选择一良贤之人为王，能有你嬴政为王？

嬴政小子，真是白眼狼，竟然可以否定我为大秦为你一家人所做的一切！我吕不韦一生之中最大的失策就是没在两年前废掉你。养虎成患，一念之差铸成大错。

徙处蜀。你以为这样就可以割断与我的关系？你以为再也没有人可以影响你的霸业？错了。你所要的无非是想独断专行，无非是想贪天之功，无非是想以天下奉你一家一人，我吕不韦丰功伟绩或许会为世人所遗忘，但是治政理念已深入人心，你要实行严刑苛法，以暴制暴，奴役天下，必然招致天下人的强烈反抗……

吕不韦的脑子翻江倒海，思绪万千，往事纷纷涌上心头。

突然，吕不韦昏倒在地。

众人急忙将他抬到床榻上，请来医者诊治。

医者诊断为胸中郁积太久，极为虚弱，加之急火攻心，以致昏厥。这病于生命并无大碍，但也一时难以治愈。需长时间卧床疗养，辅以药石，才会慢慢好起来。

在医者的推拿下，吕不韦慢慢醒了过来，眼神极度疲乏。

吕不韦并不言语，以手示意，着人拿来笔帛，强撑着身子，写下了两个字：士节。示意将字交给赵高。然后，吕不韦躺着，闭着眼睛，形同死人一般。

观者无不为之动容。

咸阳城里，秦王政与宠臣李斯、蒙嘉、王绾等人正在认真地看着赵高带回来的吕不韦的书帛。

此书仅两个字，却让他们颇费脑筋。

“以众爱卿之意，此书为何意？”秦王政问道。

“以臣看，吕不韦现在应该知道后悔，以士自许了。”蒙嘉道。

“如果臣记得不错的话，此乃出自《吕氏春秋·季冬纪》之《士节》篇。”王绾曾参与《吕氏春秋》的编撰，对书中内容十分熟稔。“‘士之为人，当理不避其难，临患忘利，遗生行义，视死如归。有如此者，国君不得而友，天子不得而臣。大者定天下，其次定一国，必由如此人者也。故人主之欲大立功名者，不可不务求此人也。’以臣度之，吕不韦一来表明心迹，并不惧难避死；二来在劝大王以天下为重，以士待他。”

“哼哼。什么‘遗生行义，视死如归’？什么‘国君不得而友，天子不得而臣’？以寡人来看，吕不韦更像是要与寡人斗到底！”秦王政猜忌心重，气愤地道。

众人一阵沉默，不敢妄加评说。

“以臣度之，吕不韦已有死志矣！”李斯断言道：“吕不韦在秦为相十三年，一言九鼎，权倾天下，要行废立，甚至学着田剡代齐那样谋取嬴氏江山也易如反掌。现在已归就国，纵然舍人有反志，吕不韦也必不反。吕不韦一向以仁义自许，与大王行法治大不同，政见不合，且年老体衰，即使让他重返相位，在大王之下再不可以能有昔日之权势，以此度之，吕不韦必不会企求为大王所用。吕不韦曾一心为大秦统一大业倾注心血，遍视诸侯，庸庸碌碌者众，而大秦统一大业已不可阻挡，以此度之，吕不韦必不为他国所聘。吕不韦自恃功高，以士自许，大王责之甚严，令其徙蜀，其必以为蒙受巨大之耻辱。故臣度之，吕不韦必然会学齐之北郭骚，以死明志。”

秦王政听得此言，心中似有所动，问赵高道：“吕不韦的身体到底怎么样？”

“回禀大王。”赵高立即回答道，“吕不韦身体极为虚弱，卧床不起。臣原担心有诈，问过好几个医者，又在那里观察了几日，确定吕不韦真的是重病在身，绝对是装不出来的。”

秦王政对赵高如此谨慎的办事作风十分赞赏，沉思了一会儿，道：“既然吕不韦沉疴在身，就不必急着催他徙蜀。待他病好些再说。着人看着，随时向寡人禀报吕不韦的动静。”

众人诺诺而退。

冬去春来，大地复苏。

吕不韦经过两个多月的静养，身体慢慢地恢复，可以下床行走了。

大病一场，吕不韦的须发全白了，人也显得清瘦。

与以往不同的是，吕不韦不再会客，沉默寡言。

许多门客守护着吕不韦，替他担心着。

洛邑令受秦王政之令，派了一小队兵卒前来护院。名为护院，实为监视。但是，却没有催他去蜀之意。

白天，他常待在书房里不出来。每当夜深人静之时，特别是明月之夜，吕不韦常常会站在院子中央，久久地仰望那一轮月亮。

或许他在探究宇宙之奥秘，或许他在遥想着后羿与嫦娥的故事，或许他在回味自己传奇的一生……或许他想得更多。至于他到底想些什么，没有人知道。他不允许有任何人打扰自己，也不再向任何人去诉说自己的心事。

家僮传来消息，魏与楚、秦与赵开仗了。

前线的消息不断地传来。

秦王政令桓齮为将，率大军伐赵。

秦军完全改变了吕不韦时代的军功制度，不再以俘敌为重，而重回商鞅之制，尚首功，以斩敌之首计功。

秦王以斩首为功，令秦军士凶残异常。秦军与战平阳，斩杀赵将扈辄，斩首十万级。这个数字比吕不韦为相十二年斩首数还多。

秦军的暴行激起了赵军顽强抵抗。赵以李牧为将，大败秦军。天下为之振奋。赵王封李牧为武安君。司空马正在以合纵为己任，四处奔走。

吕不韦对世事彻底失望了。

这是一个初夏的明月之夜，天地一片宁静，仿佛回到了羲和之初。

吕不韦令家僮焚香，洗沐之后，一袭长服，须发飘飘。

在院中摆着一张茶几，几上有一张古琴，旁边一杯酒，一把属娄剑。

吕不韦神色肃穆，静默片刻，抚琴而歌：

盘古举斧兮天地张，
我生其中兮何渺茫。
夸父逐日兮志向远，
江河为竭兮邓林莽。
后羿射日兮显神勇，
嫦娥负心兮独奔月。

琴声在寂寥的星夜里显得格外的悠扬。门客们闻琴声十分惊诧，纷纷聚集到吕府。他们很久没有听到吕不韦弹琴了，以致大家都忘了他还有此技艺。

他们看到月色下文信侯焚香弹琴的情景，肃然伫立，不敢有丝毫声响。

只听得吕不韦继续边弹边唱道：

以书为乐兮学无厌，
琴棋书画兮伴我长。

商贾纵横兮埒王公，
抱得美人兮比巫山。
四海游历兮交胜友，
挥斥方遒兮乐未央。

邯郸居奇兮换门庭，
千金散尽兮归咸阳。
异国励志兮聚贤才，
七年修炼兮始为相。
夙夜在公兮扶两主，
集采百家兮著华章。

治国安邦兮十三载，
开疆拓土兮取义方。
欲乘六龙兮风雷变，
道谋不同兮屈子憋。
老骥伏枥兮西望蜀，
蜀道难行兮徒自伤。

少年壮志兮凌云霄，
追梦入怀兮天地小。
遇人不淑兮乾坤转，
成王败寇兮贵不苟。
士不可辱兮生死以，
圣人无名兮命不常。

人在政存兮意气扬，
人亡政息兮两茫茫。
生民多艰兮任驱使，
皇天后土兮德不彰。
力不可恃兮恶无行，
聚敛无度兮必招亡。
……

吕不韦一边抚琴，一边吟唱，间或喝一小口酒。一咏三叹，那声音抑扬顿挫，低沉而沧桑。到后来，琴声渐稀，声音渐息。最后，吕不韦“嚯”的一声猝倒在琴弦上。

众人先是沉浸在吕不韦的琴声里，情感随歌声时而激越，时而郁伤。当他们听到琴声突然断了，看到吕不韦倒在琴上，这才意识到不妙。他们纷纷前去探视，却见吕不韦已是气息全无，已经死了。

众人齐地跪倒在地，大恸悲号：“文信侯！”

吕不韦饮鸩而亡的消息迅速传到咸阳，华阳太王太后闻之大为哀伤。

幽居的赵太后常常面向东方凭栏远眺，流着无声的眼泪。是追忆，是痛苦，是悔恨，或是快意，已无人在意。她对死神的降临充满了期待和恐惧。如果到了另一个世界，她真的不知道如何去面对吕不韦、嬴异人、嫪毒和天宝天佑他们。

吕不韦的死讯对于秦王政而言，早已在意料之中，而且是一件大好事。再也没有人可以羁束自己，再也没有人可以轻言对自己有恩，再也没有人可以让世人造谣说与自己有血缘关系，再也没有人可以让自己感到他的影响无处不在，再也没有阴影可以遮住太阳的光芒。秦王政彻底解脱了。

正当秦王政长舒一口气时，困惑也随之而来。不管自己怎么去指责吕不韦，但是，世人普遍认同吕不韦有大功于秦，有大功于他嬴政。要说吕不韦有过的话，也是过不掩功，功大于过。更何况还从来没有审理或宣布过吕不韦犯有让人信服的罪责，从来也没有剥夺过吕不韦文信侯的爵位。

这样的话，就不能以平民的礼制葬之，而应按秦国之制，为其举行国葬。

然而，如果为其国葬，岂不向世人昭示吕不韦无罪么？岂不让世人认为我嬴政无情无义么？

到底以何种礼仪来安葬吕不韦，颇让秦国君臣大费脑筋。

就在秦王政为吕不韦的葬礼犹豫不决之时，吕不韦众门客愤怒了。他们哀吕公之冤死，怒嬴政之无情，于是群情激昂，不顾秦法苛严，未经咸阳同意，就发诸侯之礼为吕不韦举行了隆重的葬礼。

葬礼这一天，数千宾客为其送行，洛邑万人空巷。

随葬的有为数不多的珠宝和那把属娄剑，而大量的却是书简。吕不韦一生嗜书如命，曾在书房里留下遗书：以书为葬北邙山。

随吕不韦葬去的不仅仅是书简，还有许多商贾和读书人的梦想。

嬴政闻知吕不韦的丧事已办，大怒。未经朝廷同意，竟然敢私自为其举行隆重葬礼，这岂不是无视我大秦律法，岂不是蔑视我秦王的权威，必加严惩。

秦王政迅速下令：对吕不韦舍人凡临丧者，三晋之人，驱逐出境；秦人六百石以上者，夺其官爵，迁居房陵，五百石以下者，迁居房陵，保留官爵；吕不韦之家属籍为徒隶，其子孙不得为仕。

处理完数千舍人宾客，秦王政于是给吕不韦盖棺定论，下诏曰："自今以来，操国事不道如嫪毐、不韦者，籍其门，视此！"

吕不韦已死，其家人早已远避他乡，众家僮舍人或被迁被逐，顿作鸟兽散。

但是，许多跟随过吕不韦的人都投奔到各地从事反秦活动，尤其是司空马最为卖力。他的合纵计策虽未成功，却让诸侯各国认识到秦王政的残暴，坚定了抵抗的决心。

这一年大旱，自六月不雨，至于八月。天下人纷纷传言，天大旱是因为秦王政逼死吕不韦的缘故。

九月份，秦王政听从李斯的建议，将吕不韦和嫪毐门客被迁贬者都迁回来，并恢复其爵禄，以安抚众人之心。

然而，安抚并不能让吕不韦众多的门客家僮熄去复仇之火，许多人依然在各地反抗着秦王的暴行，助推了秦末各地风起云涌的起义浪潮。后来，项羽和刘邦帐下的重要谋臣多出自吕不韦的门客或再传弟子。

吕不韦去世这一年，嬴政二十五岁，李斯四十六岁，赵高二十一岁，而刘邦已经二十二岁，项羽还未出生。

如果以吕不韦死的这一年往后计事：

十四年后，嬴政统一六国，建立大秦帝国。"寡人以渺渺之身，兴兵诛暴乱，赖宗庙之灵，六王咸伏其辜，天下大定。"将统一天下之功完全归属于他一人之力，功劳超过三皇五帝，称始皇帝，欲传之万代。秦始皇全盘否定了吕不韦的"公天下"思想，创建了封建专制制度，为后世君主所承袭。

二十五年后，嬴政巡视途中病死沙丘，幼子胡亥在宦官赵高与丞相李斯的操纵下继位，为二世。其后，嬴政众多子女悉被赵高所害。集权制所留下的权力真空，给嬴政子孙带来了无穷的灾难。

二十七年后，李斯为赵高所害。"具斯五刑，论腰斩咸阳市。斯出狱，与其中子俱执，顾谓其中子曰：'吾欲与若复牵黄犬俱出上蔡东门逐狡兔，岂可得乎？'遂父子相哭，而夷三族。"刑场血流成河，极为凄惨。老鼠哲学创立者走到了人生的末路。

二十八年后，二世为赵高所杀，降帝号，立子婴为王。子婴继位五天后谋杀赵高，在位四十六天降于刘邦，秦朝灭亡。其后，子婴被二十六岁的西楚霸王项羽所杀。

这一年，要是吕不韦活着的话，此时已是八十四岁老者了。

对于这些后事，吕不韦却看不到了，或许也不是他所希望看到的。

对于吕不韦这个人，后世或褒或贬。但是，其书《吕氏春秋》却影响深远，其公天下、民为本、爱士、劝学、养生等思想，时至今日仍然闪烁着巨大的光芒。

后　记

写完这部《吕不韦传奇》,仍觉兴犹未尽,心中既兴奋又惶恐。

在中华民族五千年历史长河中,没有哪一个时期像春秋战国时期那样人才辈出群星璀璨,那样充满活力影响深远。中国所有的传统文明、经济政治制度都可以追根溯源,从那个时期找到本源。

毫无疑问,在那璀璨的群星中,吕不韦是最为突出的人物之一。他从一个商人转身为一个强大的秦帝国相国,扶持培养了一个统一六国的秦始皇。

这样一个历史人物,几乎所有的史料中都记载他是一个奸诈、贪婪、图名、好色、畏死之人,千百年来都没逃脱其“坏人”形象。

然而,研读历史,一旦你摆脱先入为主的羁绊,将当时的大事件仔细梳理出来,你就会惊奇地发现,历史有太多的谬传。

中国几千年来都轻商,谓之末。对商人没有好印象,动辄称奸商。这种鄙视心理一直存在人们的心里。但是,在春秋战国时期,人们的人才意识平等意识很强,由商而仕,或由仕而商的人物很多。那些成功的商人,如子贡、卓氏、程郑、宛孔氏、曹邴氏、刀间、师史、宣曲任氏、桥姚等,都是受人尊敬的人物。如管仲、鲍叔牙、白圭、范蠡等人,他们或由商入仕,或由仕转商,均为时人所敬重。而吕不韦最突出的特点不是由商转仕,而是提出“奇货可居”,第一个将商业运作规定成功进行政治投资的人。这为后世统治者所忌讳。

周王朝自平王东迁后,诸侯割据纷争了五百余年,统一已经成为天下人的共识。而诸侯之中,最具统一实力的是秦国。然而,秦国从西歧崛起过程中,历代君王将相都是以大肆杀戮来开疆拓土的,其新占之地数易反复。吕不韦在秦为相十三年,大幅度地拓展了秦国疆域,新增三郡,得一地是一地,史料上却没有其杀戮无数的记载,可谓奇矣。后来他回封地洛邑时,以他的人望和谋略完全可以助他国抗秦,但他放弃了。因为他不想逆历史潮流使秦统一大业因他而滞后。

如果一切服从于战争和功业，吕不韦完全可以集中秦国的物力财力进行攻伐。但是，他更注重安抚庶民，发展农业，改良工具，鼓励生产，完善郡县制，改革官僚制度，使秦国境内一片安宁。更为难得的是，他立足长远，花费大量的人力物力财力去兴修郑国渠，使关中四万余顷荒田变成沃土。

这个时期，诸子百家思想极为活跃，各有其利弊。吕不韦却胸怀大志，广招贤才，耗资巨大，集数年之功，集百家之长，编撰了《吕氏春秋》。这本书中所提出的民本思想、义德思想、君臣各守其职的思想、尊士孝悌思想等，即使越过千年，仍然闪烁着巨大的光芒。

后世君主最为忌恨的是吕不韦的“以吕易嬴”和与赵姬私通。说秦始皇是吕不韦的私生子，其说法来源有三：一是赵姬原为吕不韦之人；二是成峤反叛时布告；三是春申君黄歇偷梁换柱的例证。成峤反叛之言和黄歇之例均不足信。赵姬与嬴异人相处后，十二个月后才有嬴政，怎可能是吕不韦的种？嬴政在秦宫中那么多年，如果是吕不韦的儿子，无论从长相和性格上都会有相似之处，难道没有被认出？其后两人还会那样撕破脸皮？坚持这种说法的人，要么是好事之人，要么是别有用心之人，要么是忌恨吕不韦之人，要么是想贬抑嬴政之人。

吕不韦为相后还与赵姬时常私通之说，更为牵强附会。吕不韦为外来之人，虽然权倾天下，绝不会因赵姬而授人以柄，更不会推荐一个大阴人给赵姬。从后来吕、赵之间的矛盾，吕不韦与妻子合葬北邙山，以及吕不韦的操守可以看得出来，吕不韦为相之后与赵姬再无私情。

吕不韦的人格魅力和威望在那个时期也是无与伦比的。吕不韦免相之后，百官为之说情劝留，战国时期，在尊贤养士方面最为著名的四公子为孟尝君、平原君、信陵君、春申君，然而，没有那一个如吕不韦一样真心待士，成为道义之交。吕不韦免相，有那么多门客相随而去，吕不韦死后，有那么多人甘冒杀头之罪为其送葬。这是四公子难以奢望的。

如果说吕不韦畏诛而自尽，更是不可理喻。当年赵国将嬴异人看守得那么紧，吕不韦仍然可以运用计谋将其潜逃回秦国。以吕不韦的聪明才智，如果他在自己的封地上想要潜逃，岂不易如反掌。选择饮鸩自尽，最有可能是他想用死来证明他的节操和对秦统一天下的期待。这必须是一个宁死不屈的硬汉才会如此表现。

当然，吕不韦也有一些弱点和不足，对赵姬、嫪毐、嬴政过分地仁慈迁就，对李斯的为人也未看清，错误决定派成峤挂帅出征，等等。在集权制下，成王败寇，一着不慎，满盘皆输。如果吕不韦挟威取嬴氏而代之，一统天下，历史又将如何评说呢?!

正因为有如此多的发现，我才有着强烈的心愿为吕不韦而写，为众多不明真相的人们还原一个接近真实的吕不韦。

后记

为了提高读者阅读的兴趣，也为自己改变过去论证历史的写作方式，我选择了以小说的形式进行表述，以留给读者更多判断和想象的空间。我所诚惶诚恐的是，首次尝试写长篇历史小说，远比现代小说要艰难，不仅要符合史实，更要再现出当时的情景，这必然会在情节设置、情景描写等方面出现一些不尽如人意之处。这或许是一种积累和财富，她将有助于我以后的历史小说创作。

在长达三年的搜集资料和写作过程中，得到了许多师长和朋友的鼓励、指点和帮助，我在此表示诚挚的感谢！

作　者

2014年4月3日于雁城